GRUNDVERSUCHE DER PHYSIK IN HISTORISCHER DARSTELLUNG

ERSTER BAND

VON DEN FALLGESETZEN BIS ZU DEN ELEKTRISCHEN WELLEN

VON

CARL RAMSAUER

MIT 129 ABBILDUNGEN

SPRINGER-VERLAG

BERLIN · GÖTTINGEN · HEIDELBERG

1953

ISBN-13: 978-3-642-86912-9   e-ISBN-13: 978-3-642-86911-2
DOI: 10.1007/978-3-642-86911-2

BRÜHLSCHE UNIVERSITÄTSDRUCKEREI GIESSEN

MEINER LIEBEN FRAU CHARLOTTE

Zur Einführung.

Es gibt verschiedene Möglichkeiten, eine Geschichte der Physik zu schreiben. Wir besitzen historische Gesamtdarstellungen von POGGENDORFF, HELLER, GERLAND und anderen, welche ganz allgemein die Entwicklung der Wissenschaft und die Lebensschicksale der Forscher im Zusammenhang mit der Zeitgeschichte wiedergeben. Das Leben und Wirken der großen Forscher wird von LENARD und OSTWALD behandelt. Die Prinzipien der Mechanik, Wärmelehre und Optik in historisch-kritischer Form sind von MACH dargestellt. SCHIMANK verdanken wir u. a. die Schilderung einzelner Epochen. Eine Auswahl dieser ganzen Literatur ist am Schluß des Buches zusammengestellt.

Nach meiner Ansicht sollte die Geschichte der Physik als einer ausgesprochenen Erfahrungswissenschaft in erster Linie das stufenweise Wachsen des physikalischen Erfahrungsgutes durch die im Laufe der Zeit neu hinzutretenden Einzelerfahrungen behandeln, d. h. die Geschichte der Physik sollte in erster Linie eine Geschichte der physikalischen Experimente sein. Dieses wichtige Ziel tritt bei den obigen, an sich sehr lesenswerten Werken stark zurück, wie man schon äußerlich daran erkennt, daß die meisten überhaupt keine Abbildungen bringen, wie sie doch für die wirkliche Erklärung physikalischer Vorgänge unentbehrlich sind. Am besten ist in dieser Beziehung noch das Werk von LA COUR und APPEL „Die Physik auf Grund ihrer geschichtlichen Entwicklung", nur daß es „für weitere Kreise bestimmt" ist und daher die historischen Versuche nicht mit der Gründlichkeit darstellen kann, wie ein wirklicher Interessent der Physik dies wünschen muß. Ähnliches gilt auch von dem neuen Werk "Half hours with great scientists (The story of physics)" von CH. G. FRASER.

Bei dieser Sachlage habe ich mir schon seit einigen Jahren die Aufgabe gestellt, eine Geschichte der Physik in *dem* Sinne zu schreiben, daß ich die *Grundversuche* der Physik historisch und kritisch darstellen will. Dabei möchte ich zur Vermeidung von Mißverständnissen eins besonders betonen: Meine ganz einseitige Geschichte der Grundversuche beansprucht durchaus nicht, eine Geschichte der Physik überhaupt zu sein; sie will die allgemeinen und speziellen Geschichtswerke nicht ersetzen, sondern nur in einer besonders wichtigen Richtung ergänzen.

Der Begriff Versuch soll hierbei sehr weit gefaßt werden. Jeder physikalische Versuch besteht aus einem empirischen und einem geistigen Anteil. In dem empirischen Anteil wird das Tatsächliche durch Beobachtungen und Messungen festgelegt, in dem geistigen Anteil werden diese Ergebnisse theoretisch verarbeitet. Die relative Verteilung zwischen Empirie und Theorie kann eine ganz verschiedene sein. Zwei Extreme sind möglich. Bei dem einen Extrem, bei dem etwa eine wichtige Naturkonstante gesucht wird, besteht die Hauptarbeit in den systematischen Messungen, und der geistige Anteil beschränkt sich darauf, aus den gefundenen Ergebnissen den wahrscheinlichsten Durchschnittswert zu ermitteln. Dahin gehören z. B. die Versuche, welche zur Festlegung der Lichtgeschwindigkeit geführt haben. Bei dem anderen Extrem besteht der empirische Anteil nur aus einer allgemeinen Erfahrung oder aus den Ergebnissen einer anderweitigen Versuchstätigkeit; die eigentliche Arbeit liegt ganz auf geistigem Gebiet. Zur Erreichung des Zieles wird hierbei nicht selten ein wirklicher Versuch fingiert, dessen einzelne, nur gedachte Phasen den logischen Schlußfolgerungen eine anschaulichere und fruchtbarere Form geben sollen, der sog. „Gedankenversuch". Hierhin gehört die Bestimmung des Wärmeäquivalents aus der schon bekannten Differenz der spezifischen Wärmen der Luft bei konstantem Druck und bei konstantem Volumen durch ROBERT MAYER oder die geniale Entwicklung des KIRCHHOFFschen Strahlungsgesetzes aus der banalen Erfahrungstatsache, daß zwei einander gegenüberstehende, gleichtemperierte Wände durch Aus- und Einstrahlung ihre Temperatur nicht ändern. Die Auswahl unserer Grundversuche soll nicht von der prozentualen Verteilung zwischen Empirie und Theorie abhängen, wenn sie auch in ihrer weit überwiegenden Mehrzahl so zwischen den Extremen liegen, wie es dem normalen Sprachgebrauch des Wortes Versuch entspricht. Nur eine Forderung muß unbedingt erfüllt sein: Es soll sich um *Grund*versuche handeln, d. h. um Versuche, welche ein neues Gebiet eröffnen, eine prinzipielle Frage entscheiden oder zu einem allgemeinen Gesetz führen; kurz, um solche Versuche, welche einen Fortschritt von offensichtlich *grund*legender Bedeutung gebracht haben. Dabei entscheidet in erster Linie die reife Leistung, während die Frage der Priorität in diesem Zusammenhange keine besondere Bedeutung hat.

Ich gehe in meiner Darstellung stets auf die Originalliteratur zurück, bin aber ohne eigentlichen historischen Ehrgeiz. Mein einziges Ziel ist die geschichtlich und sachlich richtige Darstellung der Versuchsaufbauten, der Versuchsziele und der Versuchsergebnisse. In äußeren historischen Fragen benutze ich dabei gern die genannten, z. T. ausgezeichneten Geschichtswerke, ohne meine Darstellung in der Regel mit Hinweisen zu belasten. In sachlicher Beziehung habe ich besonders von MACH Nutzen gehabt.

Die Zeitangaben sind in erster Linie der sorgfältigen chronologischen Übersicht LUDWIG DARMSTAEDTERs entnommen. Sie sind nicht allzu streng aufzufassen, da der zeitliche Anfangs- und Endpunkt einer großen Forschungsarbeit häufig nur Ansichtssache ist. Aus einem allgemeineren Grunde endet auch dieser erste Band nicht streng mit der Entdeckung der elektrischen Wellen im Jahre 1888, sondern umfaßt auch spätere Experimente, soweit sie geistig noch zu dieser ersten Epoche gehören.

Ich bin nicht Historiker, sondern Experimentalphysiker. Ich werde daher manchen historischen Fehler machen, glaube aber, daß meine experimentellen Erfahrungen in diesem Zusammenhange das Wichtigere sind und daß ich so in der Lage bin, die großen Versuche der Vergangenheit richtig zu sehen und darzustellen. Diese Darstellung will so ausführlich sein, daß ein physikalisch gebildeter Leser den Gang des Versuches voll verstehen kann, aber nicht so ins einzelne gehend, daß hiernach der Versuch nachgemacht werden könnte; dazu ist das Studium der Quellen unerläßlich.

Die *Schlußbemerkungen* sollen ein zusammenfassendes Urteil über die objektive Bedeutung der betreffenden Entdeckung und über die subjektive Leistung des Entdeckers geben. Ich gestehe, daß mir bei Erteilung dieser Zensuren an große Forscher nicht ganz wohl gewesen ist, glaubte aber doch, im Interesse des Lesers diese Hemmung überwinden zu sollen.

Im übrigen denke man nicht, daß diese „Grundversuche" eine leichte Lektüre bilden, weil es sich ja nur um Experimente handelt. Denn was ursprünglich bei seiner Planung und Durchführung den großen Forschern eine solche Unsumme von Arbeit gemacht hat, das verlangt vom Leser auch ein gehöriges Maß von eigener Arbeit, wenn es wirklich zum geistigen Eigentum werden soll. Diese eigene Arbeit lohnt sich aber auch. Ich wenigstens muß gestehen, daß ich mich erst wirklich als Physiker fühle, nachdem ich — leider erst in meinem siebenten Jahrzehnt — in enge Berührung mit den ganzen Urquellen der Experimentalphysik gekommen bin. Ich würde es daher sehr begrüßen, wenn dieses Buch dazu beitrüge, besonders auch den Lehrern und Schülern der höheren Schulen die historischen Grundlagen der Experimentalphysik näherzubringen.

Die zu jedem Artikel gehörenden allgemeinen Anmerkungen — personelle Daten, Literaturangaben u. a. — sind am Schluß des Bandes für jeden Artikel geschlossen zusammengestellt, um den Text zu entlasten; ausgenommen hiervon sind nur die zur Versuchsbeschreibung selbst gehörenden Erläuterungen.

Die *alten Maße* werden in unser System umgerechnet, wenn ein Vergleich mit neuen Versuchen in Frage kommt oder wenn es sich um seltenere Maßeinheiten handelt. Dagegen werden die häufiger vorkommenden Einheiten Fuß ($\approx 1/_3$ m), Zoll ($\approx 2,5$ cm), Linie (≈ 2 mm) und grain (≈ 60 mgr) im allgemeinen beibehalten, besonders dann, wenn es sich um ganzzahlige Werte handelt. Eine ausführlichere Umrechnungstabelle der alten Maße ist am Schlusse des Buches wiedergegeben.

Meinen Assistenten, den Herren H. JUNGE, K. WITTENBECHER und E. KRÄMER, möchte ich an dieser Stelle für ihre kritische und produktive Hilfe meinen herzlichen Dank aussprechen; besonders weitgehend ist hierbei die Mitarbeit von Herrn JUNGE gewesen. Ebenso danke ich dem Deutschen Museum in München für seine literarische Unterstützung, ohne welche die Durchführung meiner Arbeit bei den jetzigen Bibliotheksverhältnissen Berlins gar nicht möglich gewesen wäre.

Meinen Lesern wäre ich im Hinblick auf zukünftige Verbesserungen für jede mir zugesandte Kritik besonders dankbar. —

Die Abbildungen 3, 4, 5, 8, 9, 10, 11, 12, 22, 27, 28, 29, 31, 32, 33, 42, 43, 44, 63, 70, 72, 73, 74, 97, 98, 99, 100, 101, 104, 109a, 111, 113, 114 und 115 sind originalgetreu wiedergegeben, während es sich bei den übrigen größtenteils um Nachzeichnungen handelt.

Berlin-Charlottenburg 9, im Juni 1952.   C. RAMSAUER
Arysallee 11

Inhaltsverzeichnis.

Die Fallgesetze (1589—1609).

Galilei.

Die Auffindung der Fallgesetze durch Galilei zerfällt in zwei Teile, in die hypothetische Aufstellung einer mathematischen Beziehung zwischen Fallzeit und Fallgeschwindigkeit und in die experimentelle Prüfung dieser Hypothese.

Galilei ging probeweise von der Annahme aus, daß die Endgeschwindigkeiten v beim freien Fall proportional der Fallzeit t wachsen, d. h.

$$v = g \cdot t \quad (g \text{ Konstante}).$$

Die einzige Begründung dieser Annahme ist ihre Einfachheit, die einzige Entscheidung über ihre Richtigkeit oder Unrichtigkeit ist das Ergebnis des Versuchs.

Die erste ebenso einfache Annahme Galileis war die Proportionalität zwischen Geschwindigkeit und Fall*weg*. In dieser Annahme glaubte aber Galilei von vornherein folgenden Widerspruch zu finden: Für den Weg $1 \cdot s$ ist die Endgeschwindigkeit v, die Durchschnittsgeschwindigkeit $v/2$; für den Weg $2 \cdot s$ ist die Endgeschwindigkeit $2\,v$, die Durchschnittsgeschwindigkeit v; der Weg $2 \cdot s$ wird also mit der doppelten Durchschnittsgeschwindigkeit wie $1 \cdot s$ zurückgelegt, d. h. in der gleichen Zeit, was absurd ist. In dieser Überlegung steckt insofern ein Fehler, als der Begriff der Durchschnittsgeschwindigkeit in diesem Sinne tatsächlich nur für v proportional t gebraucht werden darf.

Die Annahme $v = g \cdot t$ war in ihrer ursprünglichen Form mit den experimentellen Mitteln Galileis nicht prüfbar, mußte daher erst in eine andere Form gebracht werden. Der von Galilei hierfür beschrittene Gedankengang läßt sich kurz in folgender Weise darstellen: Wenn $v = g \cdot t$ ist, so ist die Durchschnittsgeschwindigkeit während dieser Zeit $\bar{v} = \dfrac{1}{2} g\,t$, der während t zurückgelegte Weg s also

$$s = \frac{1}{2} g\,t \cdot t = \frac{1}{2}\,g\,t^2.$$

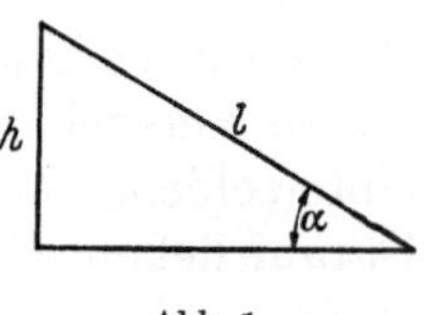

Abb. 1.

Die Richtigkeit der Annahme $v = g \cdot t$ hängt also davon ab, ob die zurückgelegten Wege sich tatsächlich wie die Quadrate der Zeiten verhalten.

Auch diese Prüfung überstieg für den freien Fall noch die experimentellen Mittel Galileis, da die zu messenden Zeiten zu klein sind, ließ sich aber in eine durchführbare Form bringen, wenn der Fall auf einer schiefen Ebene längs der Strecke l anstelle des freien Falles durch die Höhe h gesetzt wurde (Abb. 1). Galilei glaubt annehmen zu dürfen, daß die Endgeschwindigkeit v am Fuße der schiefen Ebene, d. h. nach Durchlaufen von l, gerade so groß ist wie die Endgeschwindigkeit beim freien Fall durch die Höhe h. Daß es tatsächlich nur auf den Höhenunterschied ankommt, beweist er durch einen ebenso einfachen wie geistreichen Versuch. Er läßt eine Pendelkugel (Abb. 2) auf ihrem normalen Bogen, d. h. auf einer Folge verschieden geneigter schiefer Ebenen, von ihrer äußersten Elongation bis zu ihrem tiefsten Punkt fallen und dann auf einem kürzeren Bogen, also wieder auf einer Folge verschieden geneigter schiefer Ebenen, hochsteigen, indem er in der bekannten Weise dem Aufhängefaden einen neuen Haltepunkt gibt. Dann erreicht die Pendelkugel — abgesehen von dem leicht durchschaubaren Einfluß der Reibung — wieder das alte Niveau.

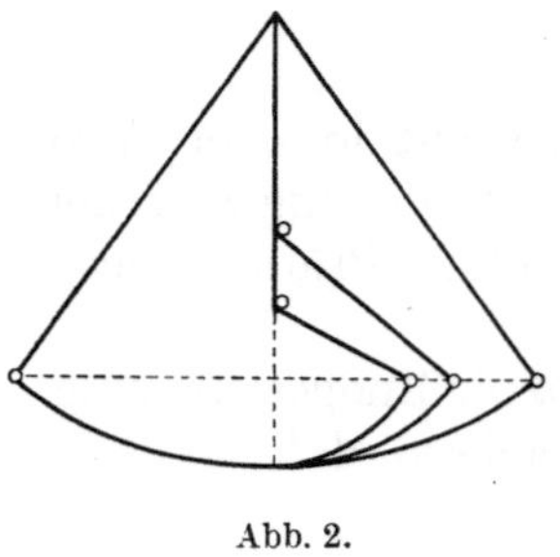

Abb. 2.

GALILEI setzt die Durchschnittsgeschwindigkeit[1] $\bar v = \dfrac{v}{2}$ für den Fall längs l gleich der für den Fall durch h; die Fallzeit t' auf der schiefen Ebene beträgt also $t' = \dfrac{l}{v/2}$, während die Fallzeit t durch die Höhe h den Wert $= \dfrac{h}{v/2}$ hat. Daraus folgt $t' : t = l : h$ oder, mit anderen Worten, der Fall auf der Länge l der schiefen Ebene entspricht in allen Punkten dem freien Fall durch die Höhe h der schiefen Ebene, wenn man sich alle Zeiten im Verhältnis $l : h$ vergrößert denkt.

Damit erhielt GALILEI die Möglichkeit, die Fallgesetze auf der schiefen Ebene zu prüfen, indem er die Längen s der Fallstrecken und die Größen t der zugehörigen Zeiten feststellte. — Die Beschreibung des Versuches bei GALILEI ist so kurz, daß sie hier wörtlich wiedergegeben werden möge:

„Auf einem Lineale, oder sagen wir auf einem Holzbrett von 12 Ellen Länge[2], bei einer halben Elle Breite und drei Zoll Dicke, war auf dieser letzten schmalen Seite[3] eine Rinne von etwas mehr als einem Zoll Breite eingegraben. Dieselbe war sehr gerade gezogen, und um die Fläche recht glatt zu haben, war inwendig ein sehr glattes und reines Pergament aufgeklebt; in dieser Rinne ließ man eine sehr harte, völlig runde und glattpolierte Messingkugel laufen. Nach Aufstellung des Brettes wurde dasselbe einerseits gehoben, bald eine, bald zwei Ellen hoch; dann ließ man die Kugel durch den Kanal fallen und verzeichnete in sogleich zu beschreibender Weise die Fallzeit für die ganze Strecke: häufig wiederholten wir den einzelnen Versuch, zur genaueren Ermittlung der Zeit, und fanden gar keine Unterschiede, auch nicht einmal von einem Zehntel eines Pulsschlages. Darauf ließen wir die Kugel nur durch ein Viertel der Strecke laufen, und fanden stets genau die halbe Fallzeit gegen früher. Dann wählten wir andere Strecken und verglichen die gemessene Fallzeit mit der zuletzt

---

[1] Diese Verwendung von $\bar v = \dfrac{v}{2}$ setzt die Proportionalität von v mit t schon voraus und wird daher ebenfalls durch den Versuch auf ihre Zulässigkeit geprüft.

[2] 12 Ellen = 6,7 m (18 „Ellen" sind nach GALILEI die höchstmögliche Steighöhe des Wassers nach den bekannten Erfahrungen der Florentiner Pumpenbauer, also gleich rund 10 m. Eine direkte Angabe für die von GALILEI benutzte Elle habe ich nicht finden können).

[3] das heißt auf der Hochkante.

erhaltenen und mit denen von $\frac{2}{3}$ oder $\frac{3}{4}$ oder irgend anderen Bruchteilen; bei wohl hundertfacher Wiederholung fanden wir stets, daß die Strecken sich verhielten wie die Quadrate der Zeiten: und dieses war für jedwede Neigung der Ebene, d. h. des Kanals, in dem die Kugel lief. Hierbei fanden wir außerdem, daß auch die bei verschiedenen Neigungen beobachteten Fallzeiten sich genau so zueinander verhielten, wie weiter unten unser Autor dasselbe andeutet und beweist[1]. Zur Ausmessung der Zeit stellten wir einen Eimer voll Wasser auf, in dessen Boden ein enger Kanal angebracht war, durch den ein feiner Wasserstrahl sich ergoß, der mit einem kleinen Becher aufgefangen wurde, während einer jeden beobachteten Fallzeit: das dieser Art aufgesammelte Wasser wurde auf einer sehr genauen Waage gewogen; aus den Differenzen der Wägungen erhielten wir die Verhältnisse der Gewichte und die Verhältnisse der Zeiten, und zwar mit solcher Genauigkeit, daß die zahlreichen Beobachtungen niemals merklich voneinander abwichen"[2]. — Damit war das Fallgesetz $v = g \cdot t$ mit allen seinen mathematischen Konsequenzen bewiesen.

Zum Experimentellen dieses Versuches ist folgendes zu bemerken: Die Messungen werden durch die Reibung und durch das Rollen der Kugel gestört; durch die Reibung insofern, als diese die Bewegung verlangsamt, wenn ihre Wirkung auf die Form der Beziehung zwischen s und t auch innerhalb der Versuchsfehler liegen dürfte, durch das Rollen insofern, als ein Teil der Bewegung in die Drehung der Kugel umgesetzt wird. Diese Drehung ändert aber nicht, wie sich leicht zeigen läßt, die Form des Gesetzes, würde sich aber *dann* ebenso wie die Reibung, bemerkbar machen, wenn GALILEI den quantitativen Wert von g aus seinen Versuchen hätte berechnen wollen.

Was die Darstellung betrifft, so ist darauf hinzuweisen, daß GALILEI die heutige Pflicht des Experimentators zur genauen Beschreibung aller Versuchsbedingungen, wie Größe der Kugel, Neigung der Fallrinne, sowie zur zahlenmäßigen Wiedergabe aller Versuchsresultate und zur Kritik der Fehlerquellen noch nicht kennt.—

Wir verdanken GALILEI nicht nur die Aufstellung der Fallgesetze, welche zur Grundlage unserer ganzen Mechanik geworden sind, sondern auch die Begründung unserer modernen physikalischen Methodik durch die Einführung des Experiments als einer präzisierten Frage an die Natur. Er ist außerdem der erste, welcher nicht das „Warum", sondern lediglich das „Wie" der physikalischen Vorgänge zu ergründen sucht.

Wie weit GALILEI seiner Zeit tatsächlich voraus war, zeigt das Urteil seines großen Zeitgenossen DESCARTES über ihn: „Alles, was er von der Geschwindigkeit der Körper sagt, welche im leeren Raum fielen usw., ist ohne Fundament aufgebaut; denn er hätte zuvor bestimmen müssen, was die Schwere sei, und wenn er davon das Richtige wüßte, so würde er wissen, daß sie im leeren Raum gar nicht vorhanden sei".

---

[1] das heißt wie $h/l = \sin \alpha$ (α Neigungswinkel der schiefen Ebene).

[2] Ich habe die Messungen nachgemacht und war erstaunt, eine wie große Genauigkeit sich mit einer solchen Wasseruhr erreichen läßt.

Das Gravitationsgesetz (1576—1686).

Brahe, Kepler, Newton.

Dieses Kapitel fällt aus dem Rahmen unseres Buches etwas heraus, darf aber als eine der wichtigsten Entwicklungsstufen der Physik doch nicht fehlen. Die Bezeichnung „Grundversuch" hat hier einen etwas anderen Sinn als das physikalische Experiment im Laboratorium. Der physikalische Vorgang entstammt nicht der Willkür des Menschen, sondern ist von der Natur gegeben als ein astronomisches Geschehen, als ein gigantisches Experiment. Im übrigen hat aber der Forscher die gleiche Aufgabe wie beim Laboratoriumsversuch. Er beobachtet den Vorgang zuerst qualitativ, verfolgt ihn dann messend in allen seinen Einzelheiten, faßt das gewonnene Beobachtungsmaterial zu allgemeinen Schlüssen zusammen und wendet schließlich auf diese seine geistig-mathematische Analyse an, bis er zu dem diesen Erfahrungstatsachen zugrunde liegenden Gesetz durchgedrungen ist. Dabei können diese Arbeitsstufen in einer Hand liegen wie bei der astronomischen Feststellung der Lichtgeschwindigkeit durch Olaf Römer oder das Zusammenwirken mehrerer großer Forscher erfordern wie die hier folgende Entdeckung des Gravitationsgesetzes[1].

Zur Lösung dieser gewaltigen Aufgabe mußten drei in ihrer Art verschiedene, in der Summe ihrer Leistungen aber kongeniale Männer ihr eigentümliches Teil beitragen: Brahe das genügend umfangreiche und genügend genaue Beobachtungsmaterial, Kepler die Zusammenfassung dieses Materials zu empirischen Gesetzen, Newton die Zurückführung dieser empirischen Ergebnisse auf ein alles umfassendes Grundgesetz.

Brahe stand dem kopernikanischen Weltsystem anfangs skeptisch gegenüber. Es wird häufig übersehen, daß dieses den Tatbestand der Planetenbewegung zunächst schlechter wiedergab als das ptolemäische System. Er war der durchaus modernen Auffassung, daß vor allem erst einmal die wirklichen Bewegungen der Planeten am Himmel quantitativ festgelegt werden müssen, bevor man überhaupt an eine Entscheidung über die verschiedenen Systeme herangehen kann. Dieser großen, aber doch etwas entsagungsvollen Aufgabe hat Brahe tatsächlich sein ganzes arbeitsreiches Leben gewidmet. Sein besonderes Verdienst bestand dabei in der Entwicklung eines Instrumentariums, wie nur der es schaffen kann, welcher die wissenschaftliche Beherrschung der Astronomie mit der Kunst des Ingenieurs und der Erfahrung des Handwerkers in einer Person vereinigt. Brahe hat zunächst die Örter der hauptsächlichen Fixsterne nach Deklination und Rektaszension ausgemessen, wie schon Kopernikus es seinen

---

[1] Zweidrittel dieses Kapitels gehören der Geschichte der Astronomie an. Ich bin daher hier von meinem Grundsatz abgewichen, auf die ursprünglichen Quellen zurückzugreifen und habe mich mit Berichten aus zweiter Hand begnügt.

Schülern ans Herz gelegt hatte, und hat so vorerst einmal ein Bezugssystem
für alles astronomische Geschehen gewonnen. Auf dieser Grundlage hat er
dann die Bahnen der Sonne, des Mondes und der Planeten am Himmelszelt
durch genaue Messungen festgelegt.

BRAHEs Meßgenauigkeit — ohne das Fadenkreuz eines Fernrohres! —
ist dabei ebenso erstaunlich wie vertrauenswürdig. Am klarsten zeigt dies
die Einstellung KEPLERs. 8 Bogenminuten Differenz gegenüber einem
BRAHESCHEN Meßwert genügten ihm bei dem Aufsuchen der Marsbahn, um
ihn von einem scheinbar sehr hoffnungsvollen Wege völlig abzubringen.
Er hielt als bester Kenner der BRAHESCHEN Beobachtungstechnik einen
solchen Meßfehler für ausgeschlossen, während noch KOPERNIKUS 10 Minuten für eine ausreichende Genauigkeit gehalten hatte. KEPLER dürfte
die Fehlergrenze BRAHEs auf höchstens 2 Minuten geschätzt haben. Er
schließt sein negatives Ergebnis mit den schönen Worten: „Nachdem uns
die göttliche Güte in TYCHO BRAHE einen so sorgsamen Beobachter ge-
schenkt hat, daß sich aus seinen Beobachtungen der Fehler der Rechnung
im Betrage von 8 Minuten verrät, geziemt es sich, daß wir dankbaren Sinnes
diese Wohltat Gottes anerkennen und ausnützen, d. h., wir sollen uns Mühe
geben, endlich die wahre Form der Himmelsbewegungen aufzuspüren.“

BRAHE selbst schätzte die Genauigkeit seiner Beobachtungen sehr hoch
ein, da die Summe der Rektaszensionsunterschiede von je vier, sechs und
acht Hauptsternen um den ganzen Himmel herum nur wenige Sekunden (!)
von 360° abwichen. Ein Vergleich seiner genauesten Messungen mit neueren
Werten ergibt als mittleren Fehler ± 35,8 bzw. 34,4 Bogensekunden,
also etwas mehr als $^1/_2$ Minute.

Wodurch hat BRAHE diese Meßgenauigkeit erreicht? Zunächst dadurch,
daß er genügend Ingenieur und Mechaniker war, um seine Beobachtungs-
instrumente selbst zu konstruieren und sogar z. T. selbst zu bauen. Dabei
verließ er sich nicht auf die mit den besten Mitteln hergestellten Kreisteilungen, sondern unterwarf sie nachträglich einer methodischen Prüfung.
Seine Liebe zu dem von ihm geschaffenen Instrumentarium zeigt er auch
darin, daß er seine Instrumente im Druck auf das sorgfältigste wiedergegeben hat (vgl. die Abb. 3—5). Zur genauen Ablesung führte er als erster
den Gebrauch der Transversalen für die Skalenteile seiner Kreisbögen ein,
und zwar so, daß er mit zwei Kreisteilungen, einer äußeren und einer inneren,
arbeitete und daß er zehn äquidistante Punkte zwischen den beiden Kreisteilungen einfügte (vgl. Abb. 6). Die gerade Linie, die als Radius von reichlich 1 m Länge zu denken ist, etwa die Kante eines Lineals, zeigt z. B. den
Wert von $1° + 20' + 3' = 1°23'$. Zur Beobachtung benutzte BRAHE ein
besonders konstruiertes Visier mit vier Schlitzen, welche durch ihr Zusammenwirken jegliche Parallaxe ausschlossen und welche je nach der
Helligkeit des beobachteten Sternes enger und weiter gestellt werden
konnten. Ferner berücksichtigte er als erster die Strahlenbrechung in der
Atmosphäre, durch welche die dem Horizont näheren Sternörter gehoben
erscheinen, so daß von den Meßwerten bestimmte Korrekturen, welche leicht
aus Beobachtungen desselben Sterns bei höherer Erhebung über dem Horizont zu gewinnen sind, abgezogen werden müssen.

Der große Beobachter war jedoch nicht der Mann, das gewaltige, von ihm geschaffene Material selbst auszuwerten, außerdem starb er schon 1601. Es war eine seltene Fügung, daß dieser Schatz des großen Beobachters in die Hände des einzigen Zeitgenossen fiel, der imstande war, einen solchen Schatz zu heben, wirklich eine höchst seltsame Fügung, da ja beide Männer erst aus ihren Heimatlanden vertrieben werden mußten, um bei einem der wunderlichsten Kaiser in Prag zusammenzutreffen.

Abb. 3.

Damit kommen wir zu der zweiten Stufe des Problems. KEPLER war zunächst als Gast, später als Mitarbeiter zu BRAHE nach Prag gekommen, hatte aber sehr darunter zu leiden, daß BRAHE sein Beobachtungsmaterial eifersüchtig hütete und es seinem Mitarbeiter nur in kleinen Brocken und nur für bestimmte Fragen zugänglich machte. Schließlich erhielt KEPLER aber doch nach BRAHEs unerwartetem Tode die freie Verfügung über dieses einzig dastehende Material und darüber hinaus sogar den offiziellen Auftrag zu seiner Auswertung, indem er zum kaiserlichen Mathematiker ernannt wurde.

KEPLER hatte den wissenschaftlichen Mut, anstelle der geheiligten Kreisbewegung, welche dem Altertum wegen ihrer Vollkommenheit als die einzig mögliche Form der Bahnen gegolten hatte und welche noch für KOPERNIKUS eine Selbstverständlickeit war, andere Bahnformen zu setzen mit der einzigen unbedingten Forderung, daß diese Kurven den Beobachtungsdaten BRAHEs genügen müßten, aber zugleich mit der glühenden Hoffnung, so zu der ihm stets vorschwebenden Harmonie der Welt zu gelangen. Er löste die ungeheure Aufgabe, von der unbekannten Erdbahn aus die unbekannten Planetenbahnen mit der schwerfälligen Mathematik seiner Zeit zu ermitteln, in so enger Anlehnung an BRAHE, daß er einen mühsam durchgerechneten Ansatz für die Marsbahn verwarf, weil dieser Ansatz zu einem 8′ von BRAHE abweichenden Sternort führte. Diese Differenz war für ihn ein unüberwindliches Hindernis, weil sie — so klein sie war — doch über die Fehlergrenze der BRAHEschen Beobachtungsmethodik hinausging. Nur durch diese Ehrfurcht des modernen Physikers vor einem einwandfreien Meßwert ist KEPLER zu seinem gewaltigen Erfolge geführt worden. Er sagt selbst: „Diese acht Minuten wiesen den Weg zur Erneuerung der ganzen Astronomie".

Für seine Berechnungen standen KEPLER an mathematischen Hilfs-
mitteln nur die Geometrie EUKLIDs und die Trigonometrie zur Verfügung.

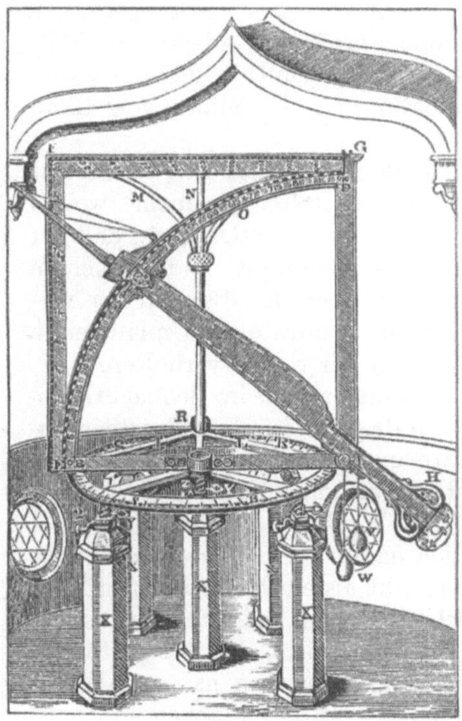

Abb. 4.

Abb. 5.

Wie ungeheuerlich seine Arbeit gewesen ist, dafür zwei Beispiele. Bei der ver-
suchsweisen Berechnung der Marsbahn war nur ein approximatives Verfahren möglich. Nicht weniger als
*siebzig*mal habe er, wie er selbst
berichtet, die ganze Reihe der müh-
samen Einzelrechnungen, welche
die Lösung erforderte, ausführen
müssen, bis er am Ziel war, d. h.,
bis alles mit einer Genauigkeits-
grenze von 2′ stimmte. — In einem
anderen Falle hatten ihn bei einem
bestimmten Stadium des Marspro-
blems seine Überlegungen auf eine
eiförmige Bahn geführt. Zur Prüfung mußte er die Abstände Sonne—
Mars für alle 180 Grad einzeln

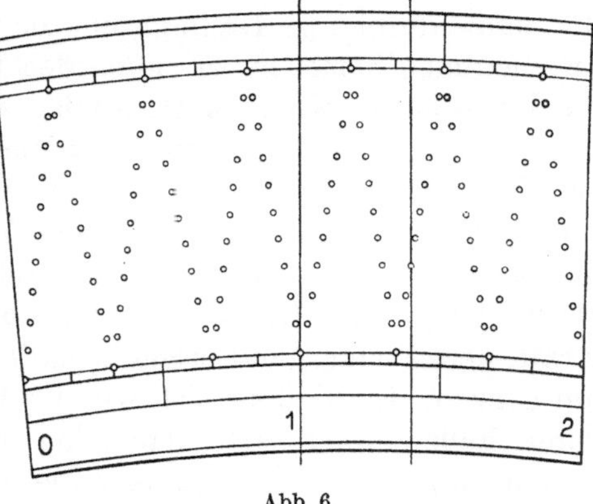

Abb. 6.

durchrechnen, da er anders mit diesem Integrationsproblem nicht hätte
fertig werden können. Wenn das Ergebnis mit der Erfahrung nicht übereinstimmte, änderte er seinen Ansatz. So kam es nach seinem eigenen

Bericht mindestens *vierzig*mal vor, daß er eine derartige Rechnung für alle 180 Grad durchzuführen gezwungen war.

Derartige umständliche Rechnungen mußten bei Prüfung *jedes* Ansatzes für die Marsbahn im einzelnen durchgeführt werden. So kam Kepler von der exzentrischen Kreisbahn mit besonderen Geschwindigkeitsverhältnissen zur eiförmigen Bahn und dann — in der Erkenntnis, daß die wahre Bahn zwischen der exzentrischen Kreisbahn und der eiförmigen Bahn liegen müsse — endlich zur Ellipse.

Es gelang Kepler in seinem ersten Gesetz, die Ellipse mit der Sonne im Brennpunkt als wahre Planetenbahn zu ermitteln, in seinem zweiten Gesetz die Bahngeschwindigkeit der Planeten dadurch festzulegen, daß der Fahrstrahl in gleichen Zeiten gleiche Flächen beschreibt, und endlich in seinem dritten Gesetz den Zusammenhang zwischen den Bahnen der verschiedenen Planeten zu finden, wonach sich die Quadrate der Umlaufzeiten wie die Kuben der mittleren Entfernungen von der Sonne verhalten.

Nachdem Kepler so alle Erfahrungstatsachen, welche im Beobachtungsmaterial Brahes enthalten waren, in seinen drei empirischen Gesetzen zusammengefaßt hatte, erhob sich die letzte und größte Frage, auf welche fundamentalen Gesetze diese empirischen Zusammenfassungen zurückzuführen seien.

Kepler selbst war der Lösung ziemlich nahe. Weit über Kopernikus hinausgehend, faßte er das Sonnensystem nicht als ein bloß kinematisches, sondern als ein ausgesprochen mechanisches Problem auf. Er sagt: „Mein Ziel ist es zu zeigen, daß die himmlische Maschine nicht eine Art göttlichen Lebewesens ist, sondern gleichsam ein Uhrwerk, insofern nahezu alle die mannigfaltigen Bewegungen von einer einzigen ganz einfachen magnetischen körperlichen Kraft besorgt werden, wie bei einem Uhrwerk alle Bewegungen von dem einfachen Gewicht." Damit ist die Aufgabe der klassischen Himmelsmechanik klar formuliert. Den Sitz dieser Kraft sah Kepler in der Sonne. Die weiter von Kepler gefaßten Vorstellungen sind nicht klar und ausgereift. Es treten drei Motive auf. Das erste besteht darin, daß die Sonne durch ihre Drehung um die eigene Achse, welche Kepler ad hoc angenommen hatte, bevor sie entdeckt war, mittels ihrer „Kraftstrahlen" die Planeten im Kreise herumreißt, wobei die Geschwindigkeiten der Planeten der wachsenden Entfernung umgekehrt proportional sind, jedenfalls eine Vorstellung, welche — so willkürlich und falsch sie ist — der Großartigkeit nicht ganz entbehrt. Diese kreisende Bewegung ist begleitet von magnetischen Kräften der Sonne, welche je nach der Lage der irdischen Magnetpole in der Erdbahn anziehend oder abstoßend wirken. Von dieser Kraft, deren Wesen im übrigen ziemlich dunkel bleibt, sagt Kepler wiederum ganz richtig, daß sie sich wie das Licht ausbreitet, von dem er an anderer Stelle gezeigt hatte, daß seine Intensität mit dem Quadrat der Entfernung abnimmt. Auch eine reine Massenanziehung spielt in diese Gedankenwelt hinein, über die er sich eine erstaunlich richtige Vorstellung gemacht hat, wie folgendes Zitat beweist: „Wenn man einen Stein hinter die Erde setzt und den Fall annehmen würde, daß beide von jeder anderen Bewegung frei sind, so würde nicht nur der Stein auf die Erde eilen, sondern auch die Erde auf den Stein zu; sie würden den dazwischen liegenden Raum im Verhältnis ihrer Gewichte teilen."

Das sind vielversprechende Ansätze. Warum ist KEPLER doch nicht zum Gravitationsgesetz durchgedrungen? Die Antwort ist einfach: weil er das Trägheitsgesetz nicht kannte, vielmehr annahm, daß die Ruhe das normale Verhalten aller Körper sei, auf die keine Kräfte wirken, daß also jede Bewegung nur unter dem Einfluß von Kräften stattfindet. So wurde es ihm unmöglich, die Bahn der Planeten als eine Kombination der eigenen Trägheitsbewegung mit der Beschleunigung zur Sonne hin zu erkennen[1].

Hier setzt die Leistung NEWTONs ein. NEWTON führt die KEPLERschen Gesetze auf das allgemeine Gravitationsgesetz zurück: Die Anziehungskraft K zwischen zwei Massen m_1 und m_2 in der Entfernung R ist

$$K = \gamma \cdot \frac{m_1 \cdot m_2}{R^2},$$

wo γ eine allgemeine Konstante bedeutet.

Um dieses Gesetz anzuwenden und zu beweisen, mußte NEWTON als Physiker die Dynamik GALILEIs und HUYGENS' beherrschen, im besonderen das Grundgesetz der Dynamik, nach welchem die Beschleunigung und damit jede Abweichung von der gradlinigen Bahn der ablenkenden Kraft proportional ist, sowie die Abhängigkeit der Zentrifugalkraft von Radius und Winkelgeschwindigkeit. Als Mathematiker mußte er die Schwerfälligkeit der alten Mathematik durch seine eigene Methode der Fluxionen ersetzen.

NEWTONs Aufgabe bestand darin, für die Wirkungen der Himmelskörper aufeinander das von ihm aufgestellte Gesetz durch Vergleich mit der Erfahrung zu beweisen, da die obige Formel zunächst nur durch ihre formale Verwandtschaft mit der räumlichen Ausbreitung des Lichtes von einer punktförmigen Lichtquelle aus eine gewisse Plausibilität besaß. Ich brauche hier eigentlich keine Einzelbeweise anzuführen, denn wenn es NEWTON in seinen „Mathematischen Prinzipien der Naturlehre" gelingt, mittels der GALILEIschen Dynamik und der neuen Fluxionsmethode auf Grund des Gravitationsgesetzes die Bahn der Planeten zu berechnen, und wenn dann alle diese Berechnungen der Wirklichkeit entsprechen, so ist das ganze obige Werk nichts anderes als ein einziger großer Beweis für die Richtigkeit des Gravitationsgesetzes.

---

[1] Wir wollen die gewaltigen Leistungen KEPLERs nicht verlassen, ohne darauf hinzuweisen, daß diese Leistungen auf einer doppelten Begabung beruhen. KEPLER war nicht nur ein gewissenhafter, enorm fleißiger Mathematiker, sondern auch ein phantasiereicher Dichter, ein Sucher der Weltharmonie, wie unter anderem das folgende schöne Zitat aus der Vorrede zu den Harmonices mundi nach Entdeckung des dritten Gesetzes zeigt: „Nunmehr aber, nachdem mir vor anderthalb Jahren das erste Morgenrot, vor wenigen Monaten der volle Tag, vor wenigen Tagen endlich die reinste Sonne der wundervollsten Betrachtung aufgegangen ist, hält mich nichts mehr zurück. Ich will schwärmen in heiliger Glut, ich will die Menschenkinder höhnen mit einem einfachen Geständnis, daß ich die goldenen Gefäße der Ägypter entwendet habe, um meinem Gott einen Altar daraus zu bauen, weit entfernt von Ägyptens Grenzen. Verzeiht Ihr, so freut's mich, zürnt Ihr, so trage ich's. Hier werfe ich die Würfel und schreibe ein Buch zu lesen der Mitwelt oder der Nachwelt, gleichviel. Es wird seiner Leser ein Jahrhundert harren, wenn Gott selbst sechs Jahrtausende den erwartet hat, der sein Werk beschauet."

Tatsächlich gibt es daneben aber noch zwei Einzelbeweise, welche traditionsgemäß Newton zugeschrieben werden, welche aber nach Ansicht von Newtons gründlichstem Biographen, Rosenberger, in dieser Form nicht von Newton stammen, zumindest aber nicht in den „Prinzipien" explizite enthalten sind.

Das eine ist die Ableitung des Gravitationsgesetzes aus dem dritten Keplerschen Gesetz, wie sie z. B. E. Mach in seiner Mechanik unter „Newtonsche Leistungen" bringt.

Es mögen m, T, R, M die Massen, die Umlaufzeiten, die Entfernungen der Planeten von der Sonne und die Masse der Sonne bedeuten. Dann ergeben sich folgende Gleichungen:

$$\text{Zentripetalkraft} = \text{Gravitationskraft}$$

$$m \cdot R \cdot \omega^2 = \gamma \cdot \frac{m \cdot M}{R^2}$$

$$m \cdot R \cdot \left(\frac{2\,\pi}{T}\right)^2 = \gamma \cdot \frac{m \cdot M}{R^2}$$

$$\frac{R^3}{T^2} = \frac{\gamma \cdot M}{4\,\pi^2} = \text{const.}$$

Für zwei Planeten 1 und 2 folgt daraus:

$$\frac{R_1^3}{T_1^2} = \frac{R_2^3}{T_2^2}$$

$$T_1^2 : T_2^2 = R_1^3 : R_2^3,$$

d. h. also das dritte Keplersche Gesetz. Wenn aber der Ansatz der anziehenden Kräfte nach dem Gravitationsgesetz zu der Gleichung des dritten Keplerschen Gesetzes führt, so ist damit die Richtigkeit des Gravitationsgesetzes in der Newtonschen Form bewiesen.

Der andere Einzelbeweis vergleicht den Fallweg des Mondes zum Erdmittelpunkt mit dem Fallweg eines Steines an der Erdoberfläche. Die bekannte Ableitung findet sich unter anderem bei Voltaire, der diesen Abschnitt mit den Worten beginnt: „Endlich gelang es Newton auf Grund der sehr genauen in Frankreich ausgeführten Messungen der Erde[1] seine Theorie zu beweisen." In der Abb. 7 sind die Voltairesche Zeichnung und eine etwas korrektere Zeichnung zusammengestellt. Bei letzterer bedeutet — stark übertrieben gezeichnet —

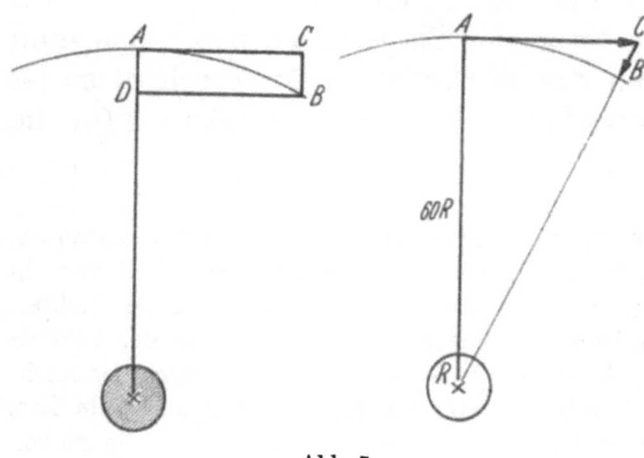

Abb. 7.

AB den Weg, den der Mond in einer Sekunde zurücklegt, AC den Weg, den der Mond ohne die Anziehungskraft der Erde in einer Sekunde zurücklegen würde. Dann ist CB der Fallweg des Mondes zur Erde in einer

---

[1] Gradmessung Picards im Jahre 1679 zwischen Amiens und Malvoisine.

Sekunde. Dieser Fallweg läßt sich mit Hilfe der Monddaten leicht zu 0,136 cm berechnen, daraus ergibt sich die Beschleunigung einer Masse in der Entfernung von 60 Erdradien vom Anziehungsmittelpunkt zu 0,272 cm/sec². Dieser Wert verhält sich aber zur Erdbeschleunigung in *einem* Erdradius Entfernung vom Mittelpunkt, also an der Erdoberfläche, wie

$$0,272 \text{ cm/sec}^2 : 981 \text{ cm/sec}^2 = 1 : 3600 = 1 : 60^2.$$

Damit ist auch hier die Richtigkeit des Gravitationsgesetzes eklatant bewiesen.

Dieser Vergleich hat aber noch eine höhere Bedeutung. Er zeigt zugleich, daß die Schwere auf der Erdoberfläche und die Gravitation im Weltenraum ihrem Wesen nach identisch sind. Damit ist zum ersten Mal bewiesen, daß unsere irdische Physik auch auf das Geschehen im Weltenraum anwendbar ist, daß also unsere Erde keine Sonderrolle im Kosmos spielt. Dieser Fortschritt des menschlichen Weltbildes ist gar nicht hoch genug einzuschätzen, wenn man bedenkt, ein wie prinzipieller Unterschied noch zu BRAHEs Zeiten zwischen der sublunarischen Welt, d. h. der Welt unterhalb des Mondes, und dem weiteren Weltenraum gemacht wurde.

Im allgemeinen haben wir in diesen Schlußbemerkungen die Bedeutung eines Grundversuches im *einzelnen* dargestellt. In diesem Falle, der sich durch die Beteiligung von drei in ihrer Art ganz verschiedenen, in ihren Leistungen aber gleich bedeutenden Männern an der Lösung eines großen Gesamtproblems kompliziert, läßt sich die *Gesamtsumme* der Leistungen sehr leicht angeben. BRAHE, KEPLER und NEWTON sind schlechthin die Begründer der modernen Astronomie dadurch, daß sie anstelle einer bloßen, noch dazu *unsicheren* Himmel*kinematik* eine *sichere* Himmel*smechanik* gesetzt haben.

Druck und Gewicht der Luft (1644—1654).

Torricelli, Guericke.

Es handelt sich hier nicht so sehr um einzelne physikalische Entdeckungen oder um die experimentelle Begründung eines Gesetzes, sondern um die Eröffnung und den weiteren Ausbau eines ganzen physikalischen Gebietes durch apparative Erfindungen. Die grundsätzlichen Leistungen beider Forscher fallen in dasselbe Jahrzehnt des 17. Jahrhunderts. Beide haben ganz unabhängig voneinander das gleiche Gebiet von zwei Seiten angefaßt und erschlossen, jeder in seiner originalen Weise.

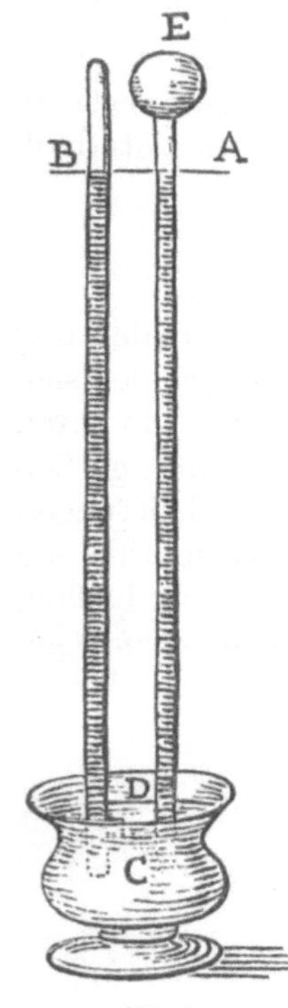

Abb. 8.

Torricelli, übrigens auch sonst ein Forscher von Rang, knüpft an seinen großen Meister Galilei an. Dieser hatte an dem „Ersten Tag" seiner „Discorsi" nach den Erfahrungen der Florentiner Pumpenbauer festgestellt, daß der „horror vacui" einer Wassersäule von 18 Florentiner Ellen das Gleichgewicht hält, daß die Wasserpumpe aber nicht fähig ist, eine Wassersäule höher zu heben. Von hier zu der Erkenntnis, daß es der *Luftdruck* ist, welcher die Wassersäule trägt, war lediglich *ein* Schritt, aber ein Schritt, welcher eine bemerkenswerte Klarheit und Unabhängigkeit des Geistes verlangte. Es ist mir daher nicht verständlich, wie Poggendorff diese Leistung bagatellisieren kann[1]. Torricelli blieb aber nicht bei der bloßen Erkenntnis stehen, sondern zog aus ihr als Beweis der neuen Auffassung die Konsequenz, daß der Luftdruck statt der *Wasser*säule von 18 Ellen auch eine *Quecksilber*säule vom 13,6ten Teil dieser Höhe, also von etwa $1^1/_3$ Ellen müsse tragen können. Dieser Gedanke führte Torricelli unmittelbar zu folgendem entscheidenden Versuch, den übrigens nicht er selbst, sondern sein vertrauter Freund Viviani im Jahre 1644 durchgeführt hat: Ein Glasrohr von 2 Ellen Länge, an der einen Seite offen, an der anderen Seite in einer Kugel endigend, wurde mit Quecksilber gefüllt, am offenen Ende mit einem Finger verschlossen, umgedreht und unter dem Quecksilber eines weiteren Gefäßes durch Loslassen des Fingers geöffnet (Abb. 8). Der Erfolg war der von

---

[1] „Torricelli kannte, was Galilei über die ‚Resistenza del Vacuo‘ gedacht und experimentiert hatte, er wußte, daß Wasser nur etwa 32 Fuß in senkrechten Röhren ansteige, es war also im Grunde nicht schwer, auf den Gedanken zu kommen, daß eine spezifisch schwerere Flüssigkeit auf einer geringeren Höhe würde stehen bleiben". Geschichte der Physik 1879, S. 323.

TORRICELLI erwartete. Das Quecksilber verließ die Kugel und sank in das Rohr zurück, bis es bei etwa $1^1/_3$ Ellen Höhe stehen blieb. Das war die Geburt des *Barometers*.

Für diese Überlegungen und Versuche TORRICELLIs enthält sein Brief an RICCI vom 11. 6. 1644, übrigens seine einzige diesbezügliche „Veröffentlichung", interessante Angaben. Er war tatsächlich zu einer bemerkenswerten Klarheit über das Wesen der Luft gekommen, denn er spricht von dem „Gewicht" der Luft, das er im Vergleich zum Wasser allerdings viel zu groß, nämlich zu $^1/_{400}$, einsetzt, und erklärt, daß die Luft auf hohen Bergen wesentlich leichter sei. Er hat die richtige Anschauung, daß wir auf dem Boden eines Luftmeeres leben, welches auch die höchsten Berge übersteigt und sich nach den Beobachtungen der Dämmerungserscheinungen bis in die Höhe von 50 Meilen erstreckt. An einer Stelle seines Briefes heißt es: „. . . Auf der Oberfläche der Flüssigkeit, die sich im Napf (Abb. 8) befindet, lastet die Höhe von 50 Meilen Luft; also welch Wunder soll es sein, wenn das Quecksilber in das Glas CE — wohin es weder Zuneigung noch auch Abneigung hat, da nichts darinnen ist — eintritt und sich so hoch erhebt, bis es ins Gleichgewicht mit dem Gewicht der äußeren Luft kommt, die es treibt ? . . . Diese Überlegung wurde bestätigt durch den gleichzeitig mit dem Rohr A und dem Rohr B gemachten Versuch, in denen das Quecksilber sich stets im gleichen Horizont AB einstellte, fast sicheres Zeichen dafür, daß die Kraft nicht im Inneren zu suchen sei; denn eine größere Kraft hätte das Gefäß AE haben müssen, in dem sich mehr des verdünnten und anziehenden Etwas befand; und sie müßte viel kräftiger sein wegen der stärkeren Verdünnung als die des sehr kleinen Raumes B."

Die Steighöhe des Quecksilbers gibt er mit „einer Elle und einer viertel (Elle) und noch einem Finger" an. Setzt man auf Grund des oben erwähnten Wertes 18 Ellen = 1033 cm und eine Fingerbreite = 2 cm, so ergibt sich für die Steighöhe h = 73,7 cm bzw. 74,2 cm bezogen auf Meeresniveau, wenn man die Höhenlage von Florenz (50 m) noch berücksichtigt. Dieser Wert scheint — wenn man die groben Zahlenwerte überhaupt einer weiteren Überlegung zugrunde legen will — deswegen zu klein zu sein, weil im Raum AE bzw. B doch noch etwas Luft zurückgeblieben ist. TORRICELLI klagt nämlich darüber, daß er die ihn interessierenden Luftdruckschwankungen nicht habe beobachten können, „weil die Höhe AB durch eine andere Ursache verändert wird, an die ich nie gedacht habe, nämlich durch die Wärme und Kälte, und recht merklich, als ob das Gefäß AE voll Luft wäre". Mit anderen Worten, das erste Barometer hat über dem Quecksilber kein Vakuum, sondern eine merkliche Menge Luft gehabt. —

GUERICKE ging von der geistigen Umwälzung durch KOPERNIKUS und TYCHO BRAHE aus. Er war aufs tiefste ergriffen von dem Problem des ungeheuren, unbegrenzten Raumes, insbesondere von der Frage, ob der kosmische Raum von einer feinen Materie erfüllt oder ob er mit dem vielumstrittenen Vakuum identisch sei. Er versuchte daher selbst, einen leeren Raum durch Auspumpen eines zunächst mit Wasser gefüllten Fasses mit derselben Wasserpumpe zu erzeugen, deren Wirkung TORRICELLI zur Idee

seines Quecksilberbarometers geführt hatte (Abb. 9 oben). Die zum Bewegen
des Pumpkolbens notwendige Menschenkraft war aber so groß, daß die Be-
festigung der Pumpe am Faß zerstört wurde. Außerdem drang die Luft
von außen durch alle Ritzen und Poren mit lautem Geräusch in das Faß ein.
Immerhin hatte Guericke einen Anfang des Erfolges gesehen. Er ver-
besserte sein Pumpverfahren weiter und weiter (Abb. 9 unten). Er versuchte einen leeren Raum direkt durch Auspumpen der Luft, d. h. ohne Vermittlung des Wassers, herzustellen, indem er das Faß durch ein Kupfergefäß ersetzte und indem er die Wasserpumpe für ihren neuen Zweck entsprechend umbaute. Nicht ohne weitere Mißerfolge gelang es ihm schließlich, einen luftleeren Raum durch ein einwandfreies Pumpverfahren herzustellen.

Die damals entwickelte Pumpmaschine ist in Abb. 10 nach dem Originalbilde, einer Art Werkstattzeichnung, wiedergegeben, um zu zeigen, wie fachmännisch Guericke seine Luftpumpe im einzelnen durchkonstruiert hat. Denn wenn Guericke auch in erster Linie Jurist und Diplomat war, so hatte er doch auch den Geist der damaligen Physik in dem Holland Stevins und Snells

Abb. 9.

in sich aufgenommen und sich zu einem so geachteten Ingenieur ausgebildet, daß er nach der Zerstörung Magdeburgs sein Brot als solcher im Heere
Gustav Adolfs verdienen konnte.

Das Große ist hier nicht die Erfindung einer neuen Maschine, da diese
ja schon als Wasserpumpe gegeben war, sondern die Anpassung einer schon
lange bekannten Methodik an einen ganz neuen, völlig ungewohnten Zweck.
Diese Anpassung erfolgte schrittweise: Guericke mußte auspumpbare Gefäße entwickeln, die dem Luftdruck standhielten, sowie besondere Rezipienten, welche die Einführung größerer Objekte ermöglichten. Er mußte
Verbindungen herstellen, deren weitgehende Luftdichtigkeit trotz der für
ihn noch unvermeidlichen Poren und Ritzen notwendig war und von ihm

nur durch einen umgebenden Wassermantel erzwungen werden konnte.
Er mußte eine besondere Vorkehrung treffen, um auch noch bei schon
stark vermindertem Luftdruck das allzu schwer bewegliche Ventil der Pumpe
zu betätigen, nämlich ein Röhrchen, „das mit Stempel und Kolben sowie mit
einer Hervorragung (wohl einem kleinen Haken) versehen ist und mit

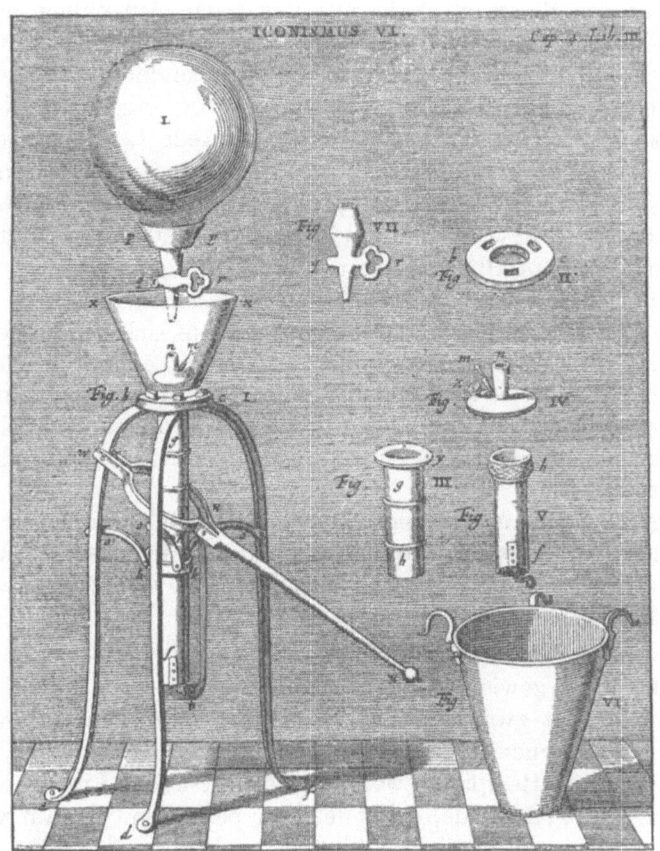

Abb. 10.

dessen Hilfe das innere Ventil kunstvoll (!) geöffnet und geschlossen werden
kann". Dies ist offenbar der erste Mechanismus, welcher ohne Lufteinlaß
mechanische Bewegungen im Vakuum ermöglichte und welcher daher von
ihm selbst mit berechtigtem Stolz als „kunstvoll" bezeichnet werden konnte.

Das wichtigste und greifbarste Ergebnis, welches GUERICKE mit dem
Auspumpen von Gefäßen erzielt hat, der zentrale *Grundversuch*, ist die
Gewichtsbestimmung eines bestimmten Luftvolumens, wobei jedoch wegen
der wechselnden Luftdichte kein *festes* Gewichtsverhältnis zum Wasser angegeben werden konnte. Hierdurch hat GUERICKE die *Schwere* der Luft
noch unmittelbarer bewiesen als TORRICELLI mit seinem Barometer. Daneben wurden von GUERICKE eine ganze Reihe weiterer Versuche

durchgeführt: Der Aufbau eines 19 Magdeburger Ellen hohen, an der Wand seines Hauses angebrachten „Wasserbarometers", das er von oben her auspumpte und das er schon zur Beobachtung der Luftdruckschwankungen und zur Wettervoraussage benutzte; die Verdünnung der Luft auf Bergen; die Notwendigkeit der Luft zur Unterhaltung der Flamme und des Lebens; die Unmöglichkeit der Fortpflanzung des Schalles durch den leeren Raum; das Schäumen des Bieres im Vakuum; das harte Aufprallen des luftleer gewordenen Wassers. Endlich seine Riesenversuche, die Magdeburger Halbkugeln, welche die ungeheure Kraft des Luftdrucks der staunenden Mitwelt (etwas theatralisch, aber höchst eindrucksvoll) vor Augen führen sollten.

Worin besteht nun eigentlich die experimentelle Leistung GUERICKEs? Sein Verdienst ist ein dreifaches. — Er hat erstens den festen Glauben gehabt, daß das System der Wasserpumpe auch auf die Luft angewandt werden könne, weil diese letzten Endes ebenfalls etwas Körperliches und zwar Elastisches sei, und hat den festen Entschluß gefaßt, trotz aller noch so neuartigen Schwierigkeiten auf diesem Wege einen luftleeren Raum zu schaffen. — Er hat zweitens die große Aufgabe auf sich genommen, die für die Erreichung dieses Zieles notwendige, ganz neue Technik in allen Einzelheiten zu entwickeln. — Schließlich hat er mit Hilfe seiner nach langen Mühen einwandfrei arbeitenden Pumpmaschinerie die tatsächlich wichtigsten Grundfragen über das Wesen der Luft an die Natur gestellt und beantwortet erhalten.

Ebenso groß wie die experimentellen Fortschritte sind die *geistigen* Fortschritte GUERICKEs. Es ist erstaunlich, wie klar er sich über das Wesen der Luft äußert, welches den Menschen seiner Zeit noch *völlig* fremd war. Hierzu einige Zitate:

Körperlichkeit und Schwere der Luft.

„Die Luft ist ein gewisses *körperliches* Etwas."

„Jede Luftart ist zwar etwas Körperliches, indes sehr dünn und imstande, sich auszudehnen und auszubreiten."

„So wurde mein Rezipient, wenn er bei mittlerem Luftdruck (!) ausgepumpt und gewogen wurde, 4 Lot leichter befunden. Darauf wurde der Zutritt freigegeben und zwar allmählich .... Man wird dann .... sehen, wie das Gefäß sein Gewicht allmählich wieder erhält, was der glänzendste Beweis für die *Schwere* der Luft ist."

Luft und Druck.

„Ein Abscheu vor dem leeren Raum ist in der Natur nicht vorhanden; an seine Stelle ist der Druck der umgebenden Luft zu setzen."

„Außerdem hat die Luft die Eigenschaft, daß sie durch heftigen Druck mehr und mehr verdichtet und durch Gewährung eines größeren Raumes ausgedehnt werden kann."

Luft und Wärme.

„Wie die Luft durch die Wärme ausgedehnt wird, so wird sie auch durch die größere oder geringere Abgabe von Wärme, d. h. durch Abkühlung, verdichtet und nimmt infolgedessen weniger Raum ein." (Diese Erkenntnis benutzte GUERICKE als Prinzip eines Thermometers.)

Luft und Luftbestandteile.

„In ihren unteren Schichten wohnt der Luft immer etwas Wasserdampf inne, bald mehr, bald weniger, je nach der Beschaffenheit des Wetters."

„Dieses Erlöschen der Kerze ließ sich nur durch die Annahme erklären, daß das Feuer aus der Luft etwas als Nahrung aufnimmt, dementsprechend die Luft verzehrt und infolge des Mangels an Nahrung nicht weiter leben kann."

„Das Emporsteigen der Flamme, der Dämpfe und des Rauches rührt nicht von einer denselben eigenen oder innewohnenden Leichtigkeit her, sondern es ist der Druck der umgebenden Luft, durch welchen die Flamme, der Rauch und der Dampf (weil sie wärmere und folglich leichtere oder vielmehr ausgedehnte Luft sind) emporgehoben werden, in gleicher Weise wie im Wasser eine Blase emporsteigt. Wenn es daher keine Luft gäbe, so fände auch kein Aufsteigen der Dämpfe statt."

Luft und Erde.

„Das Gewicht der Luft an der Erdoberfläche ist gleich dem einer etwa 20 Magdeburger Ellen hohen Wassersäule. In dem Maße, wie also das Wasser, wenn es 20 Ellen hoch über der Erde stände, alles am Boden Befindliche drücken würde, übt die Luft einen Druck aus."

(Diesen Druck hat G. auch quantitativ durch zwei ausführlich dargestellte Berechnungen zu 2685,8 und 2687,1 Pfund für eine Grundfläche von $^{67}/_{100}$ Magdeburger Ellen Durchmesser ausgerechnet.)

„Die Luft, welche die Erde umgibt, drückt, weil sie ein körperliches Ding ist und eine gewisse Schwere besitzt, sich selbst, so zwar, daß der Druck nach unten zunimmt. Es folgt daraus, daß die tiefste Luftschicht, welche uns umgibt, viel dichter ist als die oberen. Was aber dichter ist, enthält mehr Masse, und was mehr Masse enthält, ist schwerer. Wir haben daher mehr Luft und zwar von größerer Schwere hier an der Oberfläche der Erde als auf Türmen oder Bergen."

„Infolge ihres Gewichtes drückt die Luft nicht nur sich selbst, sondern auch alle auf dem Boden des Luftmeeres befindlichen Dinge und zwar fast immer in demselben Maße. Dies wird zwar von uns Menschen nicht bemerkt, weil wir in der Luft selbst leben, welche uns von allen Seiten gleichmäßig und sich das Gleichgewicht haltend umgibt und zugleich durchdringt. Wie nämlich die Fische im Wasser keinen Druck verspüren, so fühlen um so weniger die Geschöpfe in der Luft einen solchen."

Luft und Kosmos.

„Weil der Luftdruck nicht nur oft an und für sich, sondern sofort bei jedem Emporsteigen sich ändert, so läßt sich leicht schließen (wenn man die gewaltige Entfernung der Sterne in Betracht zieht), daß der unermeßliche, uns umgebende Raum nicht etwa bis zum Monde oder etwa gar bis zur Sonne und darüber hinaus mit Luft angefüllt sein kann, noch viel weniger aber die Luft diesen Raum ausmache oder bilde."

Die Grundversuche TORRICELLIs und GUERICKEs haben der Physik eine
neue Welt erschlossen, die Welt der Gase. Die beiden Forscher haben diese
Welt auf zwei verschiedenen Wegen ganz unabhängig voneinander entdeckt, bei beiden führt der Weg über eine neuartige Apparatur, über das
italienische Barometer und über die deutsche Luftpumpe, zu zwei neuen
Begriffen, zum Druck der Luft und zum Gewicht der Luft. Während TORRI-
CELLI einen einzigen geistvollen Gedanken ohne großen experimentellen
Aufwand verwirklicht hat, muß GUERICKE eine ganze Lebensarbeit durchführen, wie sie in diesem Umfang nur von wenigen Physikern bewältigt
worden ist.

Das deutsche Volk sollte niemals seinen Magdeburger Bürgermeister
vergessen, welcher — gleich groß als Forscher und als Mensch — wie KEPLER
in dem Jahrhundert des Dreißigjährigen Krieges Unsterbliches geschaffen hat.

Mittlere Erddichte (Gravitationskonstante) (1798).

CAVENDISH.

CAVENDISH will die mittlere Dichte unserer Erde bestimmen. Das ist bereits eine Aufgabe von hoher Bedeutung. Das Fundamentale dieser klassischen Arbeit würde aber noch eindrucksvoller hervortreten, wenn als Überschrift und Ziel die Bestimmung der Gravitationskonstanten gewählt worden wäre.

Theoretisch ist diese Aufgabe äußerst einfach, da es sich lediglich darum handelt, die Anziehungskraft zweier kugelförmiger Massen bei gegebener Mittelpunktsentfernung festzustellen. Dagegen ist die Lösung experimentell sehr schwer. Die hier zu messende Kraft hat nämlich nur die Größenordnung von $1/_{60}$ dyn! Dabei hat sich CAVENDISH die Arbeit selbst dadurch erschwert, daß er seiner Apparatur eine unnötig große Ausdehnung gegeben hat. So ist der Waagebalken seiner Drehwaage, welche im Prinzip der Apparatur COULOMBs (vergl. S. 98) entspricht, fast 2 m lang!

Die Versuchsanordnung, die CAVENDISH von dem Mitglied der Royal Society, JOHN MICHELL, geerbt und fast ganz beibehalten hat, ist in den folgenden Originalabbildungen 11 und 12 dargestellt[1]. h h ist eine rund 6 Fuß (etwa 180 cm) lange Stange aus Tannenholz, welche so geformt ist, daß sie möglichst große Steifheit mit möglichst geringer Masse verbindet. Diese Stange trägt an ihren beiden Enden h h mittels dünner Drähte zwei Bleikugeln, die im folgenden mit xx bezeichnet sind, von rund 2 Zoll (5,1 cm) Durchmesser und von 11262 grains (729 gr) Gewicht in 36,65 Zoll (93,1 cm) Mittelpunktsentfernung von der Drehachse. Um die Tragfähigkeit der Stange zu erhöhen, ist sie durch die Drähte hgh versteift. Die Stange hängt in ihrer Mitte an einem dünnen Draht aus versilbertem Kupfer von $39^{1}/_{4}$ Zoll (99,7 cm) Länge, dessen Durchmesser sich aus der Angabe, daß 1 Fuß 2,4 grains (156 mgr) wiegt, zu 0,135 mm berechnet[2]. Der Aufhängedraht ist an der Stelle l koaxial verbunden mit einem Zapfen, welcher drehbar in FF eingesetzt ist.

Diese Vorrichtung ist zum Schutz gegen Luftströmungen in einem Holzgehäuse A B C D D C B A E F F E A eingeschlossen, welches von den Stangen S S der Abb. 11 bzw. S S S S der Abb. 12 getragen wird.

---

[1] Da es hier besonders wichtig erscheint, dem Leser von vornherein eine richtige Vorstellung von den Größenverhältnissen zu vermitteln, so habe ich den alten Maßen die Werte in heutigen Einheiten beigegeben.

[2] Dieser Draht hat sich bei den ersten Meßreihen als zu dünn erwiesen und ist für die Hauptversuche durch einen dickeren Draht ersetzt worden. Zur Berechnung der Dicke dieses Drahtes fehlen die Daten, sie läßt sich aber aus dem Vergleich der Schwingungsdauer auf etwa 0,20 mm schätzen.

Die Bleikugeln W W von 12 Zoll (20,3 cm) Durchmesser[1] und einem Gewicht von 2439000 grains (158 kg), welche die Kugeln xx anziehen sollen,
sind mittels der Stangen Rr an dem Balken rr aufgehängt, welcher mit den
schrägen Stangen rP und rP an dem unteren Punkt P des drehbaren Bolzens Pp

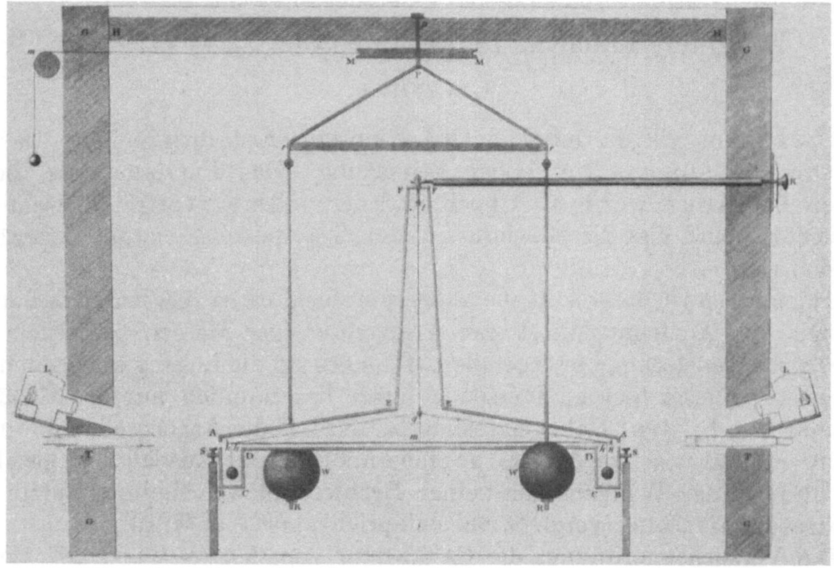

Abb. 11.

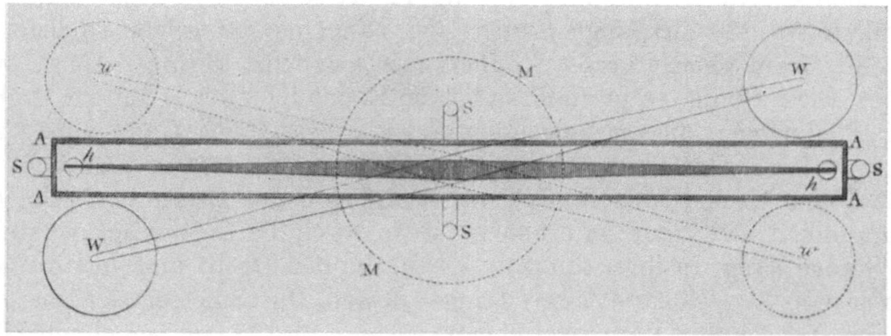

Abb. 12.

befestigt ist. Die ganze Apparatur ist in einer Kammer aus dicken Holzwän-
den GG HH GG eingeschlossen, um alle Störungen von außen abzuhalten.

Für die Messungen sind in dem Innengehäuse zwei Skalen aus Elfenbein
auf einem Kreisbogen von 38,3 Zoll (97,3 cm) Radius mit einer Einteilung
in 20stel Zoll (1,3 mm) so nahe wie möglich gegenüber den beiden Stangen-
enden hh angebracht. Letztere tragen ebenfalls Elfenbeinskalen mit Teilungen von 100stel Zoll, so daß diese stärker unterteilte bewegliche Skala
auf der festen Skala spielt. Es können also 100stel Zoll abgelesen und noch

[1] Vgl. S. 25.

kleinere Beträge geschätzt werden. Die Ablesung erfolgt durch die Fernrohre TT, wobei die Skalen durch die Lampen LL beleuchtet werden.

Alle Manipulationen werden von außen betätigt. Der Torsionskopf l des Aufhängedrahtes kann durch die Stange KF mittels eines Getriebes so eingestellt werden, daß der Waagebalken hh in der Mitte der Begrenzungen AAAA (Abb. 12) einspielt. Das Gestänge, welches die großen Bleikugeln WW trägt, wird mittels der Schnurscheibe MM so gedreht, daß die großen Kugeln die Lagen WW *oder* ww in der Abb. 12 einnehmen.

Das Schema einer Messung kann man sich am besten folgendermaßen klarmachen: Die großen Kugeln WW werden durch den Balken rr senkrecht zu der Mittellinie des Gehäuses AAAA eingestellt, so daß ihre Wirkungen auf die kleinen Kugeln xx sich aufheben. Der Waagebalken hh wird in die Mittellinie von AAAA gebracht. Werden jetzt die großen Kugeln in die Lage WW (Abb. 12) geschwenkt, so wirken sie kräftig auf die kleinen Kugeln xx und drehen den Waagebalken hh um einen bestimmten Betrag α im entgegengesetzten Sinne des Uhrzeigers. Schwenkt man jetzt, nachdem der Waagebalken seine neue Endlage erreicht hat, die beiden großen Kugeln in die Lage ww, so dreht sich hh im Sinne des Uhrzeigers um den Winkel β, wobei β bei völliger Symmetrie gleich 2α ist. Die Größe von β kann jetzt beliebig oft gemessen werden, indem man die großen Kugeln abwechselnd in die Lagen WW und ww bringt. Die um die neuen Endlagen der kleinen Kugeln auftretenden Schwingungen können hierbei gleichzeitig zur Bestimmung der für die spätere Rechnung notwendigen Schwingungsdauer dienen.

Diese Messungen sind von CAVENDISH mit höchster Sorgfalt durchgeführt worden. Die Endlage von hh, welche den Kräften bei der betreffenden Lage der großen Kugeln entsprechen würde, kann nicht abgewartet werden, da dies zu lange dauert und außerdem durch die später noch zu besprechenden langsamen Wanderungen der Ruhelage gefährdet wird. Die Ruhelage wird daher durch die Beobachtung der äußersten Elongationen bestimmt. Sind I, II, III die nacheinander gemessenen Ausschläge und bedeuten die Indizes r und l den Sinn der Ausschläge nach rechts oder links, so erhält CAVENDISH die Ruhelage RL aus der Gleichung

$$RL = \frac{\dfrac{\mathrm{I}_r + \mathrm{III}_r}{2} + \mathrm{II}_l}{2}.$$

Diese Meßmethode ist für uns selbstverständlich, war es zur damaligen Zeit offenbar aber nicht, da CAVENDISH sie ausführlich begründet. Eine Steigerung der Genauigkeit durch Verwendung von 5 Ausschlägen lehnt CAVENDISH ab, da er wegen der unvermeidlichen Nullpunktwanderung großen Wert darauf legen muß, die Bestimmung der Ruhelage möglichst bald nach jeder neuen Schwenkung der großen Kugeln zu erhalten. In noch stärkerem Maße dokumentiert sich die methodische Strenge von CAVENDISH bei der Bestimmung der Schwingungsdauer, deren Größe, wie zum Verständnis des Folgenden vorausgeschickt werden muß, etwa *7 Minuten* beträgt. CAVENDISH würde die Schwingungsdauer direkt erhalten, wenn er die Zeit zwischen zwei Durchgängen durch die Mittellage zweier extremer

Ausschläge unmittelbar bestimmen könnte[1]. Er darf aber nicht so verfahren, daß er zuerst diese Mittellagen und dann die Schwingungsdauer aus zwei Durchgängen durch die Mittellagen feststellt, da sich bei der außerordentlichen Kleinheit der Kräfte eine ständige schwache Wanderung der Einstellungen nicht vermeiden ließ. Er muß also die Mittellagen und die Schwingungsdauern in ein- und derselben Meßreihe bestimmen. Zu diesem Zwecke wählt er zwei Punkte P_1 und P_2, welche ein kleines Stück rechts und links von der *geschätzten* Mittellage liegen, und bestimmt die Zeitmomente, in welchen diese Punkte passiert werden, läßt sich im übrigen aber nicht in der Messung der extremen Ausschläge stören. Folgende Versuchsreihe soll als ein Beispiel von 17 wesentlich umfangreicheren Meßreihen diese Methode veranschaulichen und zugleich die Sorgfalt zeigen, welche CAVENDISH ganz allgemein auf alle seine Messungen anwendet.

Tabelle 1.

Nr. der Ausschläge	Umkehrpunkte in Sk = $^1/_{20}$ Zoll	P_1 P_2	Zeit	Endlage in Sk	Durchgang durch die Mittellage
1	27,2				
		25	$10^h 23' 4''$		} $10^h 23' 23''$
		24	$57''$		
2	22,1			24,6	
3	27			24,7	
4	22,6			24,75	
5	26,8			24,8	
6	23			24,85	
7	26,6			24,9	
		25	$11^h 5' 22''$		} $11^h 5' 22''$
		24	$6' 48''$		
8	23,4				

Berechnung der Endlage (Spalte 5) aus den Umkehrpunkten 1, 2, 3 der Spalte 2:

$$RL = \frac{\dfrac{27,2 + 27,0}{2} + 22,1}{2} = 24,6$$

Berechnung des Zeitpunktes, in welchem der Waagebalken die Mittellage zwischen 27,2 und 22,1, d. h. den Skalenteil 24,65 passiert[2] (s. Tab. 2 auf S. 23).

---

[1] Noch korrekter würde es nach meiner Ansicht sein, wenn anstelle dieser Mittellage zwischen zwei extremen Ausschlägen die Ruhelage aus drei Ausschlägen gesetzt würde, obgleich der Unterschied wohl verschwindend wäre.

[2] Während zur Ermittlung der Endlagen jeweils drei Umkehrpunkte verwendet werden, begnügt sich CAVENDISH hier mit zwei Umkehrpunkten.

Ebenso wird der entsprechende Zeitpunkt 6 Schwingungen später gefunden zu 11^h 5′ 22″. Die Zeitdifferenz für 6 Schwingungen beträgt 11^h 5′ 22″ — 10^h 23′ 23″ = 41′ 59″, die Zeit für eine Schwingung also (41′ 59″) : 6 = 7′ 0″.

Außerdem erkennt man aus der Tabelle die langsame Wanderung der Ruhelage, welche hier in 42 Minuten 0,3 Sk. beträgt. Diese Wanderung hat CAVENDISH mit Recht als eine empfindliche Störung seiner Messungen und als Andeutung einer unbekannten Fehlerquelle empfunden. Er hat mit allen Mitteln versucht, die Ursache dieser Erscheinung aufzudecken. Er dachte dabei besonders an folgende drei Möglichkeiten: 1. Magnetische Wirkung zwischen den großen und den kleinen Kugeln unter dem Einfluß des Erdfeldes; 2. elastische Nachwirkungen des tordierten Aufhängedrahtes; 3. Luftströmungen infolge von Temperaturdifferenzen.

Tabelle 2.

Sk	Zeit
25	10^h23′ 4″ $\Big\}$ Differenz = 53″
24	10^h23′57″
24,65	10^h23′57″ — 53″ · $\dfrac{65}{100}$ = 10^h23′23″

Die erste Annahme erwies sich als unzutreffend, da eine Drehung der großen Kugeln von 180° um ihre eigenen Vertikalachsen mittels einer besonderen Vorrichtung keine Änderung hervorrief und da selbst der Ersatz der großen Kugel durch starke Magnete unwirksam war. Ebenso konnte die zweite Annahme durch Versuche widerlegt werden. Die dritte Annahme erwies sich als denkbar, da die Hervorbringung künstlicher Temperaturunterschiede von einigen Graden Fahrenheit mittels Lampen oder mittels Eisstücken einen Effekt dieser Art hervorrief, ohne daß allerdings einzusehen wäre, wie so merkliche Temperaturdifferenzen in der durch dicke Holzwände geschützten Kammer entstehen könnten. Diese Nullpunktverschiebung ist nach meiner Ansicht nicht recht aufgeklärt worden, wie dies bei so ungeheuer kleinen Kräften in einer so großen Apparatur nicht überraschen kann, hat aber infolge der systematischen Häufung der Messungen das Endergebnis kaum beeinflußt.

Aus 17 umfangreichen Meßreihen ergeben sich für den Ausschlag β, welcher bei der Umlagerung zwischen den Stellungen WW und ww (Abb. 12) entsteht, und für die Schwingungsdauer τ die mittleren Werte $\beta = 6{,}036$ Skalenteile und $\tau = 7′ 4{,}3″$, wobei β zwischen den Werten 5,64 bis 6,34 und τ zwischen den Werten 6′ 58″ bis 7′ 16″ schwankt. CAVENDISH verwendet jedoch nicht diese Mittelwerte, sondern rechnet die Dichte ϱ der Erde (bezogen auf Wasser gleich 1) aus *jeder einzelnen Meßreihe* aus. Er benutzt dabei eine recht schwerfällige Methode, indem er die auf die kleinen Kugeln wirkenden Kräfte durch Vergleich mit einem mathematischen Pendel von der Länge 93,1 cm (Mittelpunktsentfernung der kleinen Kugeln von der Drehachse) und der Schwingungsdauer τ bestimmt. Aus seinen Einzelwerten für ϱ läßt sich als Mittelwert 5,48 berechnen, wobei die Einzelwerte zwischen 5,1 und 5,85 schwanken.

Wir wollen einmal die von CAVENDISH gefundenen Mittelwerte benutzen, um die Dichte der Erde nach einer uns näher liegenden Methode zu berechnen.

Es stehen hierbei nach CAVENDISH folgende Daten — schon umgerechnet auf heutige Einheiten — zur Verfügung:

    1. Der Ausschlag β bei einer vollen Umlagerung der großen Kugeln

$$\beta = 6{,}036 \cdot \frac{1/20 \; \text{Zoll}}{38{,}3 \; \text{Zoll}} = 7{,}88 \cdot 10^{-3},$$

    2. die Schwingungsdauer $\tau = 424$ sec,

    3. die Masse jeder großen Bleikugel $m_1 = 158 \cdot 10^3$ gr,

    4. die Masse[1] jeder kleinen Bleikugel $m_2 = 755$ gr,

    5. der Abstand der Mittelpunkte der kleinen Kugeln von dem Mittelpunkt des Waagebalkens $A = 93{,}1$ cm,

    6. der Mittelpunktsabstand der großen Kugeln und der kleinen Kugeln bei der in Abb. 12 skizzierten Stellung $r = 22{,}5$ cm,

    7. der Radius[2] der Erde $R = 6{,}37 \cdot 10^8$ cm.

Es mögen weiter bedeuten Θ das Trägheitsmoment des schwingenden Systems und D das Direktionsmoment des Aufhängedrahtes. Θ hätte leicht aus der Schwingungsdauer des Systems ohne und mit Zusatz eines bekannten Trägheitsmomentes bestimmt werden können, läßt sich aber auch nachträglich als $\Theta = 2 \cdot m_2 \cdot A^2$ berechnen. Dürfen wir hierbei unterstellen, daß sich die Kugeln xx an ihrem Aufhängefaden frei genug um ihre Vertikalachsen drehen können, so machen wir keinen Fehler. Trifft dies nicht zu, so machen wir nach dem STEINERschen Satz grundsätzlich einen Fehler, welcher aber unter 1% liegt und übrigens von CAVENDISH selbst bei *seiner* Methode, das schwingende System als mathematisches Pendel zu behandeln, ebenfalls gemacht wird. Die Masse des Waagebalkens wird hierbei durch eine von CAVENDISH angegebene Korrektur berücksichtigt, indem $m_2 = 729$ gr um 26 gr vermehrt gedacht wird. So wird $\Theta = 13{,}1 \cdot 10^6$ gr $\cdot$ cm².

Wir können jetzt D berechnen aus der Formel[3]

$$\tau = \pi \sqrt{\frac{\Theta}{D}} \quad \text{als}$$

$$D = \frac{\pi^2 \cdot \Theta}{\tau^2}$$

Daraus folgt das Drehmoment $L = D \cdot \alpha$, wo $\alpha = \dfrac{\beta}{2}$ gleich dem einfachen Ausschlag ist,

$$L = 718 \cdot \text{dyn} \cdot \text{cm} \cdot 0{,}00394$$
$$= 2{,}83 \; \text{dyn} \cdot \text{cm}.$$

Hieraus berechnet sich die auf *jede* der beiden Massen m_2 ausgeübte Kraft durch Division mit dem Abstand 93,1 cm $\cdot$ 2 zu

$$K = 0{,}0152 \; \text{dyn}.$$

---

[1] Einschließlich einer kleinen Korrektur für die Masse des Waagebalkens, vgl. S. 25, Punkt 1.

[2] Dieser aus CAVENDISHs Angaben in Fuß berechnete Wert stimmt mit unserem jetzigen Wert überein, da CAVENDISH 1798 schon die Ergebnisse der neuen Erdvermessung benutzen konnte.

[3] τ bedeutet wie bei CAVENDISH die Dauer einer halben Schwingung.

Damit ist das Endziel der eigentlichen Messungen erreicht. Wir können jetzt an die Berechnung der Erdmasse M herangehen.

Es sei G das *Gewicht* von m_2

$$G = m_2 \cdot g = 715 \cdot 10^3 \text{ dyn.}$$

Bedeuten ferner γ die Gravitationskonstante, M und R die Masse und den Radius der Erde, dann ist

$$\gamma \cdot \frac{M \cdot m_2}{R^2} = G$$

$$\gamma \cdot \frac{m_1 \cdot m_2}{r^2} = K$$

$$M = m_1 \cdot \frac{G}{K} \cdot \frac{R^2}{r^2} = 5{,}96 \cdot 10^{27} \text{ gr.}$$

Daraus folgt als mittlere Dichte der Erde bei einem Erdvolumen von $1{,}08 \cdot 10^{27}$ cm³

$$\varrho = 5{,}52 \text{ gr} \cdot \text{cm}^{-3}$$

gegenüber dem von Cavendish mit Berücksichtigung der Korrekturen gefundenen Durchschnittswert $\varrho = 5{,}48$ gr $\cdot$ cm⁻³. Mit dieser Übereinstimmung kann man sich, wie aus dem Folgenden hervorgeht, begnügen.

Eigentlich müßte an diesem Werte noch eine ganze Reihe kleiner Korrekturen angebracht werden. Wir wollen hiervon absehen, da der genaue Wert der mittleren Erddichte mit $5{,}514$ gr cm⁻³ ja seitdem durch mehrere, auch methodisch verschiedene Untersuchungen festgestellt ist und da andererseits die Begründung und Berechnung aller dieser kleinen Korrekturen den Leser unnötig ermüden würde[1]. Um aber zu zeigen, mit welch großer Selbstkritik Cavendish seine Untersuchung durchgeführt hat, z. B. im Gegensatz zu Coulomb (vgl. S. 104), wollen wir die näher behandelten Korrekturen in der folgenden Aufzählung zusammenstellen und ziffernmäßig abschätzen:

1. Trägheitsmoment des Waagebalkens: Ist berücksichtigt, indem m_2 bei der Berechnung des Trägheitsmomentes statt zu 729 gr zu 755 gr eingesetzt wird　　(Betrag — 3,5 %)

2. Gegenseitige Lage von m_1 zu m_2, da sich m_2 auf einem Kreisbogen bewegt, die Anziehung aber in Richtung der Sehne erfolgt　　Betrag + 2,2 %

3. Anziehung der großen Kugeln auf den Waagebalken　　Betrag — 1,4 %

4. Anziehung zwischen großen und kleinen Kugeln „über Kreuz"

　　　　　　Betrag + 0,17 %

---

[1] Außerdem kommt es vor, daß die Zahlenangaben von Cavendish sich untereinander widersprechen. So führt die anfängliche Angabe, daß die großen Bleikugeln 8 Zoll Durchmesser haben, zu einem Widerspruch. Sie müßten dann nämlich zu den kleinen Kugeln von 2 Zoll Durchmesser im Gewichtsverhältnis 64:1 stehen, was mit den Verhältnissen der direkt angegebenen Gewichte 2439000 grains: 11262 grains $= 216{:}1 = 6^3{:}1$ nicht im Einklang ist. Die Form der Angabe („The weights which Mr. Michell intended (!) to use were 8 inches diameter") läßt vermuten, daß Cavendish die ursprünglichen Kugeln durch größere ersetzt hat, ohne dies aber zu sagen. Nach den genau angegebenen Gewichten müßten die größeren Kugeln den 6fachen Durchmesser der kleinen Kugeln haben, d. h. der Durchmesser der großen Kugeln müßte nicht 8, sondern 12 Zoll betragen. Für die Richtigkeit dieses Schlusses spricht die kaum zufällige Tatsache, daß das Gewichtsverhältnis $m_1{:}m_2$ der Kubus einer ganzen Zahl ist.

5. Anziehung der die großen Kugeln tragenden Kupferstangen auf die kleinen Kugeln und den Waagebalken   Betrag — 0,77%

6. Anziehung der Holzwände auf die kleinen Kugeln   Betrag < 0,01%

7. Entfernungsänderung der Massen m_1 und m_2 während der Schwingung; ist in den von Cavendish angegebenen Werten von τ bereits berücksichtigt.

Als Endresultat für die mittlere Dichte der Erde gibt Cavendish zum Schluß $\varrho = 5{,}48$ an und bezeichnet es als sehr unwahrscheinlich, daß sich die wahre mittlere Dichte um so viel wie $^1/_{14}$ dieses Betrages, d. h. um rund 7% von 5,48 unterscheidet.

Die tatsächliche Differenz beträgt nach heutiger Kenntnis

$$\frac{5{,}514 - 5{,}48}{5{,}514} = 0{,}6 \ \%.$$

Aus der von Cavendish gemessenen mittleren Erddichte ergibt sich dann die Gravitationskonstante γ zu 6,71 statt $6{,}67 \cdot 10^{-8}$ cm^3 gr^{-1} sec^{-2}.

Die experimentelle Leistung von Cavendish ist außerordentlich hoch einzuschätzen. Er ist es, der unabhängig von Coulomb die Messung kleinster Kräfte durch Tordierung dünner Drähte in die Präzisionsphysik eingeführt hat. Dabei übertrifft er Coulomb durch die beinahe ermüdende Aufsuchung auch der kleinsten Fehlerquellen sowie durch die systematische Häufung seiner Meßwerte. Der einzige Vorwurf, den man Cavendish machen kann, besteht darin, daß er sich die Präzisionsarbeit durch die übertriebenen Abmessungen seiner Apparatur unnötig erschwert hat, obgleich er von vornherein die Kleinheit der zu erwartenden Kraft ganz richtig als rund $\dfrac{1}{50\,000\,000}$ des Gewichts der anzuziehenden Masse geschätzt hatte. Der Grund für diesen Mißgriff liegt — abgesehen davon, daß er den fertigen Aufbau ja geerbt hatte — wohl darin, daß er so einen größeren Hebelarm für die minimale Anziehungskraft und einen größeren Zeiger für die Ablesung erhalten wollte. Den ersteren Zweck hätte er einfacher durch die Wahl eines dünneren Torsionsdrahtes erreichen können, während er im Gegenteil aus äußeren Gründen von dem zuerst gewählten dünneren zu einem dickeren Draht übergegangen ist. Den zweiten Zweck hätte ein Lichtzeiger weit besser erfüllt, dessen Anwendung Cavendish offenbar aber noch ganz fern lag, so einfach diese Verfeinerung uns heute auch erscheint. Trotzdem ist es ihm als erstem gelungen, den bedeutungsvollen Wert der mittleren Erddichte bis auf weniger als 1% genau festzustellen. Das Fundamentale dieser Leistung würde noch mehr hervortreten, wenn Cavendish formal als Ziel und Ergebnis der Arbeit die Ermittlung der allgemeinen Gravitationskonstanten hingestellt hätte, welche sich ja ohne weiteres aus seinen Meßwerten ergibt.

Alles in allem kann kein Zweifel bestehen, daß es sich bei der Ermittlung der mittleren Erddichte bzw. der Gravitationskonstanten durch Cavendish um eine physikalische Pionierleistung ersten Ranges handelt.

Der FOUCAULTsche Pendelversuch (1850).

FOUCAULT.

Der FOUCAULTsche Pendelversuch hat das Ziel, die Achsendrehung der Erde durch die Beibehaltung der Schwingungsebene eines Pendels im Raume direkt nachzuweisen. FOUCAULT erörtert seine Idee in der bekannten Weise, daß er den Aufhängepunkt seines Pendels an den Nordpol versetzt denkt und die relative Verdrehung der Pendelebene als 360° pro Tag[1], d. h. als 15° pro Stunde, anschaulich ableitet.

Dabei geht er auch auf ein Bedenken ein, welches weniger bekannt ist. Er fragt sich nämlich, ob die Drehung des Aufhängepunktes, der ja mit der Erde fest verbunden ist, nicht vielleicht auf die Schwingungsebene mechanisch einwirkt. Er beseitigt dieses Bedenken mittels eines Laboratoriumsversuchs dadurch, daß er den Aufhängepunkt seines Pendels ziemlich rasch hin- und herdrehen kann, ohne daß die Schwingungsebene hierdurch beeinflußt wird, vorausgesetzt, daß der Faden genügend rund und homogen ist. Er forciert diesen Versuch sogar dahin, daß er einen runden Stahlstab in das Futter einer Drehbank koaxial einspannt und in Schwingungen versetzt, ohne daß die sich optisch scharf abhebende Schwingungsebene des Stabes bei der Ingangsetzung der Drehbank mitgeführt wird.

FOUCAULT fragt sich dann weiter, wie sich die Erscheinung ändert, wenn statt 90° die Breite von Paris für den Versuch gewählt wird, wenn also die Vertikale, statt sich nur um sich selbst zu drehen, einen nach Norden offenen Kegel beschreibt. Er findet, daß bei Vernachlässigung gewisser Sekundärwirkungen, die streng genommen noch mathematisch behandelt werden müßten und in der Folgezeit auch reichlich behandelt worden sind, die Drehgeschwindigkeit der Pendelebene am Nordpol lediglich mit dem Sinus der Breite multipliziert werden muß.

Ich will die Versuchsanordnung FOUCAULTs, der bei seiner kurzen Mitteilung auf eine Abbildung verzichtet, nach seiner Beschreibung hinzeichnen, um den Vorgang für den Leser anschaulicher zu machen.

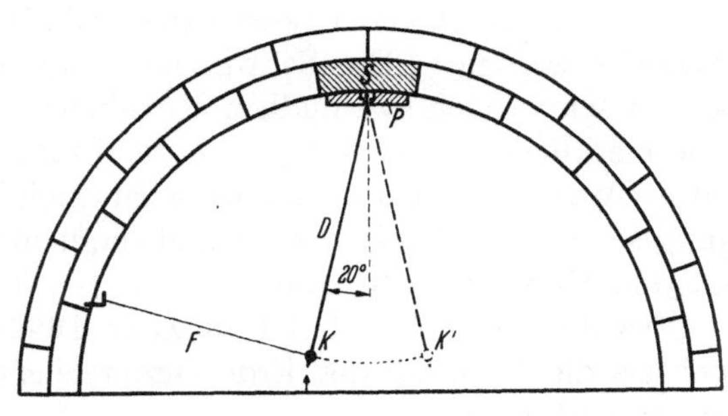

Abb. 13.

Dabei entsprechen die Hauptzüge sicher der Anordnung FOUCAULTs, während die Einzelheiten so dargestellt sind, wie ich sie bei einer eigenen Durchführung des Versuches im Sinne FOUCAULTs selbst gestalten würde. Als Versuchsraum diente ein Kellergewölbe (Abb. 13). Im Scheitelpunkt des Gewölbes war ein „starkes gußeisernes Stück“ S eingelassen, wohl an Stelle eines Steines.

---

[1] Alles auf den *Stern*tag bezogen!

An S war eine kleine gehärtete Platte P aus Stahl befestigt, deren untere freie Fläche vollkommen horizontal war. In P war ein durch Ziehen stark gehärteter Stahldraht D von 0,6 bis 1,1 mm Durchmesser befestigt, wohl so, daß er ohne größeres Spiel eine untere Bohrung von P durchsetzte und oberhalb dieser in einer erweiterten Bohrung mittels einer Verdickung gehalten wurde; vielleicht war er auch eingelötet. D hatte eine Länge von 2 m und trug an seinem unteren Ende eine genau abgedrehte polierte Messingkugel K von 5 kgr Gewicht und etwa 5 cm Radius, deren Schwerpunkt durch „Hämmern" zum Zusammenfallen mit dem geometrischen Mittelpunkt gebracht war (wie dies gemacht und geprüft worden ist, wird nicht gesagt). Die Kugel lief an ihrer unteren Seite in Verlängerung des Aufhängedrahtes in eine Spitze aus. Die Anfangslage dieser Kugelspitze wurde durch eine feststehende Spitze markiert. Die Kugel wurde zuerst mittels eines Fadens F, der sie schlingenartig umfaßte und mit seinem anderen Ende an einem in der Wand befindlichen Haken befestigt war, in ihrer Ausgangsstellung gehalten, bis alles sich beruhigt hatte, was durch langsames Entfernen eines die Kugel berührenden Hindernisses beschleunigt wurde. Die Auslenkung des Pendels aus seiner Ruhelage betrug dabei 15 bis 20°.

Wurde der Faden F durchgebrannt, so begannen die Schwingungen. Schon nach weniger als einer Minute konnte an der Stellung der beiden Spitzen gegeneinander erkannt werden, daß sich die Schwingungsebene für die Blickrichtung KK′ deutlich nach links, d. h. in die Zeichenebene hinein, verschoben hatte. Nach einer halben Stunde sprang die Verdrehung der Schwingungsebene schon unmittelbar ins Auge. Die mittlere Verdrehung pro Zeiteinheit entsprach der Theorie, ohne daß aber Zahlenangaben gemacht wurden. Die Versuchsgenauigkeit ging offenbar nicht über eine gute qualitative Übereinstimmung hinaus.

Der Versuch wurde noch einmal in größerem Maßstabe wiederholt, und zwar im Meridiansaal der Sternwarte. Die Drahtlänge konnte jetzt auf 11 m gebracht werden. „Die Schwingung war zugleich langsamer und größer, so daß schon nach zweimaliger Rückkehr des Pendels zu dem Visierpunkt eine merkliche Abweichung nach der Linken hin deutlich ward." Quantitative Angaben fehlen auch hier, wahrscheinlich deswegen, weil die Schwingung sehr bald elliptisch wird und dann nicht mehr genau genug in ihrer Lage bestimmt werden kann.

Erwähnt sei noch, daß FOUCAULT 1852 ein Gyroskop angegeben hat, welches die Drehung der Erde entsprechend den Kreiselgesetzen nachzuweisen gestattete. —

Dieser geistvolle Versuch hat seinerzeit großes Aufsehen, auch beim fernerstehenden Publikum, erregt. Mochte auch der kopernikanische Gedanke von der nur scheinbaren Drehung des Himmelsgewölbes und der wirklichen Drehung der Erde vom Verstande völlig anerkannt sein, so widersprach er doch so sehr dem menschlichen Urinstinkt, daß immer ein gewisses Gefühl der Unbehaglichkeit zurückblieb. Erst durch FOUCAULT ist die Achsendrehung der Erde zu einer *greifbaren* Tatsache geworden.

Die Gasgesetze (1662—1847).

Boyle, Mariotte, Gay-Lussac, Rudberg, Regnault.

Die Variation des Luftvolumens mit dem Druck, unter welchem das Volumen steht, war schon vor Boyle den Pionieren dieses ganzen Gebietes aus dem Pumpvorgang und aus den Versuchen auf Bergen qualitativ bekannt geworden. Die Aufstellung der quantitativen Beziehung gelang zuerst Boyle, wobei die vorhergehende Erfindung des Barometers die unerläßliche Voraussetzung für Begriff und Zahlenwert des Gesamtdrucks war.

Die hierzu nötigen Apparaturen waren die noch jetzt bei Vorlesungsversuchen üblichen. Boyle hat in seinem 1669 erschienenen Werke keine Abbildungen gegeben, wir möchten aber nicht auf eine zeichnerische Darstellung verzichten, da hierdurch die Boyleschen Versuchstabellen leichter verständlich werden.

In Abb. 14 ist die Anordnung dargestellt, welche Boyle für Drucke unterhalb des Barometerstandes benutzt hat. Abb. 14a stellt den Versuchsbeginn dar. Ein Barometerrohr R, in welches bei der Ausführung des Torricellischen Barometerversuchs etwas Luft eingelassen worden ist, wird so tief in ein Quecksilbergefäß G eingetaucht, daß die Quecksilbermenisken in R und G gleich hoch stehen. Das anfängliche Volumen der Luft, die jetzt unter dem Druck des Barometerstandes von 29 Zoll steht, beträgt 1 Zoll Rohrlänge[1]. Diese Luftmenge ist scharf abgepaßt, was eine große experimentelle Geschicklichkeit und Übung beweist. Abb. 14b stellt das Ende der Versuchsreihe dar. Das Rohr ist so weit aus dem Quecksilber herausgezogen, daß das Luftvolumen auf 32″ gewachsen ist. Das Quecksilber in R steht jetzt rund 28″ über dem Quecksilberniveau von G. Das bedeutet, daß das Luftvolumen einen Unterdruck von 28″ und einen effektiven Druck von 29″ — 28″ = 1″ hat. Das Volumen ist also auf das 32fache gestiegen und

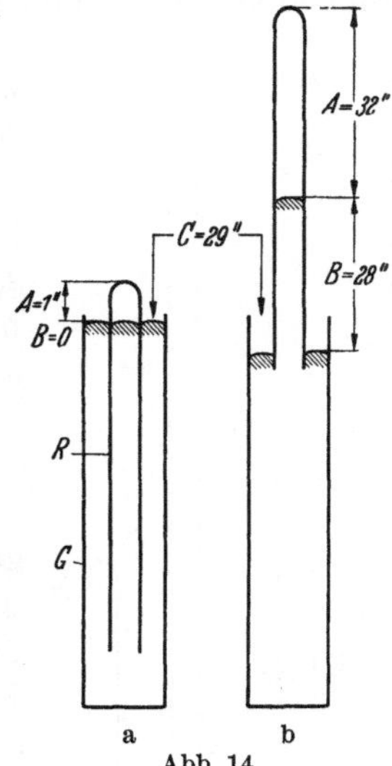

Abb. 14.

der Druck ist auf den 29ten Teil gesunken. Volumen und Druck verhalten sich also umgekehrt zueinander, soweit sich dies schon aus den auf ganze Zoll abgerundeten Werten entnehmen läßt.

Die genauen Versuchsergebnisse sind in den ersten drei Spalten der Tab. 3 nach dem Original wiedergegeben, jedoch wird nur jeder zweite Wert aufgeführt, um die Tabelle nicht zu umfangreich werden zu lassen. Die

---

[1] Da die Längeneinheit hier für das Endresultat belanglos ist, so sind der Einfachheit wegen die Zoll (″) beibehalten.

Bedeutung von A und B ergibt sich unmittelbar aus der Abbildung. Der äußere Luftdruck betrug bei dieser Versuchsreihe $C = 29,75''$. Der effektive Druck, unter welchem das Gas steht, ist $D = C - B$.

BOYLE berechnet nun in einer weiteren Spalte den Druck, den das Gas haben müßte, wenn der Ansatz: Druck · Volumen = constans exakt richtig wäre. Um jedoch einen Vergleich in der uns gewohnten Weise durchzuführen, sind in Spalte 4 die Produkte $p \cdot v$ gebildet sowie die relativen Fehler, bezogen auf die Ausgangsmessung.

Tabelle 3.

A (Zoll) = Volumen v	B (Zoll) = Unterdruck	D (Zoll) = eff. Druck p	$p \cdot v$	relativer Fehler in %
1	0	$29^6/_8$	29,75	0
2	$15^3/_8$	$14^3/_8$	28,75	− 3,3
4	$22^5/_8$	$7^1/_8$	28,50	− 4,2
6	$24^7/_8$	$4^7/_8$	29,25	− 1,7
8	26	$3^6/_8$	30,00	+ 0,8
10	$26^6/_8$	3	30,00	+ 0,8
14	$27^4/_8$	$2^2/_8$	31,50	+ 5,9
18	$27^7/_8$	$1^7/_8$	33,75	+ 13,5
24	$28^1/_8$	$1^4/_8$	36,00	+ 21,0
32	$28^4/_8$	$1^2/_8$	40,00	+ 34,5

Bis etwa zum Volumen 10 ist die „Hypothese" sehr gut bestätigt; dann ergeben sich steigende Abweichungen, und zwar sind die gemessenen Werte in wachsendem Maße zu hoch. Wir glauben nicht fehlzugehen, wenn wir diese Abweichungen auf den Einfluß von Wasserdampf zurückführen, der sich aus dem Quecksilber und von den Glaswänden losgelöst hat[1]. Entscheidendes ließe sich hierüber aber nur sagen, wenn BOYLE seine Versuchsreihen auch in umgekehrter Richtung durchlaufen hätte, was damals aber noch nicht üblich war.

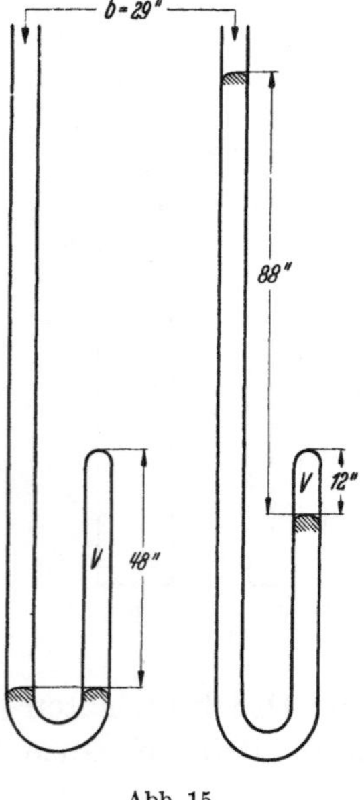

Abb. 15.

Die Kenntnis dieser Fehlerquelle und die experimentellen Mittel zu ihrer Beseitigung lagen der Zeit BOYLEs noch ganz fern. Im übrigen sei darauf hingewiesen, eine wie störende Rolle der Wasserdampf bei den weiter unten behandelten Präzisionsuntersuchungen eines GAY-LUSSAC trotz fortgeschrittener Erkenntnis noch gespielt hat. Abgesehen von einem eventuell nicht konstanten Rohrquerschnitt könnte eine zweite Fehlerquelle vielleicht die Temperaturerniedrigung der Luft infolge der Volumenvergrößerung sein. Diese Fehlerquelle hat das entgegengesetzte Vorzeichen und wird sich anfangs stärker bemerkbar machen, da der Temperaturausgleich wegen der noch relativ kleinen Glasfläche langsamer verläuft als bei vergrößertem Volumen; sie könnte also die anfangs zu kleinen Werte erklären. Jedoch

---

[1] Die *anfängliche* Luftfeuchtigkeit spielt keine Rolle, da sich der ungesättigte Wasserdampf wie ein Gas verhält.

scheint mir diese Erklärung nicht ganz überzeugend zu sein, da unsere Wiederholung der Versuche ohne besondere Vorsichtsmaßnahmen einwandfreie Resultate ergab.

Abb. 15 stellt die Anordnung für das Gebiet des *Über*drucks dar. Die Versuchsreihe beginnt mit dem Volumen 48″ und dem Überdruck Null, d. h. mit dem effektiven Druck des Barometerstandes von 29″, und endet bei dem Volumen 12″ mit dem Überdruck 88″, d. h. dem effektiven Druck 88″ + 29″ = 117″, wobei die Produkte 48×29 und 12×117 annähernd gleich sind.

Die ausführliche Versuchsreihe ist in der Tab. 4 wiederum unter Auslassung jedes zweiten Wertes und in etwas modernisierter Form wiedergegeben. v ist wieder das Volumen in Zoll Rohrlänge, $p_{\ddot{u}}$ ist der Überdruck, unter den das Luftvolumen durch Eingießen von Quecksilber in den langen Schenkel der Anordnung gesetzt wird. b ist der während der Versuchsreihe unveränderte Barometerstand von $29^1/_8$ Zoll. $p = b + p_{\ddot{u}}$ ist dann der effektive Druck, unter dem das Luftvolumen im ganzen steht. Der Umfang der Versuchsreihe ist für die damalige Zeit bemerkenswert, indem der Druck von einer bis auf über vier Atmosphären gesteigert wurde.

Tabelle 4.

v	$p_{\ddot{u}}$	$p = b + p_{\ddot{u}}$	$p \cdot v$
48	0	$29^2/_{16}$	1398
44	$2^{13}/_{16}$	$31^{15}/_{16}$	1405
40	$6^3/_{16}$	$35^5/_{16}$	1412
36	$10^2/_{16}$	$39^4/_{16}$	1413
32	$15^1/_{16}$	$44^3/_{16}$	1414
28	$21^3/_{16}$	$50^5/_{16}$	1409
24	$29^{11}/_{16}$	$58^{13}/_{16}$	1411
22	$34^{15}/_{16}$	$64^1/_{16}$	1409
20	$41^9/_{16}$	$70^{11}/_{16}$	1414
18	$48^{12}/_{16}$	$77^{14}/_{16}$	1402
16	$58^{12}/_{16}$	$87^{14}/_{16}$	1406
14	$71^5/_{16}$	$100^7/_{16}$	1406
12	$88^7/_{16}$	$117^9/_{16}$	1411

Die Spalten v, $p_{\ddot{u}}$ und p sind in der Form des Originals beibehalten, dagegen ist die Prüfung auf die Konstanz des Produktes $p \cdot v$ wiederum in der heutigen Form durchgeführt, indem die Produkte für jedes Wertepaar in der letzten Spalte zusammengestellt sind.

Die Schwankungen um den Mittelwert bleiben unter einem Prozent, ohne dabei irgendwelchen Gang zu zeigen. Das ist wirklich eine hohe experimentelle Leistung, wenn man den Zeitpunkt der Untersuchungen (1669) berücksichtigt.

Da das Gesetz $p \cdot v = \text{const}$ lange Zeit unter der Bezeichnung des MARIOTTEschen und dann unter der des BOYLE-MARIOTTEschen Gesetzes gelaufen ist, so hat es ein gewisses historisches Interesse, in diesem Zusammenhang auch die Messungen MARIOTTEs darzustellen. Diese sind in seinen gesammelten Werken unter dem Titel „Erörterungen über die Natur der Luft" enthalten und sollen hier vollständig wiedergegeben werden, um sie in ihrer historischen Bedeutung mit den Arbeiten BOYLEs vergleichen zu können.

MARIOTTE benutzt zwei Methoden, die eine für Drucke unterhalb und die andere für Drucke oberhalb einer Atmosphäre. Im ersten Fall geht er von dem TORRICELLIschen Versuch aus, indem er ein Glasrohr von etwa 40 Zoll Länge benutzt und nicht ganz mit Quecksilber füllt, sondern z. B. $v = 12,5″$ frei läßt. Beim Umkehren und Öffnen des Rohres unter Quecksilber sinkt dann das Quecksilber auf die Höhe $h = 14″$ herab, während die Luft jetzt ein größeres Volumen $v' = 25″$ (gemessen in Zoll lufterfüllter Rohrlänge) einnimmt. Setzt man für den Versuch 1 der folgenden Tabelle in unserer heutigen Darstellungsweise für den Versuchsbeginn den Barometerstand $p = 28''$ und das Volumen $v = 12,5''$ sowie für das Endresultat des Versuches $p' = b - h = 28'' - 14'' = 14''$ und $v' = 25''$ ein, so ist das Gesetz bewiesen, wenn $p \cdot v = p' \cdot v'$ ist. MARIOTTE erhält folgende Wertepaare (Tab. 5):

Bei Anwendung von Drucken oberhalb von $28''$ (normaler Luftdruck) benutzt MARIOTTE die gleiche Anordnung wie BOYLE (Abb. 15). Er erhält folgende Tabelle 6, in welcher Δp den Überdruck, $\Delta p + 28'' = p$ den Gesamtdruck und v das zugehörige Volumen bedeuten.

Tabelle 5.

	h	Druck p in Zoll Quecksilber	Volumen v in Zoll Rohrlänge	$p \cdot v$
Versuch 1	—	28	12,5	350
	14	14	25	350
Versuch 2	—	28	24	672
	7	21	32	672

Aus diesen beiden Tabellen zieht MARIOTTE den Schluß, „daß man es als eine bestimmte Regel oder als ein Gesetz der Natur nehmen kann, daß die Luft sich proportional den Gewichten zusammenzieht, mit denen sie belastet ist".

Diese Versuche MARIOTTEs gehen in keiner Weise über die Versuche BOYLEs hinaus, sind vielmehr wesentlich roher als diese: sie verhalten sich zu den BOYLE-schen Versuchen etwa wie Demonstrationsversuche mit runden Zahlen zu sorgfältigen Messungen.

Tabelle 6.

Nr.	Δp	$p = \Delta p + 28''$	v	$p \cdot v$
1	0	28	12	336
2	14	42	8	336
3	28	56	6	336
4	56	84	4	336
5	84	112	3	336

Ebenso geht die Fassung des Gesetzes sachlich nicht über BOYLE hinaus, indem dieser die „Hypothese" $p \cdot v =$ constans seinen Berechnungen zugrunde legt. Außerdem liegen, wie bekannt, die Veröffentlichungen MARIOTTEs 14 Jahre später als diejenigen BOYLEs, wobei es unwahrscheinlich ist, daß MARIOTTE die Veröffentlichungen BOYLEs nicht gekannt haben sollte. Alles in allem besteht also nicht der geringste Grund, MARIOTTE auch nur als Mitentdecker des Gesetzes zu nennen.

Die Gasgesetze müssen weiter vervollständigt werden durch die Beziehungen von Volumen und Druck zur Temperatur. Es handelt sich um den Ausdehnungskoeffizienten des Volumens bei gegebenem Druck oder, was nach dem BOYLEschen Gesetz dasselbe ist, um den Steigerungskoeffizienten des Druckes bei gegebenem Volumen für die Temperaturerhöhung von $0°$ auf $100°$ C, also um die Bestimmung eines einfachen Zahlenwertes. Diese Zahl ist aber von größter Bedeutung als eine besonders wichtige Naturkonstante, welche sich als identisch und charakteristisch für alle Gase erweist und welche außerdem die Grundlage für die theoretische Temperaturdefinition und die praktische Thermometrie sowie für die Festlegung des absoluten Nullpunktes bildet.

Das Ganze ist weniger ein *Grundversuch* als eine Grund*messung*. Die tragikomische Geschichte dieser Messung gibt uns ein anschauliches Bild von den anfänglichen Schwierigkeiten der Präzisionsphysik.

Es ist nicht möglich, die Versuchsanordnungen und Versuchsdurchführungen der beteiligten Forscher im einzelnen darzustellen; wir wollen uns daher mit der grundsätzlichen Charakterisierung der angewandten Methoden, mit der Betrachtung der möglichen Fehlerquellen und der Zusammenstellung der schließlich gewonnenen Resultate begnügen.

Die Methoden. Die Wirkung der Temperatursteigerung kann in zwei Grundformen untersucht werden:

1. Als Vergrößerung des Volumens bei konstantem Druck,

2. Als Vergrößerung des Druckes bei konstantem Volumen.

Zu 1.

a) Methode GAY-LUSSAC. Das Glasgefäß B (Abb. 16) ist mit trockener Luft gefüllt. Der Hahn R ist geschlossen. Das Ganze wird, gehalten von einem Gestell, in ein Bad von siedendem Wasser gebracht. Durch Öffnen von R mit Hilfe der am Hebel LL befestigten Schnüre wird eine Verbindung von B zur Außenluft mittels des Rohres r r hergestellt, so daß die auf 100° erhitzte Luft in B den Außendruck b erhält. Dann wird R geschlossen. Wir haben also in B ein Luftvolumen von der Temperatur 100° und von dem Druck b. Jetzt wird r r von dem unteren Ende E von B gelöst und B in ein Bad mit schmelzendem Eis gebracht. Öffnet man, während E sich unter Wasser befindet, den Hahn R und stellt den Wasserspiegel von B in die gleiche Höhe wie den äußeren Wasserspiegel[1], so strömt soviel Wasser nach B, wie es der Differenz $\Delta V = V_{100} - V_0$ entspricht.

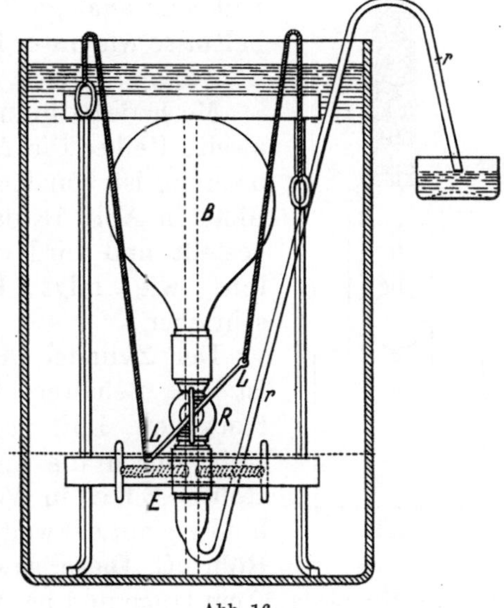

Abb. 16.

Man muß jetzt drei Gewichte vergleichen, von denen zwei schon als vor Beginn der Versuche gemessen zu denken sind:

Das Gewicht des leeren Kolbens G_1;

das Gewicht des ganz mit Wasser gefüllten Kolbens G_2;

das Gewicht des Kolbens einschließlich des nach der Abkühlung eingeströmten Wassers G_3.

Dann ist das Volumen V_{100} (cm³) der Luftmenge bei 100° Temperatur und dem Druck b (mm) gleich $G_2 - G_1$ (gr) und das Volumen ΔV (cm³), um

---

[1] Es wird hier nicht erwähnt, wie dies bewerkstelligt wird, denn durch das teilweise Herausheben des Ballons aus dem Eiswasser wird dieser ja zweifellos wieder etwas erwärmt (vgl. die Anmerkung auf der folgenden Seite).

welches sich V_{100} bei $0°$ und dem Druck b (mm) zusammengezogen hatte[1], gleich $G_3 - G_1$ (gr). Man erhält so $V_0 = V_{100} - \varDelta V$ und kann daraus für die Temperaturdifferenz von 0 bis 100° die relative Volumenvermehrung $\dfrac{V_0 + \varDelta V}{V_0}$ $= 1 + \dfrac{\varDelta V}{V_0}$ berechnen (d. h. die bekannte Zahl, welche nach unserer jetzigen Kenntnis 1,3667 beträgt).

b) Methode Rudberg, erste Reihe, und Magnus. Eine Glaskugel a b (Abb. 17) wird zum Abschmelzen bei c vorbereitet und mit trockener Luft gefüllt. Sie wird in einem Bad von Siedetemperatur erwärmt und unter Ablesung des Barometerstandes abgeschmolzen. Durch Aufschneiden unter Quecksilber erhält man analoge Verhältnisse wie unter 1 a.

Zu 2.

Methode Rudberg, zweite Reihe. Die Anordnung ist von Rudberg in Abb. 18 dargestellt und wird von ihm wie folgt beschrieben:

Der Zylinder A B ist der Behälter der trockenen Luft und steht durch die enge Röhre B b d in Verbindung mit der weiten Röhre C. Diese, sowie eine zweite, etwa 50 cm lange und bei E offene Röhre E D ist in dem Deckel der Dose F G festgekittet; letztere enthält einen ledernen Quecksilberbehälter, dessen Volumen, wie bei einem bekannten älteren Barometertyp, durch die Schraube M verändert werden kann, so daß das Quecksilber mehr oder minder hoch in den Röhren steht. Ferner ist auf dem vertikalen Röhrenstück b d bei a ein feiner Diamantstrich gezogen; bis zu diesem Strich wird das Quecksilber eingestellt, sowohl, wenn die Luft im Behälter A B bis 0° abgekühlt, als auch, wenn sie bis zur Siedehitze des Wassers erwärmt ist. Das Volumen der Luft ist also, wenn man die Ausdehnung des Glases unberücksichtigt läßt, in beiden Temperaturextremen unverändert dasselbe. Um in der Röhre E D die Höhen des Quecksilbers genau messen zu können, ist dicht neben dieser Röhre und der Röhre b d eine in Millimeter geteilte Messingskala E P R N befestigt, deren Teilstriche am unteren

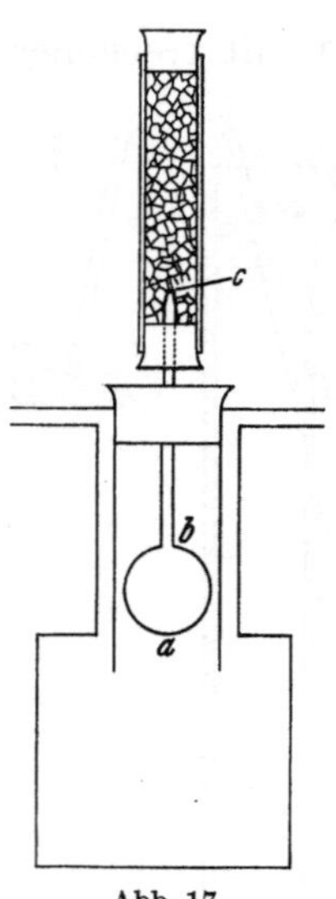

Abb. 17.

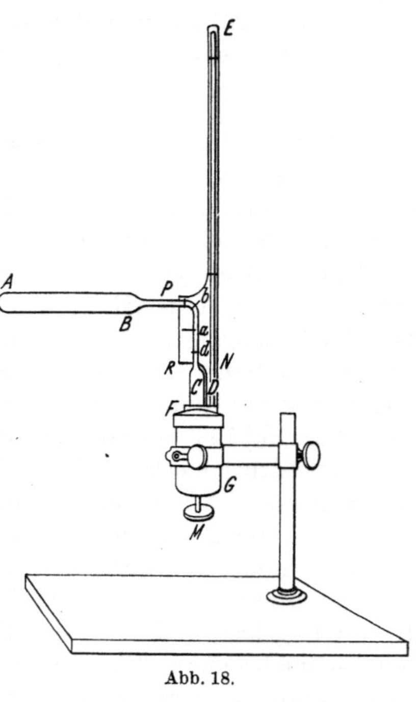

Abb. 18.

---

[1] Nach dem Einströmen des Wassers und vor der Wägung G_3 ist der Raum zwischen R und E wasserfrei zu machen. Gay-Lussac spricht von derartigen Einzelheiten nicht, er sagt: „Ich gehe hier in kein größeres Detail ein, um nicht allzu weitläufig zu werden. Das übrige wird ein geübter Experimentator sich leicht ergänzen".

Ende, von d bis b, so lang ausgezogen sind, daß sie hinter *beiden* Röhren sichtbar sind; dadurch wird der Höhenunterschied zwischen a und der Quecksilberkuppe des Rohres in D E bestimmt.

Der Gebrauch dieser Apparatur ist ohne weiteres klar. Das Luftvolumen A B wird auf Null Grad gebracht und an der Marke a mittels der Schraube M durch das Quecksilber abgegrenzt. Die hierfür notwendige Einstellung des Quecksilbers h_0 am rechten Steigrohr sowie der Barometerstand b werden gemessen. Das Luftvolumen A B steht jetzt unter dem Druck $H_0 = h_0 + b$. Darauf wird A B auf 100° gebracht und wieder bei a abgegrenzt. Der zugehörige Druck ist jetzt $H_{100} = h_{100} + b$. Hieraus berechnet sich die relative Drucksteigerung für die Temperaturerhöhung von 0° auf 100° zu H_{100}/H_0.

Was RUDBERG hier geschaffen hat, ist keine umständliche Meß*apparatur* mehr, sondern bereits ein Meß*instrument*, ein Vorläufer des JOLLYschen Luftthermometers, nur daß RUDBERG statt der sich im Quecksilber eines weiteren Rohres spiegelnden Glasspitze JOLLYs eine Einstellmarke in einem engen Rohr benutzt. RUDBERG umgeht so die Schwierigkeit eines relativ großen toten Luftvolumens, JOLLY dagegen die der Kapillardepression. Außerdem muß RUDBERG den JOLLYschen Gummischlauch, welcher eine Hebung des rechten Steigrohres gestattet, durch seine Einstellvorrichtung aus Leder ersetzen.

Die Fehlerquellen. Grundsätzlich betrachtet sind alle hier angeführten Methoden recht einfach. Dagegen ist ihre Durchführung eine sehr ernsthafte Aufgabe. Alle Versuche *vor* GAY-LUSSAC müssen als so gänzlich verfehlt angesehen werden, wie dies in der Geschichte der Physik kaum jemals vorgekommen ist (vgl. S. 36). Sie enthalten Zahlenfehler von Hunderten von Prozent und kommen auch allgemein zu ganz falschen Ergebnissen, indem sie einen Anstieg des Ausdehnungskoeffizienten von 0 bis 100° und eine starke Verschiedenheit der untersuchten Gase vortäuschen. GAY-LUSSAC hat den hier vorliegenden Hauptfehler leicht gefunden. Dieser besteht darin, daß die untersuchten Gase reichliche Mengen von Wasser enthielten, welches bei seiner Verdampfung zu übermäßiger Volumensteigerung führen mußte. Tatsächlich hat aber GAY-LUSSAC selbst den gleichen Fehler, wenn auch nicht in so plumper Form, begangen. Erst RUDBERG hat erkannt, daß die Trocknung der Gase und der Glaswände bis aufs *alleräußerste* durchgeführt werden muß. Er verband seine Luftproben mit Trockentürmen, welche besonders hergestelltes, wasserfreies Chlor-Kalzium enthielten, und bewegte die Luft fünfzig- bis sechzigmal mittels abwechselnder Verminderung und Wiedersteigerung des Druckes durch die Trockenschichten hindurch. GAY-LUSSAC dagegen hatte sich damit begnügt, seine Gefäße mit Lappen auszuwischen und durch Erwärmung zu trocknen. Auch auf die Trocknung des Quecksilbers und der Glaswände verwandte RUDBERG größte Sorgfalt, indem er das Quecksilber in den Gefäßen fast bis zum Sieden erhitzte.

Auch sonstige kleinere Fehlerquellen machten sich bemerkbar, aber nur deshalb, weil die ganze Methodik der Gas-Physik erst geschaffen und erprobt werden mußte. Nur *eine* weitere Fehlerquelle war prinzipiell schwer zu beseitigen oder in Rechnung zu stellen. Das war die Kapillardepression

3*

in engen Röhren. Diese kann durch Messung nicht berücksichtigt werden, da sie infolge einer Art launenhafter, nur ruckweise zu überwindender Trägheit jede exakte Einstellung illusorisch macht.

Die Versuchsresultate. Um einen Eindruck der Ergebnisse zu vermitteln, die *vor* GAY-LUSSAC vorlagen (GRUYTON und DUVERNOIS), sei eine Zusammenstellung der „verschiedenen" Ausdehnungskoeffizienten wiedergegeben.

Tabelle 7 [1].

Ausdehnung von	bei einer Erwärmung				
	von 0° bis 20°	von 20° bis 40°	von 40° bis 60°	von 60° bis 80°	von 0° bis 80°
atmosph. Luft . . .	$\dfrac{1}{12,67}$	$\dfrac{1}{5,61}$	$\dfrac{1}{2,49}$	$\left(\dfrac{1}{3,57}\right)$	$\dfrac{1}{1,067}$
Sauerstoffgas . . .	$\dfrac{1}{22,12}$	$\dfrac{1}{4,92}$	$\dfrac{1}{1,53}$	$\left(3+\dfrac{1}{1,73}\right)$	$4+\dfrac{1}{2,09}$
Stickgas	$\dfrac{1}{29,41}$	$\dfrac{1}{5,41}$	$\dfrac{1}{1,28}$	$5+\dfrac{1}{57,2}$	$5+\dfrac{1}{1,06}$
Wasserstoffgas . . .	$\dfrac{1}{11,91}$	$\dfrac{1}{6,92}$	$\left(\dfrac{1}{6,85}\right)$	$\left(\dfrac{1}{58,82}\right)$	$\dfrac{1}{2,55}$
Salpetergas	$\dfrac{1}{15,33}$	$\dfrac{1}{9}$	$\dfrac{1}{3,74}$	$\left(\dfrac{1}{6,88}\right)$	$\dfrac{1}{1,65}$
kohlens. Gas . . .	$\dfrac{1}{9,05}$	$\dfrac{1}{5,1}$	$\dfrac{1}{2,31}$	$\left(\dfrac{1}{3,69}\right)$	$1+\dfrac{1}{106,3}$
Ammoniakgas . . .	$\dfrac{1}{3,58}$	$\dfrac{1}{1,75}$	$1+\dfrac{1}{1,35}$	$\left(3+\dfrac{1}{4,69}\right)$	$5+\dfrac{1}{1,25}$

Man erkennt deutlich die Unsinnigkeit dieser Versuchsergebnisse, die zwar Anspruch auf Genauigkeit erheben, in Wirklichkeit jedoch derartige Fehler enthalten, wie sie die Geschichte der Experimentalphysik wohl kein zweites Mal aufweist. Die Ursache dieser groben Fehlmessungen war, wie schon erwähnt, die Anwesenheit merklicher, von Fall zu Fall wechselnder Wassermengen, welche durch ihre Verdampfung eine beliebige Volumenvermehrung vortäuschen mußten.

Die dagegen mit den oben beschriebenen Methoden erhaltenen Mittelwerte von $\dfrac{\varDelta V}{V_0}$ bzw. $\dfrac{\varDelta P}{P_0}$ für das Intervall von 0 bis 100° C sind für Luft in der folgenden Tabelle 8 zusammengestellt:

Tabelle 8.

GAY-LUSSAC		0,375
DALTON		0,3726
RUDBERG		0,364—0,365
MAGNUS	I	0,3693
	II	0,3665
REGNAULT	I	0,36623
	II	0,36633
	III	0,36679
	IV	0,3665

30 Jahre hindurch sind die Zahlenwerte GAY-LUSSACs allgemein als endgültig angesehen worden. Maßgebend war dabei die Autorität dieses großen Experimentators und die scheinbare Bestätigung seiner Messung durch DALTON. Der schwedische Physiker RUDBERG hatte aber bei der Messung hoher Schmelztemperaturen, die er auf die Luftausdehnung zurückführen wollte, Widersprüche

[1] Die eingeklammerten Werte scheinen im Original unter Vorbehalt angegeben zu sein.

mit den GAY-LUSSACschen Werten gefunden. Bestärkt wurde er in seinen Zweifeln dadurch, daß sich der von DALTON angegebene, fast genau mit GAY-LUSSAC übereinstimmende Wert von 0,3726 bei Berücksichtigung eines Versehens zu 0,391 berechnete, wie übrigens schon GILBERT 30 Jahre vorher konstatiert hatte. RUDBERG selbst fand experimentell den Wert 0,364 bis 0,365 und stellte die damals Aufsehen erregende Behauptung auf, daß GAY-LUSSAC sich um fast 3% bei dieser hochwichtigen Konstanten geirrt haben müsse. Die weitere Nachprüfung, besonders durch REGNAULT, der nach vier verschiedenen Methoden zu gut übereinstimmenden Zahlenwerten gelangt war, führte zu dem jetzt angenommenen Wert 0,366 und damit zu einer Bestätigung der RUDBERGschen Kritik, wenn dessen Wert auch etwas zu tief gelegen hatte. Die ganze Entwicklung führte also zu einer gewissen Komik insofern, als GAY-LUSSACs berühmte Präzisionsphysik an derselben Fehlerquelle krankte, die er bei seinen Vorgängern in gröbster Form nachgewiesen hatte. —

Ein zweite Frage von größter Bedeutung war das vergleichsweise Verhalten der sonstigen Gase. Auch hierzu geben wir eine kleine Zusammenstellung der entsprechenden Werte:

Tabelle 9.

	Luft	H_2	O_2	N_2	CO_2	SO_2
GAY-LUSSAC	0,375	0,3752	0,3748	0,3749	wie Luft	wie Luft
MAGNUS	0,3665	0,3657	—	—	0,3691	0,3856
REGNAULT	0,3664	0,3668	—	0,3668	0,3690	0,3670

Außerdem gibt GAY-LUSSAC noch an, daß salzsaures Gas, Salpetergas, Ammoniakgas, Ätherdampf die gleiche Ausdehnung wie Luft zeigen. REGNAULT nennt noch folgende Werte: CO: 0,3667, Cyan: 0,3682, Stickstoffoxydul: 0,3676, Chlorwasserstoff: 0,3681.

Zunächst ergibt sich aus dieser Zusammenstellung, daß in erster Annäherung alle Gase den gleichen Ausdehnungskoeffizienten besitzen, daß die Gase sich also nicht der Wärmewirkung gegenüber individuell verhalten wie die flüssigen und festen Stoffe.

Bei genauerer Prüfung schwankt der Koeffizient $\dfrac{\Delta V}{V_0}$ nach REGNAULT zwischen 0,3665 und 0,3685, ohne daß ein eindeutiger Zusammenhang zwischen den Werten und der mehr oder minder großen Nähe zur Verflüssigungstemperatur festzustellen wäre, erweist sich aber als etwas abhängig von dem anfänglichen Druck. Die bekannte Gleichung $V_t = V_0(1 + \alpha t)$ mit $\alpha = 0,003665$ gilt streng nur für ideale Gase und hat für reale Gase nur die Bedeutung einer allerdings sehr weitgehenden Annäherung.

Vergleiche des Quecksilberthermometers mit dem Luftthermometer. Die Gasgleichung ist ursprünglich aufgestellt worden auf der Basis des Quecksilberthermometers, läßt aber Zweifel an der Zweckmäßigkeit dieser Temperaturdefinition entstehen. Warum soll man gerade die Ausdehnung des Quecksilbers zur Temperaturmessung benutzen, und zwar nicht einmal die absolute Ausdehnung, sondern die relative Ausdehnung gegenüber einer nicht allzu scharf definierten Substanz wie Glas? Es würde offenbar viel besser sein, wenn man anstelle des Quecksilber-Glas-Thermometers das Gasthermometer setzen würde, einmal aus praktischen Gründen, weil bei dem großen Ausdehnungskoeffizienten der Gase die Ausdehnung des Glases praktisch nur noch sehr wenig ausmacht, zweitens aus theoretischen Überlegungen, indem anstelle willkürlich gewählter Einzelsubstanzen alle Substanzen eines ganzen Aggregatzustandes treten. Diese Überlegungen haben zur Definition der Temperatur durch das Luftthermometer geführt und zwar in der Form des JOLLYschen Luftthermometers, wie es in jedem Lehrbuch dargestellt ist. Die Handhabung ist nach dem Vorgang von RUDBERG klar. Das Volumen des Gases wird konstant gehalten, indem das Quecksilber in dem einen Schenkel durch Einstellung des anderen Schenkels stets so begrenzt wird, daß die Glasspitze gerade ihr eigenes Spiegelbild im Quecksilber berührt. Als Gesamtdruck H rechnet wieder die Steighöhe im beweglichen Schenkel über dem normalen Niveau der Glasspitze plus dem Barometerstand.

Da das Luftthermometer für den praktischen Laboratoriumsgebrauch unzweckmäßig ist, kann man das handliche Quecksilberthermometer nicht entbehren, muß seine Angabe aber durch einmalige Eichung auf die Angabe des Luftthermometers zurückführen.

Schon DULONG und PETIT hatten die Bedeutung dieser Aufgabe erkannt, hatten aber noch nicht über genügend einwandfreies Beobachtungsmaterial verfügen können. Erst REGNAULT hat diesen Vergleich in der nebenstehenden Form durchgeführt.

Tabelle 10.

Luft- thermometer	Quecksilber- thermometer	Differenz
0	0	0
50	50,2	+ 0,2
100	100	0
150	150	0
200	200	0
250	250,3	+ 0,3
300	301,2	+ 1,2
325	326,9	+ 1,9
350	353,3	+ 3,3

Das „BOYLE-MARIOTTE-GAY-LUSSACsche" Gasgesetz gehört zu den wichtigsten Grundlagen der Physik und gibt damit auch dem genauen Zahlenwert des Ausdehnungskoeffizienten eine so große Bedeutung, daß seine präzise Feststellung als ein hohes wissenschaftliches Verdienst angesehen werden muß.

Wärme und Arbeit (1798; 1842—1850).

Rumford, R. Mayer, Joule.

Rumford ist der erste, welcher einen klaren Versuch über die Umsetzung von mechanischer Arbeit in Wärme gemacht hat. Die Versuchsanordnung ist in Abb. 19 im Schema dargestellt. R ist ein Kanonenrohr. Das Ende R' des ursprünglichen Rohres, der sog. Gußkopf, ist ausgebohrt, so daß ein zylindrischer Hohlraum HH mit starken Wänden entstanden ist. Von links ragt in den Hohlraum HH ein fest im Raum stehender Eisenstempel St, welcher dazu dient, den Hohlraum durch eine Art Kolben abzuschließen und den Bohrer zu tragen. Dieser Bohrer, der hier von seiner schmalen Seite gezeichnet ist, hat eine schaufel-förmige Gestalt von einer Breite,

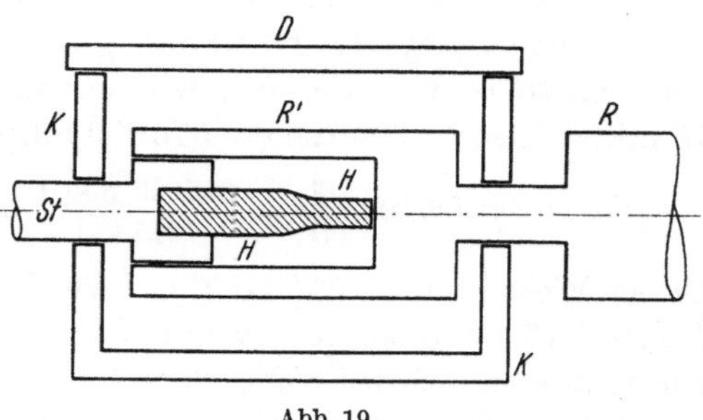

Abb. 19.

die dem Innendurchmesser des Hohlzylinders entspricht. Der Bohrer ist stumpf und wird mit einer Kraft von etwa 4500 kpd gegen den Boden von HH ge-drückt. Er ruft eine starke Reibung auf der inneren Bodenfläche des Hohl-raumes hervor, wobei keine Bohrspäne entstehen, sondern nur ein feines Metallpulver abgerieben wird. Auf der rechten Seite des Zylinders ist das Kanonenrohr bis auf einen geringeren Querschnitt abgedreht, um den Wärmeübertritt von R' nach R zu vermindern. R wird mit Hilfe von He-bel- und Rollenübersetzungen durch zwei Pferde um seine Achse gedreht, da die notwendige lang andauernde Arbeit zwar von einem Pferd zu be-wältigen wäre, jedoch an seiner Leistungsgrenze läge.

R' ist von einem hölzernen Kasten KK mit Deckel D umschlossen, welcher mit rund 8 Litern Wasser gefüllt ist, dessen Temperatur durch Thermometer bestimmt wird.

Rumford hat folgende Versuchsresultate erhalten:

1. Wärme kann unbegrenzt durch Reibung erzeugt werden;

2. der an sich schon recht kümmerliche Ausweg der Wärmestofftheorie, daß die beim Bohren erzeugte Wärme sich durch die kleinere spezifische Wärme der Bohrspäne erklärt, wird dadurch widerlegt, daß diese für den losgelösten Messingstaub gerade so groß gefunden wird wie für Späne des Messingrohres, die mit einer scharfen Säge abgeschnitten worden sind.

Rumford ist daher mit Recht der Überzeugung, daß er durch seine Ver-suche die Wärmestofftheorie experimentell widerlegt und die Natur der Wärme als einer inneren Bewegung bewiesen hat.

Es hat ein gewisses Interesse, aus den Versuchen von Rumford die Be-ziehung zwischen der aufgewandten mechanischen Arbeit und der erzeugten

Wärme, d. h. das Wärmeäquivalent, zu bestimmen. Die Berechnung läßt sich nach dem folgenden Schema durchführen:

Versuchsdauer: $2^1/_2$ Stunden = 9000 Sekunden.

Wasserwert des ganzen Systems: 26,6 engl. Pfd. $\triangleq$ 12,1 Cal/Grad.

Temperaturerhöhung von der Eistemperatur bis zum Kochen: 1. ohne jede Korrektur: 100° C; 2. unter Berücksichtigung der Wärmeverluste, für welche Rumford eine ganze Tabelle gibt: Für die mittlere Temperatur zwischen Eis- und Siedepunkt, d. h. für 122° F, gibt Rumford — 0,6° F/Minute an; das macht einen Temperaturverlust von 0,6° F/min · 150 min = 90° F oder 50° C, so daß als korrigierte Temperaturerhöhung 150° C einzusetzen ist.

Wärmemenge W: 12,1 Cal/Grad · 150 Grad = 1815 Cal.

Arbeitsleistung A: Rumford gibt an, daß ein Pferd die Arbeit gerade eben hätte leisten können; wir setzen daher 1 PS in die Rechnung ein. 75 mkpd · sec⁻¹ · 9000 sec = 675 000 mkpd.

$$\textit{Wärmeäquivalent } \frac{A}{W} = \frac{675\,000 \text{ mkpd}}{1815 \text{ Cal}} = 372 \frac{\text{mkpd}}{\text{Cal}}.$$

Dieser Wert ist um 15 % zu klein, würde also richtig werden, wenn wir 1 PS durch 1,15 PS ersetzten, was sich der obigen Darstellung Rumfords sehr gut anpassen würde[1]. Die Berechnung des Wärmeäquivalents ergibt also ein recht befriedigendes Resultat und beweist jedenfalls die logische und die experimentelle Zuverlässigkeit der Rumfordschen Untersuchung. —

Robert Mayers Berechnung des Wärmeäquivalents ist kein Grundversuch, auch kein Gedankenversuch im strengen Sinne des Wortes, sondern die neuartige und tiefgehende Deutung eines schon bekannten experimentellen Zusammenhanges.

Gegeben sei 1 kgr Luft von Atmosphärendruck und 0° C, abgeschlossen in einem Zylinder (Abb. 20) von 1 m² Grundfläche durch den leicht beweglichen Stempel St, der sich in einer Höhe von

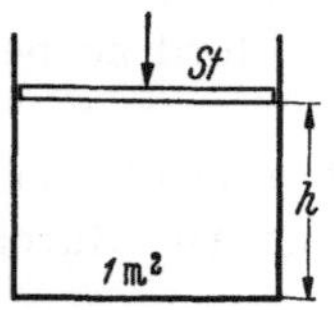

$$h = \frac{1 \text{ kgr}}{1,293 \text{ kgr} \cdot \text{m}^{-3} \cdot 1 \text{ m}^2} = 0,773 \text{ m befindet.}$$

Auf St wirkt die Kraft

$$K = 1,033 \text{ kpd} \cdot \text{cm}^{-2} \cdot 10^4 \text{ cm}^2$$
$$= 10\,330 \text{ kpd.}$$

Abb. 20.

Wird jetzt die Luft um 1° C erwärmt, so dehnt sie sich um $\frac{1}{273}$ aus, hebt also den Deckel um $\frac{0,773}{273}$ m = 0,00283 m. Dabei wird eine Arbeit A geleistet:

$$A = 10\,330 \text{ kpd} \cdot 0,00283 \text{ m} = 29,3 \text{ mkpd.}$$

Andererseits ist zu der Temperaturerhöhung die Wärmemenge W erforderlich gewesen, wobei $c_p = 0,24 \dfrac{\text{Cal}}{\text{kgr} \cdot \text{Grad}}$, d. h. die spezifische Wärme der Luft

---

[1] Es sei bemerkt, daß Joule eine ähnliche Rechnung durchgeführt hat. Statt seiner genauesten Äquivalentzahl 425 erhält er auf Grund der Rumfordschen Angaben 570 mkpd/Cal, d. h. einen um 34 % zu großen Wert entsprechend seiner Rechnung mit 2 PS.

bei konstantem Druck, einzusetzen ist, also

$$W = 1 \text{ kgr} \cdot \frac{0{,}24 \text{ Cal}}{\text{kgr} \cdot \text{Grad}} \cdot 1 \text{ Grad} = 0{,}24 \text{ Cal.}$$

Hätte man die Erwärmung um 1° C bei konstantem Volumen, d. h. bei Festhalten von St in seiner Lage, vorgenommen, so wäre hierzu nur die Wärmemenge $W' = 0{,}17$ Cal erforderlich gewesen.

Die fundamentale Erkenntnis MAYERs besteht jetzt darin, daß $W - W' = 0{,}07$ Cal *deswegen* aufgewendet werden muß, weil durch die Erwärmung bei konstantem Druck, d. h. bei vergrößertem Volumen, eine *Arbeit A* $= 29{,}3$ mkpd geleistet wird. Daraus folgt, daß die Wärmemenge von 0,07 Cal der Arbeit von 29,3 mkpd äquivalent ist. So ergibt sich das Wärmeäquivalent zu rund $420 \frac{\text{mkpd}}{\text{Cal}}$.

Diese Schlußfolgerung MAYERs ist nur dann zwingend, wenn die Ausdehnung der Luft als solche, d. h. abgesehen von der Leistung an äußerer Arbeit, keine innere Arbeit verlangt. MAYER war zu dieser Annahme auf Grund des bekannten Versuchs von GAY-LUSSAC durchaus berechtigt. Läßt man (Abb. 21) die Luft aus dem Gefäß I durch Öffnen des Hahnes H in das ursprünglich leere Gefäß II hinüberströmen, so zeigt das Kalorimeter K bei gründlichem Umrühren keine Temperaturänderung, weil die Abkühlung von I und die Erwär-

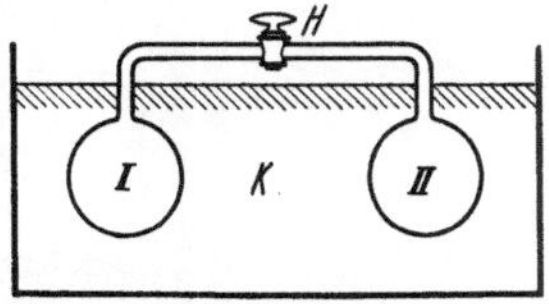

Abb. 21.

mung von II sich in der Endsumme gerade ausgleichen. Daß tatsächlich durch den erst später entdeckten JOULE-THOMSON-Effekt eine minimale Abkühlung des Kalorimeters übrig bleibt, konnte MAYER nicht wissen, ist auch belanglos, da diese Abkühlung erst bei sehr tiefen Temperaturen merklich wird und außerdem leicht in Rechnung gesetzt werden kann.

MAYERs Vorgehen ist kein Gedankenversuch im üblichen Sinne, er hat nach meiner Ansicht die Form des Versuchs nur gewählt, um seinen Gedankengang anschaulicher zu machen. Das Grundlegende besteht darin, daß er den Zusammenhang zwischen gegebener Arbeitsleistung bei der Ausdehnung der Luft und der schon bekannten Wärmedifferenz $c_p - c_v$, welche nach dem ebenfalls bekannten GAY-LUSSACschen Versuch nicht auf der Ausdehnung als solcher beruht, intuitiv erschaut hat und daß er so zum Urbegriff der Energie in ihrer ganzen Bedeutung gelangt ist.

MAYER hat das von ihm berechnete Wärmeäquivalent oder, allgemeiner ausgedrückt, die von ihm begründete Energielehre in die Naturwissenschaft, besonders auch in die Physiologie und die Himmelsmechanik, eingeführt und auf alle Energieformen angewandt. Erweiterte Versuche, das Äquivalent auch in anderer Form zu bestimmen, lagen MAYER völlig fern, da er davon überzeugt war, daß die von ihm gefundene Zahlenbeziehung für *jede* Umwandlung zwischen mechanischer und kalorischer Energie Geltung haben *müsse.* —

JOULE hat demgegenüber derartige neue Bestimmungen in überreichem Maße durchgeführt. Man müßte zunächst denken, daß er von der allgemeinen

Gültigkeit des Wärmeäquivalents nicht überzeugt gewesen wäre. Das ist aber nicht der Fall. Er sagt selbst, „daß die gewaltigen Naturkräfte durch des Schöpfers „Werde" *unzerstörbar* sind und daß man immer, so man eine mechanische Kraft aufwendet, ein genaues Äquivalent der Wärme erhält". Daß er trotzdem immer neue Bestimmungen des Wärmeäquivalents unternimmt, begründete er selbst mit folgendem Satz: „Ich hoffe später imstande zu sein, einige neue und sehr feine Versuche mitzuteilen, um das mechanische Äquivalent der Wärme mit der Genauigkeit bestimmen zu können, welche die Bedeutung desselben für die Physik verlangt". Ganz zutreffend ist diese Begründung offenbar nicht, sonst würde JOULE sich

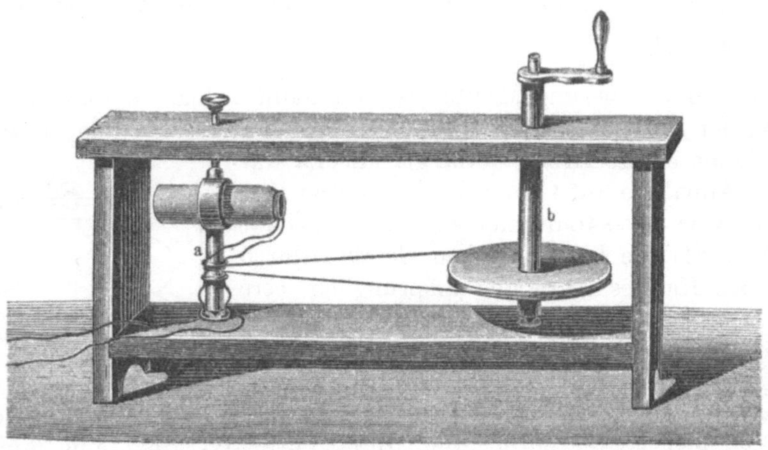

Abb. 22.

vorzugsweise auf diejenigen Bestimmungen des Wärmeäquivalents konzentriert haben, welche die geringsten Fehlerquellen enthalten, statt immer neue Möglichkeiten in Angriff zu nehmen. Es sei denn, daß dies den Zweck gehabt hätte, die Versuchsanordnung mit der geringsten Fehlerquelle zu finden. Ich glaube, daß noch ein anderes Motiv mitgewirkt hat, nämlich die einfache Freude am Experimentieren, welche schon die Leidenschaft seiner Knabenzeit gewesen war. Auch wir können von demselben Standpunkte aus über diese klassischen Versuche nur erfreut sein, an dieser wunderbaren Ergänzung des MAYERschen Genies durch ein großes Talent. MAYER würde die ganzen Versuche für völlig überflüssig gehalten haben.

JOULE geht aus von der Wärmeerzeugung durch den elektrischen Strom, welche ihm von seiner frühen Entdeckung des „JOULEschen Gesetzes" (im Alter von 20 Jahren!) geläufig war. Er verfolgt dabei zunächst ein ganz anderes Ziel, nämlich die Lösung der Frage, ob es sich bei der Wärmewirkung eines Induktionsstromes um eine *Erzeugung* von Wärme oder nur um eine *Verschiebung* von Wärme handelt, so daß die Erwärmung an der *einen* Stelle einer Abkühlung an einer *anderen* Stelle entspräche, wie dies beim PELTIER-Effekt tatsächlich der Fall ist.

Der Aufbau ist folgender (Abb. 22): In einem Holzgestell sind zwei Achsen a und b angebracht. a kann durch b in schnelle Umdrehungen versetzt werden. Quer zur Achse a ist ein Glasrohr fest eingesetzt, welches durch eine Luftschicht gut gegen Wärmedurchgang geschützt ist. In diesem ist ein länglicher mit isoliertem Kupferdraht von 20 m Länge und 0,14 cm Dicke umwickelter, aus 6 Lamellen bestehender Eisenkörper eingesetzt[1]. Die Enden der Drahtwindungen waren als Platindrähte herausgeführt und tauchten in Quecksilber-Halbkreise eines Kommutators ein.

Der längliche, mit isoliertem Draht umwickelte Eisenkörper kreist zwischen den Polen eines sehr kräftigen großen Elektromagneten, den JOULE speziell zu diesem Zweck konstruiert hat. Zeitweise konnte zur Kontrolle an dessen Stelle ein starker, ebenfalls selbst angefertigter Stahlmagnet gesetzt werden. Der erzeugte Wechselstrom wird durch den Kommutator gleichgerichtet und durch ein „absolutes Galvanometer" gemessen, d. h. durch ein Galvanometer, dessen Gradskala entsprechend den durch den Strom elektrolytisch abgeschiedenen Stoffmengen an Knallgas geeicht ist. Die hierdurch in dem Glasrohr in einem Zeitraum von 15 Minuten hervorgerufene Temperaturerhöhung wird durch ein empfindliches Thermometer gemessen.

Es ergibt sich quantitativ, daß die erzeugte Wärmemenge dem Quadrat des durch die Drahtwindungen und das Galvanometer fließenden Stromes sowie der Zeit proportional ist, einerlei, ob es sich nur um den „magnetoelektrischen Strom"[2] handelt, oder ob dieser Strom durch Hintereinanderschaltung mit einer VOLTAschen Batterie geschwächt oder verstärkt ist, d. h. es kommt auf nichts anderes als auf die wirkliche Stromstärke an. Eine mit der Erwärmung verbundene „Abkühlung" an anderer Stelle wird nur insofern konstatiert, als die „latente Wärme" der Batterie, d. h. — modern ausgedrückt — ihr Vorrat an chemischer Energie, je nach der Richtung des Stromes zu- oder abgenommen hat.

Im Laufe dieser umfangreichen Untersuchung ist es JOULE offenbar klar geworden, daß er hier trotz des Umweges über den elektrischen Strom im Grunde ein besonders einfaches Beispiel der Wärmeerzeugung durch mechanische Arbeit vor sich hat, welches weitgehend frei von Fehlerquellen ist und sich daher für die Feststellung des Wärmeäquivalents besonders empfiehlt.

Zu diesem Zwecke braucht nur die mechanische Kraft (in unserem Sinne die Arbeit), welche b während einer bestimmten Zeit in Rotation erhalten hat, gemessen und mit der gleichzeitig entwickelten Wärmemenge verglichen zu werden. Eine mechanische Antriebsvorrichtung, welche die Berechnung der mechanischen Kraft aus Gewicht und Fallweg unmittelbar gestattet, ist in Abb. 23 dargestellt. Wir wollen hier einen Versuch aus einer ganzen Reihe gleicher und ähnlicher Versuche herausgreifen und die zugehörige Rechnung durchführen.

---

[1] Alle Angaben, die im Original in den damaligen englischen Einheiten erscheinen, sind in unser Maßsystem mit abgerundeten Ziffern überführt.

[2] JOULE versteht unter „magneto-elektrischem Strom" einen solchen, welcher durch elektromagnetische Induktion erzeugt worden ist, im Gegensatz zum „VOLTAschen Strom", der einem galvanischen Element entstammt.

Auf beiden Waagschalen liegen je 2350 pd Gewichte, die in 15 Minuten eine Strecke[1] von je 158 m durchfallen und dabei dem Glaszylinder mit der Drahtspule eine konstante Drehgeschwindigkeit von 600 Umdrehungen je Minute erteilen. Das Galvanometer zeigt hierbei einen Induktionsstrom von 0,983 Stromeinheiten an. Bei abgeschaltetem Elektromagneten sind nur

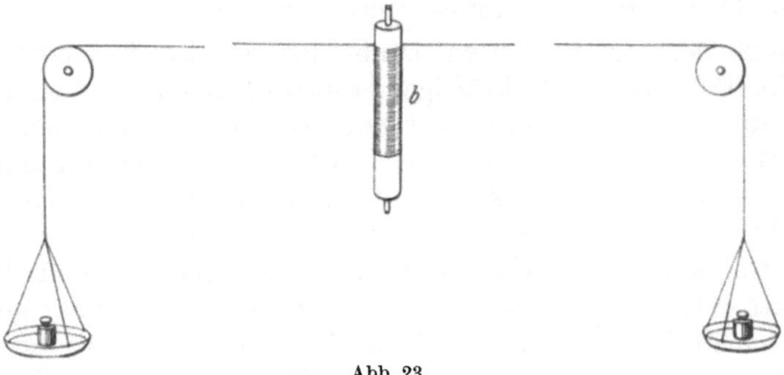

Abb. 23.

1275 pd Gewicht auf jeder Waagschale erforderlich, um die gleiche Drehgeschwindigkeit zu erzielen. Um also in der gegebenen Versuchsanordnung einen Strom der Stärke 0,983 zu erzeugen, muß eine mechanische Arbeit von

$$2 \cdot (2350-1275) \text{ pd} \cdot 158 \text{ m} = 340 \text{ mkpd}$$

aufgewendet werden.

JOULE verzichtet bei diesem Versuch auf eine direkte Temperaturmessung, sondern greift auf frühere Resultate zurück, die ihm eine Beziehung zwischen Stromstärke und erzeugter Wärmemenge lieferten. Er fand dort, daß unter sonst gleichen Bedingungen ein Strom von 0,902 Stromeinheiten eine Temperaturerhöhung von 1,56° F hervorrief. In diesem Wert sind die durch mechanische Reibung erzeugte Wärme sowie die durch Wirbelströme im Eisenkern entstandene Temperaturerhöhung von 0,28° F nicht mehr enthalten (sie wurden durch besondere Versuche ermittelt). Daher wird also dem jetzt gemessenen Strom von der Stärke 0,983 ein Wert

$$\text{von} \left(\frac{0,983}{0,902}\right)^2 \cdot 1,56° = 1,85° \text{ F}$$

entsprechen, da die Wärmemenge ja dem Quadrat der Stromstärke proportional ist.

Dieser Wert erfährt nun weitere Korrekturen. Die in der Spule erzeugte und gemessene Wärme verhält sich zu der im gesamten Stromkreis (einschl. Galvanometer, Zuleitungen usw.) entwickelten wie die entsprechenden Widerstände, hier wie 1 : 1,13. Ferner werden die oben eliminierten Wirbelstromverluste wieder berücksichtigt, und zwar ebenfalls im quadratischen Verhältnis der Stromstärke: $\left(\frac{0,983}{0,902}\right)^2 \cdot 0,28° = 0,33° \text{ F}$ [2]. Schließlich wird

---

[1] Dieser „Fallweg" von 158 m entsteht offensichtlich — ohne daß JOULE dies sagt — durch vielfache Wiederholung des Sinkenlassens der Gewichte um eine entsprechend kleinere Strecke.

[2] JOULE sagt auch hier nicht, wie er zu diesem Wert gelangt. Da er aber an anderer Stelle konstatiert, daß die Wirbelstromverluste im Eisenkern ebenfalls mit dem Quadrat der Stromstärke wachsen, sind wir zu diesem Ansatz berechtigt, zumal sich daraus der geforderte Wert recht genau ergibt.

die Funkenbildung am Kommutator durch einen weiteren Zusatzwert von 0,04° F in Rechnung gesetzt, so daß sich insgesamt folgende Zusammenstellung ergibt:

$$\text{Widerstandsverhältnis:} \quad 1,85° \cdot 1,13 = 2,09° \text{ F}$$
$$\text{Wirbelstromverluste:} \qquad\qquad\qquad 0,33° \text{ F}$$
$$\text{Funkenbildung:} \qquad\qquad\qquad\qquad 0,04° \text{ F}$$
$$\overline{2,46° \text{ F} \;\triangleq\; 1,37° \text{ C}}$$

Die Wärmekapazität (Wasserwert) der Glasröhre mit Wasserfüllung und Spule mit Eisenkern beträgt 505 cal/Grad, so daß sich 505 cal/Grad · 1,37 Grad = 692 cal als Äquivalent der 340 mkpd ergeben. Daraus folgt:

$$1 \text{ Cal} \triangleq 490 \text{ mkpd.}$$

Nach Erledigung der Aufgabe, das Wärmeäquivalent auf elektrischem Wege zu finden (was ihm von seinen früheren Arbeiten her am nächsten gelegen hatte), wandte sich JOULE der *direkten* mechanischen Erzeugung von Wärme zu. Es wurden dabei folgende Wege eingeschlagen:

1. Die Erzeugung von Wärme beim Durchgang von Wasser durch enge Röhren;

2. die Erzeugung von Wärme bei der Verdichtung der Luft;

3. die Erzeugung von Wärme durch Reibung verschiedener Flüssigkeiten und

4. die Erzeugung von Wärme durch Reibung fester Körper.

1. Durchgang von Wasser durch enge Röhren. Dieser Versuch wird nur im Nachtrag zu den magneto-elektrischen Versuchen kurz beschrieben. „Mein Apparat bestand aus einem Stempel, welcher von einer Anzahl von Löchern durchbohrt war und in einem Glasgefäß mit ungefähr 7 Pfund Wasser arbeitete". Das Resultat drückt JOULE durch die Anzahl der Fuß-Pfunde aus, welche der Erwärmung von 1 Pfund Wasser um 1° F äquivalent sind[1]. Er erhält in unseren Einheiten $423 \dfrac{\text{mkpd}}{\text{Cal}}$.

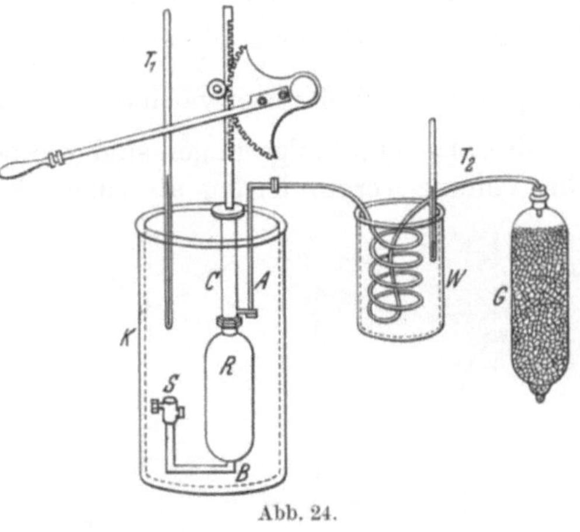

Abb. 24.

2. Verdichtung und Verdünnung der Luft. Der benutzte Apparat ist in Abb. 24 dargestellt. C ist der Stiefel einer Kompressionspumpe, deren Kolben durch den gezeichneten Mechanismus auf und ab bewegt werden

---

[1] Die Umrechnung des Wärmeäquivalents aus den englischen Maßen: Fuß, Pfund und Grad Fahrenheit in unser System erfolgt mit Hilfe des Faktors:

$$\dfrac{\dfrac{1 \text{ mkpd}}{1 \text{ Cal}}}{\dfrac{1 \text{ Fuß-Pfund}}{1 \text{ Pfund Wasser} \cdot 1° \text{ F}}} = 0,55$$

kann. R ist das Kompressionsgefäß von 2,24 Liter Inhalt (mit einem Ansatz B S, der erst später benutzt wird). G ist das Trockengefäß, W das konstante Wasserbad und A das Rohr, durch welches die Luft angesaugt wird. T_1 und T_2 sind besonders angefertigte Thermometer, mit denen die Temperaturen bis auf $1/200°$ F abgelesen werden können (1° F entsprach rund 13 mm Skalenlänge). Das Kalorimeter K, welches etwa 20 kgr Wasser enthält, ist durch einen Luftmantel gegen die Außenwelt geschützt. Gegen die Wärmestrahlung des Experimentators ist außerdem noch ein Schirm dazwischen geschaltet. Die Luft wird in 15—20 Minuten bis auf 22 Atmosphären komprimiert. Als Temperaturerhöhung werden nach entsprechender Korrektion wegen der Kolbenreibung unter Druck und wegen des genau kontrollierten Einflusses der Umgebung 0,285° F

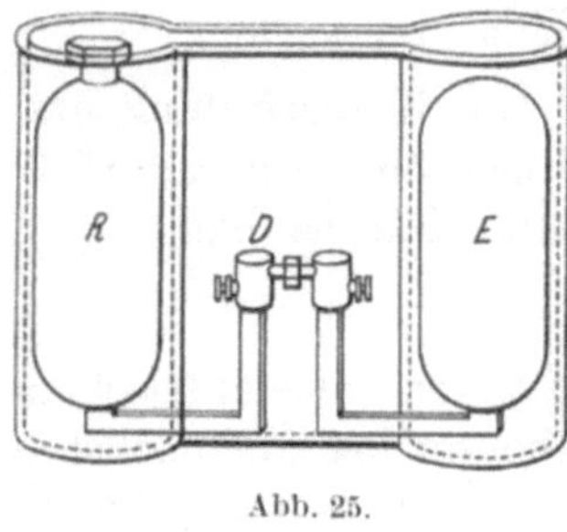

Abb. 25.

gemessen. Die komprimierte Luftmenge wird nachträglich zu 48,50 Liter bestimmt. Als Ergebnis dieses Versuchs erhielt Joule 452 $\frac{\text{mkpd}}{\text{Cal}}$, während ein zweiter Versuch unter variierten Bedingungen den Wert 437 $\frac{\text{mkpd}}{\text{Cal}}$ ergab.

Joules Schlußfolgerungen sind wie bei Mayer nur dann bindend, wenn die Volumenverminderung als solche keine Arbeit erfordert oder leistet. Joule begnügte sich aber nicht damit, die Entscheidung dieser Frage der Literatur zu entnehmen, sondern führte selbst den folgenden Versuch durch: Er schaltete zwei Rezipienten in einem Wasserkalorimeter zusammen (Abb. 25), wobei die Luft in R unter einem Druck von 22 Atmosphären stand, während E luftleer war.

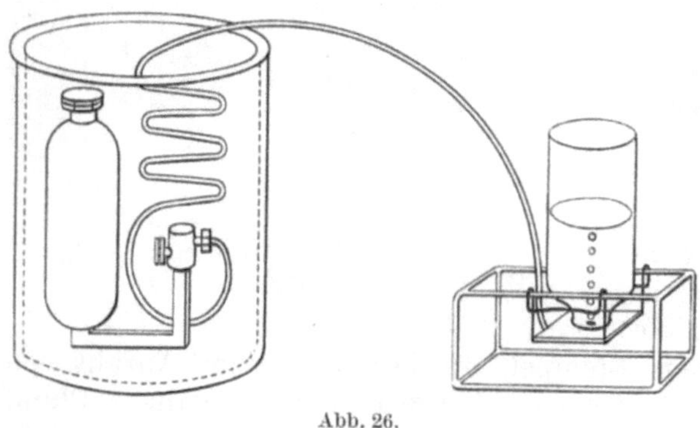

Abb. 26.

Er fand beim Öffnen des Hahnes keine Temperaturänderung. Zur Analyse dieses Vorganges brachte er R und E in zwei getrennte Kalorimeter und erhielt für R eine Temperaturerniedrigung von 2,36° F, während er für E eine Temperaturerhöhung von 2,38° F maß, was er unter Berücksichtigung der Nebenumstände als identisch ansah. Die obige Überlegung besteht also zu Recht.

Außer der Temperaturerhöhung durch Verdichtung maß Joule auch die Temperaturerniedrigung durch Verdünnung der Luft. Die Anordnung, welche in sich verständlich ist, wird in Abb. 26 dargestellt. Joule fand aus drei Versuchsreihen als Wärmeäquivalent die Werte 451, 448, 418, im Mittel 439 $\frac{\text{mkpd}}{\text{Cal}}$.

3. Reibung von Flüssigkeiten. a) Wasser. Der benutzte Apparat ist in
Abb. 27 dargestellt. In einem zylindrischen, mit Wasser gefüllten Gefäß
drehen sich um eine Achse c c acht Systeme von Schaufelrädern a. Diese
Schaufelräder bewegen
sich durch die nur
wenig größeren Aus-
sparungen der festste-
henden Wände b hin-
durch. In dem Gefäß
befinden sich oben zwei
Öffnungen, von denen
die eine zum freien
Durchlaß der Achse,
die andere zur Aufnah-
me eines der JOULE-
schen höchstempfind-
lichen Thermometer
dient. Die Verbindung
der Achse c c mit
dem Drehmechanismus
wird durch ein Stück
Holz d hergestellt. Der
Bewegungsmechanis-
mus (Abb. 28) dürfte in
sich verständlich sein.

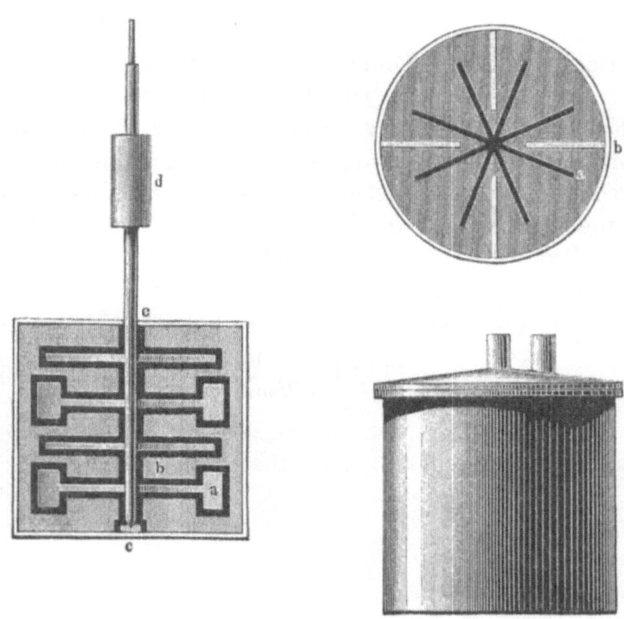

Abb. 27.

Die Gewichte von je 13,1 kpd haben eine Fallstrecke von 1,60 m. Der
Versuch wird zwanzigmal wiederholt, wobei die Schnur nach jedem Versuch

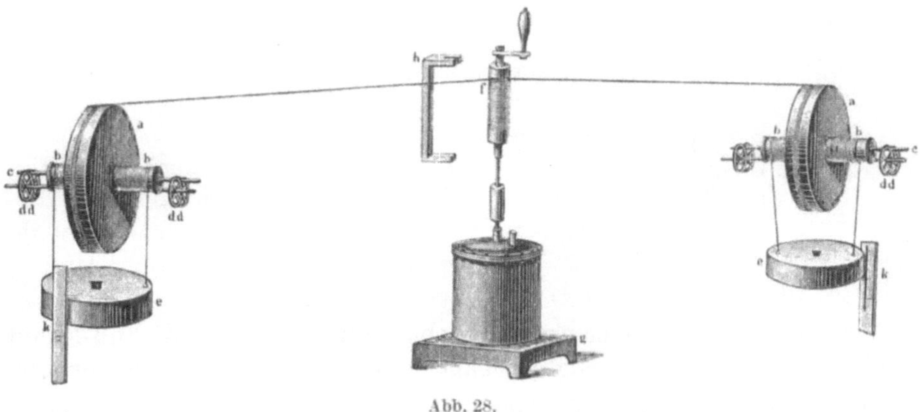

Abb. 28.

wieder mittels des Bügels h auf die Walze f aufgespult wird, welche von
c c zu diesem Zweck getrennt ist. Die Versuchsdauer beträgt 35 Minuten.

Um einen anschaulichen Eindruck von der ganzen Arbeitsweise JOULEs
zu geben, wollen wir dieses wichtigste Beispiel mit seinen Originalzahlen
wiedergeben. Als wahre, d. h. mehrfach korrigierte, Temperaturerhöhung

des Wassers erhält Joule 0,563 209° F[1], welche sich auf den Wasserwert von 97 470,2 grain bezieht. Dieser setzt sich zusammen aus den Werten:

93 229,7 grain Wasser,

2430,2 grain Wasserwert des Kupfers,

1810,3 grain Wasserwert des Messings.

Hieraus folgt eine Temperaturerhöhung von 7,842 299° F für *ein* Pfund Wasser.

Diesem Wert entspricht die folgende mechanische Arbeit: Die beiden Fallgewichte wiegen zusammen 406 152 grain, werden jedoch unter Berücksichtigung der Reibung und der Starrheit der Stricke auf 403 315 grain reduziert. Die Fallstrecke beträgt einschließlich einer Korrektur für die kinetische Energie der Gewichte beim Aufschlag auf den Boden 1260,096 Zoll. Als Produkt ergibt sich 6067,114 Fuß-Pfund, nachdem für die in der Elastizität der Stricke steckende Arbeit der Wert 16,928 Fuß-Pfund abgezogen war. Für das Wärmeäquivalent folgt schließlich

$$773,64 \; \frac{\text{Fuß-Pfund}}{1 \text{ Pfund Wasser} \cdot 1° \text{ F}} = 425,5 \; \frac{\text{mkpd}}{\text{Cal}}$$

b) Quecksilber. Die Apparatur ist im Prinzip die gleiche wie für Wasser, sie unterscheidet sich aber durch die geringere Größe, durch die Zahl der Flügel (6 drehbar, 8 fest) und durch den Ersatz des Messings durch Eisen. Für das Wärmeäquivalent ergeben sich hier $425 \frac{\text{mkpd}}{\text{Cal}}$, während ein zweiter Versuch mit leichteren Fallgewichten die Zahl $427 \frac{\text{mkpd}}{\text{Cal}}$ liefert.

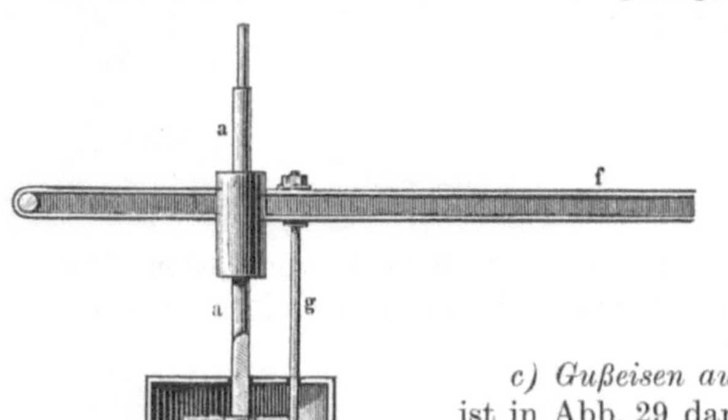

Abb. 29.

c) Gußeisen auf Gußeisen. Die Apparatur ist in Abb. 29 dargestellt. Die Achse a a trägt an ihrem unteren Ende einen konisch abgeschrägten, gußeisernen Teller b. Auf diesen wird mittels des Rahmens c e, welcher die Drehachse frei durchläßt, ein dem ersten angepaßter zweiter Teller d gedrückt. Dies geschieht mit Hilfe der Stange g und des Hebels f. Letzterer wird durch die Hand betätigt, wobei es nach einiger Übung gelingt, b in stetiger langsamer Rotation zu erhalten.

Außer den üblichen Korrekturen zieht Joule hier noch 50 Fuß-Pfund für die bei der Reibung erzeugte Schallenergie ab. Er erhält in dieser Versuchsreihe für das Wärmeäquivalent $426,3 \frac{\text{mkpd}}{\text{Cal}}$, während ein zweiter Versuch mit leichteren Gewichten den Wert $425,13 \frac{\text{mkpd}}{\text{Cal}}$ liefert.

---

[1] Die vielen Dezimalstellen sind natürlich nicht reell. Sie kommen dadurch zustande, daß eine Reihe von sorgfältig bestimmten kleinen Korrekturen berücksichtigt ist, deren Summation zunächst in dieser Form zur Geltung kommt. Wie außerordentlich weit indes die wahre Genauigkeit der Jouleschen Messungen geht, zeigt die Zusammenstellung auf S. 49.

Die aus allen diesen Reibungsversuchen erhaltenen Werte stellt JOULE in folgender Original-Tabelle zusammen, in deren letzter Spalte wir wieder auf unser Maßsystem umgerechnet haben.

Tabelle 11.

Nr. der Reihe	verwendetes Material	Äquivalent in Luft	Äquivalent im Vakuum[1]	Mittel	
		Englische Einheiten			mkpd/Cal
1	Wasser	773,640	772,692	772,692	424,96
2	Quecksilber	773,762	772,814	774,083	425,75
3	Quecksilber	776,303	775,352		
4	Gußeisen	776,997	776,045	774,987	426,25
5	Gußeisen	774,880	773,930		

Davon hält JOULE den ersten Wert wegen der großen Zahl der Messungen und wegen der großen Wärmekapazität der Flüssigkeit für den zuverlässigsten, glaubt ihn aber wegen der auch hier aufgetretenen Erschütterungen und Tonerregung etwas erniedrigen zu müssen, so daß er

$$772 \frac{\text{Fuß-Pfund}}{1 \text{ Pfund Wasser} \cdot 1°\text{F}} = 424{,}6 \frac{\text{mkpd}}{\text{Cal}}$$

für den wahrscheinlichsten Wert hält.

Nicht berücksichtigt sind in dieser Tabelle die Resultate

a) aus den magneto-elektrischen Versuchen: $461 \frac{\text{mkpd}}{\text{Cal}}$

b) aus dem Durchgang von Wasser durch enge Röhren 424 ,,

c) aus den Reibungsversuchen mit Wallerat-Öl: 430 ,,

Nimmt man den Durchschnitt aller Werte mit alleiniger Ausnahme des stark herausfallenden Wertes unter a), so erhält man als Äquivalentzahl $426{,}2 \frac{\text{mkpd}}{\text{Cal}}$. Ein Vergleich mit dem heutigen Wert von $426{,}8 \frac{\text{mkpd}}{\text{Cal}}$ zeigt wohl am besten die große Sorgfalt und Genauigkeit der JOULEschen Messungen.

RUMFORD hat durch seine Versuche den Wärmestoff endgültig aus der Physik beseitigt und die Wärme als eine Form der Bewegung bewiesen. Die Leistungen MAYERs als physikalischen Denkers und JOULEs als physikalischen Experimentators sind als Kernstücke der klassischen Physik anzusehen, denn sie haben der Physik durch den Begriff und die quantitative Festlegung des Wärmeäquivalents eine ihrer wichtigsten Grundlagen geliefert. Darüber hinaus hat MAYER durch die allgemeine Einführung des Energiebegriffes der ganzen Naturwissenschaft ihr eigentliches Rückgrat gegeben.

---

[1] In dieser Spalte reduziert JOULE die Gewichte auf den leeren Raum.

Die kritische Temperatur (1863 — 1869).

ANDREWS.

Vor ANDREWS lag das Problem der Gasverflüssigung derart, daß man
zwischen „coërciblen“ Gasen, wie Kohlensäure und Chlor, deren Verflüssigung sich als möglich erwiesen hatte, und incoërciblen Gasen, wie Sauerstoff und Stickstoff, deren Verflüssigung unmöglich erschien, mehr oder minder
grundsätzlich unterschied. Die Erfahrungen bei der Verflüssigung von
Dämpfen, z. B. Wasserdampf, hatten gezeigt, daß die Verflüssigung durch
Druckerhöhung oder Temperaturerniedrigung oder durch beides erreicht

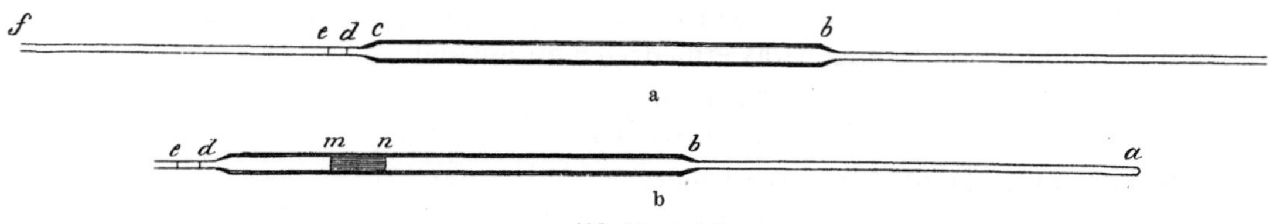

Abb. 30 a und b.

werden kann. Im letzteren Falle schienen diese beiden Beeinflussungen
insofern äquivalent zu sein, als die eine um so geringer sein darf, je größer
die andere ist. Bei dem Versuch, ein Gas wie Sauerstoff zu verflüssigen,
d. h., wie einen Dampf zu behandeln, erschien es daher am einfachsten,
den Druck sehr stark zu steigern, da eine große Temperaturerniedrigung
viel schwerer zu verwirklichen war. NATTERER war hier z. B. 1844 bis auf
3000 Atmosphären gegangen, ohne allerdings den gesuchten Erfolg zu haben.

ANDREWS faßte das Problem anders an. Er stellte sich die Aufgabe,
erst einmal die Verflüssigung bei einem coërciblen Gas wie Kohlensäure
quantitativ in allen Einzelheiten zu untersuchen. Als Gefäß für das Gas
benutzte er das in Abb. 30a dargestellte Glasrohr. Dieses bestand aus
drei Teilen: einer Kapillare a b, einer Erweiterung b c von 2,5 mm Durchmesser und einem Fortsatz c f von 1,25 mm Durchmesser. Dieses Rohr
wurde durch Wägung von Quecksilbermengen genau auskalibriert und dadurch mit trockener Kohlensäure gefüllt, daß man das Gas bis zu 24 Stunden hindurchströmen ließ, um alle Restluft zu vertreiben, was aber nur bis
auf ein oder zwei Promille gelang. Darauf wurde das Rohr bei a und f abgeschmolzen und das Ende f unter Quecksilber wieder geöffnet. Durch weitere
Manipulationen und Meßmaßnahmen gelangte ANDREWS endlich zu dem
Rohr der Abb. 30b, in welchem, abgeschlossen durch einen Quecksilbertrop-
fen, eine im normalen Zustand von 0° C und 760 mm Druck bekannte Menge
CO_2 sich befand, so trocken und luftfrei wie möglich.

Dieses Rohr wurde jetzt in eine Metallfassung eingesetzt (Abb. 31),
welche in ihrem unteren Flansch ein Schraubengewinde besaß. In dieses

paßte eine Stahlschraube S von 180 mm Länge, 4 mm Dicke und 0,5 mm Ganghöhe. Der Zwischenraum zwischen Glasrohr und Schraube wurde mit Wasser gefüllt. Durch Hineinschrauben von S konnte jetzt die Kohlensäure unter einen Druck bis zu 100 Atmosphären gesetzt werden, wobei das Quecksilber erst bei 40 Atmosphären in der Kapillare erschien.

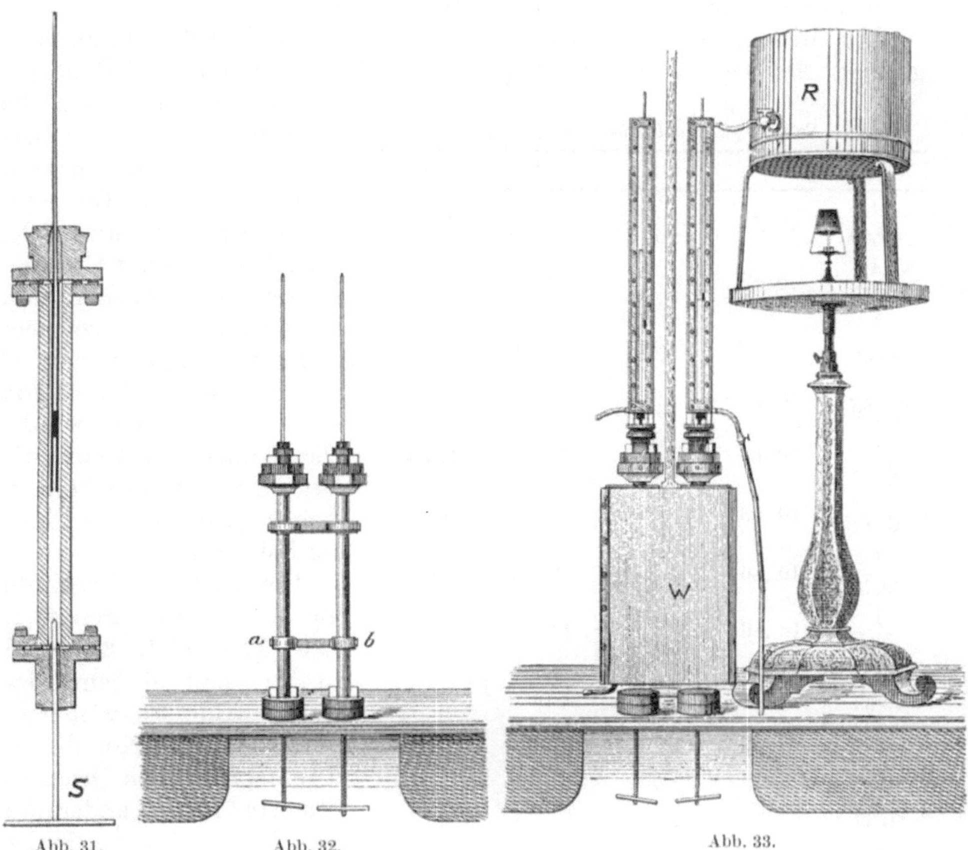

Abb. 31. Abb. 32. Abb. 33.

Dieses Kohlensäure-Rohr wurde dann mit einem analogen Luftrohr zusammengeschaltet, indem beide Rohre nebeneinander montiert (Abb. 32) und durch ein Querrohr a b miteinander verbunden wurden. Der Druck konnte jetzt durch die eine oder andere Schraube oder auch durch beide beliebig gesteigert werden und wirkte in gleichem Maße auf die Volumenverminderung der Kohlensäure und der Luft, wobei die Luftkompression als ein Maß für den Druck dienen sollte. Allzu genau erschien ANDREWS dieses Maß allerdings nicht, da die Abweichungen der Luft von dem BOYLE-MARIOTTEschen Gesetz und die elastischen Erweiterungen der Kapillare unter dem Einfluß des hohen Druckes nicht hinreichend bekannt waren. Die Genauigkeit genügte aber für den Zweck der Arbeit, bei welcher es in erster Linie auf die Temperaturen ankam.

Zur Temperaturregelung wurden die Kapillaren von rechteckigen länglichen Meßkästen umschlossen (Abb. 33), welche vorn und hinten mit

Glaswänden versehen waren. Diese Kästen waren mit Wasser gefüllt. Das Luftrohr wurde auf Zimmertemperatur gehalten, das Kohlensäure-Rohr konnte mittels durchfließenden Wassers aus einem Reservoir R auf bestimmte Temperaturen zwischen 10 und 50° C gebracht werden. Die unteren Teile der beiden Rohre waren zur Konstanthaltung der Temperaturen in einen großen Wasserkasten W versenkt.

Die Meßergebnisse wurden in einer Reihe von Tabellen zusammengestellt. Als Beispiel möge die folgende Tabelle für CO_2 von 13,1° C dienen.

Tabelle 12. *Kohlensäure bei 13,1°.*

δ	t	ε	t'	l
$\dfrac{1}{47,50}$	10°,75	$\dfrac{1}{76,16}$	13°,18	234,1
$\dfrac{1}{48,76}$	10 ,86	$\dfrac{1}{80,43}$	13 ,18	221,7
$\dfrac{1}{48,89}$	10 ,86	$\dfrac{1}{80,90}$	13 ,09	220,3
$\dfrac{1}{49,00}$	10 ,86	$\dfrac{1}{105,9}$	13 ,09	168,2
$\dfrac{1}{49,08}$	10 ,86	$\dfrac{1}{142,0}$	13 ,09	125,5
$\dfrac{1}{49,15}$	10 ,86	$\dfrac{1}{192,3}$	13 ,09	92,7
$\dfrac{1}{49,28}$	10 ,86	$\dfrac{1}{268,8}$	13 ,09	66,3
$\dfrac{1}{49,45}$	10 ,86	$\dfrac{1}{342,8}$	13 ,09	52,0
$\dfrac{1}{49,63}$	10 ,86	$\dfrac{1}{384,9}$	13 ,09	46,3
$\dfrac{1}{50,15}$	10 ,86	$\dfrac{1}{462,9}$	13 ,09	38,5
$\dfrac{1}{50,38}$	10 ,86	$\dfrac{1}{471,5}$	13 ,09	37,8
$\dfrac{1}{54,56}$	10 ,86	$\dfrac{1}{480,4}$	13 ,09	37,1
$\dfrac{1}{75,61}$	10 ,86	$\dfrac{1}{500,7}$	13 ,09	35,6
$\dfrac{1}{90,43}$	10 ,86	$\dfrac{1}{510,7}$	13 ,09	34,9

Es bedeuten δ und ε die Bruchteile, auf welche Luft und CO_2 zusammengepreßt sind; t und t' die Temperaturen von Luft und CO_2; l das Volumen der CO_2, gemessen in Längeneinheiten ihrer Kapillare, wobei dem Anfangszustande von 0° C und 760 mm eine Länge von 17 000 entsprechen würde. Die Nenner von δ sind die Drucke in Atmosphären in dem approximativen Sinne der Seite 51.

Die analogen Resultate für die Temperaturen 48,1, 35,5, 32,5, 31,1, 21,5 und 13,1° C sind in dem Diagramm Abb. 34 wiedergegeben. Die eine Koordinate (P) entspricht dem Druck in Atmosphären, die andere (V) enthält die Volumina. Sie ist von mir, da sie bei ANDREWS ohne alle Angaben war, mit den Werten der Volumina im Vergleich zu dem Anfangswert von 17 000 versehen, wobei dieser Anfangswert als 1 angenommen ist und die Zahlenwerte in $^1/_{1000}$ des Anfangswertes ausgedrückt sind. Es scheint mir am anschaulichsten zu sein, wenn man die Koordinate der Volumina als Abszisse ansieht, d. h., das Koordinatensystem um 90° gedreht denkt. Man denke sich die Kohlensäure in ein Rohr von der Länge 1 (= 1000 · $^1/_{1000}$) eingeschlossen und einen Stempel langsam bei konstanter Temperatur von links nach rechts geschoben, wobei die zu jedem Volumen gehörigen Drucke festgestellt und als Ordinate aufgetragen werden. Anfangs wächst der Druck, z. B. bei der Temperatur von 13,1° C, stetig an, bleibt dann aber schließlich von etwa $^{13,5}/_{1000}$ an bis etwa $^3/_{1000}$

nahezu[1] konstant. Dies ist das Stadium der Verflüssigung. Wenn alles Gas verflüssigt ist, steigt der Druck schließlich bei weiterer Volumenverminderung steil an. Ähnlich verläuft die Kurve für 21,1° C, nur daß die Horizontalstrecke, welche dem Vorgang der Verflüssigung entspricht und auch hier mit einem Knick beginnt, wesentlich kürzer geworden ist. Diesen Verlauf würden auch die Kurven zwischen 21,5° C und 31,1° C nehmen, d. h., die horizontale Verflüssigungsstrecke würde immer kürzer werden. Die Kurven für 31,1, 32,5 und 35,5° C enthalten keine Horizontalstrecke mehr, bewahren aber noch in ihren charakteristischen Wendepunkten eine

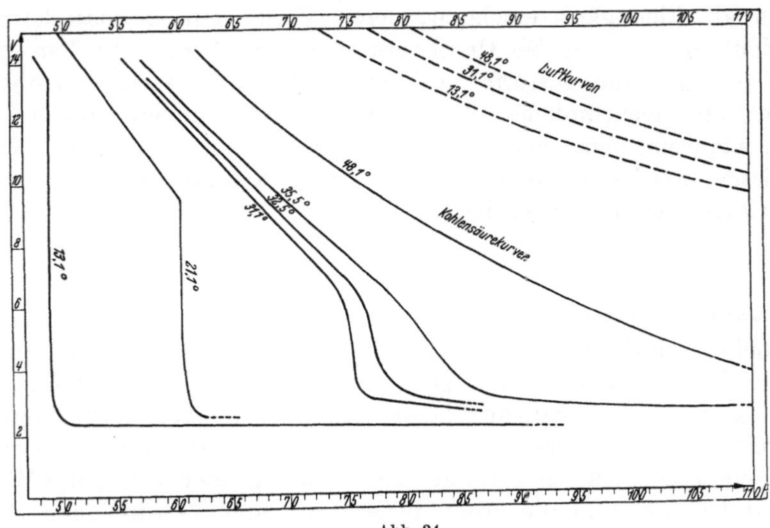

Abb. 34.

Andeutung der Verflüssigung, bis die Kurve bei 48,1° C schon durchaus den Charakter der gestrichelten Luftkurven annimmt.

31,1° C ist die Temperatur, die uns als „kritische Temperatur" längst geläufig geworden ist, nämlich diejenige Temperatur, oberhalb derer eine Verflüssigung des betreffenden Gases grundsätzlich ausgeschlossen ist. Damit ist auch die gegenseitige Rolle der Temperaturerniedrigung und der Druckerhöhung geklärt. Die Temperaturerniedrigung unter die kritische Temperatur ist das Primäre. Erst dann, wenn sie erfolgt ist, kann die Verflüssigung eintreten und zwar bei um so geringerem Druck, je weiter die Temperatur unter der kritischen Temperatur liegt. Damit ist auch die andere oben schon angeschnittene Frage geklärt. Die Begriffe des „Dampfes" und des „Gases" haben jetzt einen klaren Inhalt bekommen: *Der Aggregatzustand, welcher weder eine bestimmte Form noch ein bestimmtes Volumen besitzt, sondern vermöge einer inneren Elastizität jeden Raum ausfüllt, ist ein Gas oberhalb und ein Dampf unterhalb der kritischen Temperatur.*

Nachdem es ANDREWS gelungen war, den neuen Begriff der kritischen Temperatur theoretisch zu erkennen und experimentell festzulegen,

---

[1] Der kleine noch verbleibende Anstieg rührt von dem Luftrest her!

4a

beobachtete er den Übergangsprozeß zwischen Gas und Flüssigkeit genauer. Er verglich den Zustand, bei welchem Flüssigkeit und Gas nebeneinander bestehen und durch eine klare Grenze voneinander getrennt sind, mit dem Zustand, bei welchem Gas und Flüssigkeit fast unmerklich ineinander übergehen. Er gelangt zu dem Schluß, daß der flüssige und der gasförmige Zustand eigentlich nur die extremen Formen ein und desselben prinzipiellen Zustandes sind und daß sie kontinuierlich ineinander überführt werden können. Am deutlichsten zeigt sich dies, wenn ein stark komprimiertes Gas oberhalb der kritischen Temperatur allmählich unter die kritische Temperatur abgekühlt wird und ohne eigentlichen Verflüssigungsvorgang plötzlich als Flüssigkeit erscheint, deren Vorhandensein man leicht an ihrem deutlichen Sieden bei Druckverminderung erkennt. In dem Punkt, in dem flüssiger und gasförmiger Zustand identisch werden, beobachtet ANDREWS ein eigentümliches Wallen und Flattern in der ganzen Masse, ähnlich, wie wenn verschieden warme Flüssigkeiten sich mischen. Wie wir jetzt wissen, werden an diesem Punkte die Verdampfungswärme und die Kapillaritätskonstante gleich Null.

Das Verdienst ANDREWS' besteht einerseits in der exakten Durchführung einer höchst schwierigen experimentellen Aufgabe, andererseits in dem geistigen Mut, das ins Stocken geratene Problem der Luftverflüssigung von einer ganz anderen Seite anzufassen und erst einmal die Vorbedingungen für coërcible Gase am Beispiel der Kohlensäure quantitativ zu untersuchen. Die Bezwingung auch der schwerst zu verflüssigenden Gase, wie Wasserstoff und Helium, und die große Bedeutung ihrer Verflüssigung für die Erreichung allertiefster, dem absoluten Nullpunkt schon ganz naher Temperaturen ist letzten Endes das Verdienst ANDREWS'.

Die experimentellen Beweise der kinetischen Gastheorie (1828, 1865—1875, 1920).

BROWN, O. E. MEYER, MAXWELL, O. STERN.

Die kinetische Gastheorie basiert in der Berechnung ihrer Hauptwerte wie Masse, Radius, Geschwindigkeit und Anzahl der Moleküle auf makroskopisch meßbaren Werten der Gasphysik, nämlich auf dem Druck, der Dichte des gasförmigen bzw. flüssigen Zustandes und der inneren Reibung. Sie ist daher von vornherein eng mit der Experimentalphysik verbunden, bleibt aber eine bloße Idee, bis sie experimentell geprüft ist. Für diese Prüfung gibt es zwei Möglichkeiten: die Bestätigung an sich unerwarteter Voraussagen und den Vergleich direkter makroskopischer Versuche mit der theoretischen Auffassung und Berechnung.

Hätte man einen Physiker vor Begründung der kinetischen Gastheorie gefragt, wie nach seiner Ansicht die innere Reibung vom Druck und von der Temperatur abhänge, so würde er geantwortet haben, daß die innere Reibung mit dem Druck, entsprechend der Anzahl der Moleküle im Kubikzentimeter, ansteigen müsse und daß sie mit der Temperatur in Analogie zu den Flüssigkeiten abnehmen werde. Demgegenüber ist die kinetische Gastheorie zu folgenden Schlüssen gekommen: 1. Die innere Reibung ist vom Druck unabhängig, da die Halbierung des Druckes, d. h. der Molekülzahl, in ihrer Wirkung wieder aufgehoben wird durch die Verdoppelung der freien Weglänge, so daß jetzt die Moleküle der einen Schicht doppelt so tief in die Nachbarschicht eindringen können; 2. die innere Reibung wächst mit der Geschwindigkeit der Moleküle, d. h. mit der Wurzel aus der absoluten Temperatur, da bei größerer Geschwindigkeit mehr Moleküle pro Sekunde von der einen Schicht in die andere hinüberwechseln.

Die theoretische Gleichung lautet:

$$\eta = \frac{m \cdot c}{12\,\pi\,r^2}$$

(η = innere Reibung, m = Masse, r = Radius und c = Geschwindigkeit der Moleküle). η ist also von der Anzahl der Moleküle im Kubikzentimeter, da diese in der Formel nicht vorkommt, unabhängig, also auch von der Dichte und vom Druck, und sie wächst mit der Wurzel aus der absoluten Temperatur, welche bekanntlich $\frac{m}{2}\,c^2$ proportional ist.

Die experimentelle Prüfung kann nach zwei Methoden erfolgen. Bei der ersten Methode wird die Reibung runder Scheiben in Luft oder in einem anderen Gase gemessen, während bei der zweiten Methode die durchgeströmte Menge von Luft oder Gas durch Kapillaren ermittelt wird.

Die Reibung von Scheiben in Luft. Die Methode geht auf COULOMB zurück, welcher eine runde Scheibe an einem Torsionsdraht in einer Flüssigkeit schwingen ließ und die innere Reibung der Flüssigkeit durch die

Abnahme der Torsionsschwingungen bestimmte. Die Methode ist dann für Gase dahin verbessert worden, daß mehrere Scheiben an einer Achse benutzt (O. E. MEYER) und daß schließlich noch feststehende Scheiben zwischen die schwingenden Scheiben eingeschoben wurden (MAXWELL).

Die Versuchsanordnung MEYERs ist in der Abb. 35 in Anlehnung an das Original, aber etwas schematisiert, wiedergegeben. In einem Gehäuse befindet sich ein System von drei Messingscheiben $S_1 S_2 S_3$ von je 20 cm Durchmesser und 1,35 mm Dicke, welche in einem Abstand von je 3 cm voneinander auf einer gemeinsamen Achse A verschiebbar angebracht sind.

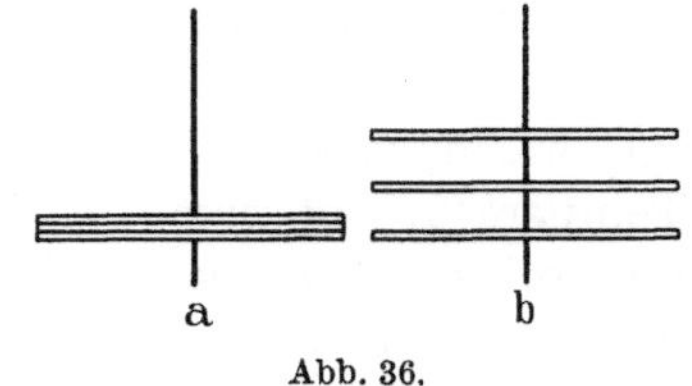

Abb. 35.   Abb. 36.

Dieses System ist an zwei Fäden F F bifilar aufgehängt und trägt einen Spiegel Sp zur Messung der Schwingungsamplituden und -zeiten mit Fernrohr und Skala. Ein Torsionskopf K ermöglicht das Ingangsetzen der Schwingung. Druck und Temperatur werden mittels des Quecksilbermanometers Hg und des Thermometers T gemessen.

Die innere Reibung η läßt sich aus Schwingungsbeobachtungen an *einer* Scheibe mit Hilfe der Formel

$$\varepsilon = \frac{\pi}{2} \frac{R^4}{\Theta} \sqrt{\frac{\pi}{2} \eta \varrho \tau}$$

berechnen, in der ε das logarithmische Dekrement, R den Scheibenradius, Θ das Trägheitsmoment des Systems, η die innere Reibung, ϱ die Luftdichte und τ die Schwingungsdauer bedeuten. Verwendet man statt einer Scheibe deren drei, wie es in der Abb. 35 dargestellt ist, so verdreifacht sich auch der Wert des logarithmischen Dekrements. Um die anderen Dämpfungseinflüsse (Spiegel usw.) auszuschalten, werden immer zwei Messungen kombiniert. Bei der einen Messung liegen die drei Scheiben dicht aufeinander (Abb. 36a), bei der anderen haben sie voneinander einen Abstand von je 30 mm (Abb. 36b).

Um die Unabhängigkeit von der Materialoberfläche zu zeigen, wurde außerdem ein entsprechendes System von Glasscheiben verwendet, die einen Durchmesser von 15 cm besaßen.

Mit diesem Apparat führte MEYER bei verschiedenen Drucken p größere Meßreihen durch, deren Ergebnis ohne Zwischenrechnung hier wiedergegeben sei (s. Tab. 13).

Die von MAXWELL in seiner Theorie geforderte Unabhängigkeit der inneren Reibung vom Druck wird durch diese Messungen nur insofern bestätigt, als die Abnahme des Druckes auf etwa $^1/_3$ bei den Messingscheiben keine entsprechende Abnahme von η, bei den Glasscheiben überhaupt

Tabelle 13. (Druck p in mm Quecksilber, innere Reibung η in cgs-Einheiten)

Messingscheiben		Messingscheiben		Glasscheiben	
p	$\eta \cdot 10^4$	p	$\eta \cdot 10^4$	p	$\eta \cdot 10^4$
758	3,32	747	3,13	749	2,88
501	3,07	495	3,36	500	3,85
251	2,36	240	2,04	251	3,18

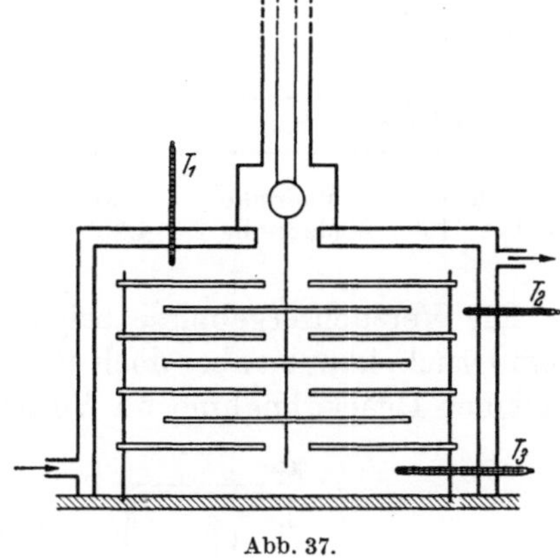
Abb. 37.

keinen Gang mit der Druckabnahme zeigt. Die Abhängigkeit von der Temperatur $(\eta \sim \sqrt{T})$ in anderen Meßreihen fiel noch unbefriedigender aus.

MAXWELL verbesserte, auch nach MEYERs Ansicht, die Apparatur dahingehend, daß er den drei schwingenden Scheiben vier feststehende gegenüberstellte (Abb. 37), und erhielt als Ergebnis unter anderem folgende Tabelle:

Tabelle 14.

Luftdruck p (Zoll Hg)	0,50	5,97	19,87	29,76
log. Dekrement ε	0,153	0,158	0,151	0,151

Die Unabhängigkeit der inneren Reibung vom Druck kann hiermit in Anbetracht der großen Versuchsschwierigkeiten als bestätigt angesehen werden.

Aus weiterenVersuchen MAXWELLs folgt für die Abhängigkeit der inneren Reibung von der Temperatur $\eta = \eta_0 (1 + 0{,}00365 \cdot t)$, d. h., η proportional der absoluten Temperatur, da 0,00365 gleich dem Temperaturkoeffizienten des GAY-LUSSACschen Gesetzes ist.

Diese Messungen der Temperaturabhängigkeit nach der MAXWELLschen Methode wurden dann von MEYER ebenfalls durchgeführt, ergaben jedoch etwas abweichende Resultate. MEYER verwandte in Anlehnung an MAXWELL ein System von drei Messingscheiben von 20 cmDurchmesser, die zwischen vier feststehenden Scheiben von 25 cm Durchmesser in je 3 mm Abstand voneinander schwingen können. Die Anordnung (Abb. 37) ist ähnlich der Abb. 35, nur daß außer den feststehenden Scheiben ein Hohlmantel als Umhüllung hinzutritt, durch den Dampf hindurchgeleitet werden kann. Drei Thermometer $T_1 T_2 T_3$ geben die Temperatur der eingeschlossenen Luft an. Die Scheiben sind wieder verschiebbar angebracht, so daß ähnliche Differenzmessungen, wie oben bereits angegeben wurde, durchgeführt werden können. MEYER erhielt für den Faktor von t Werte zwischen 0,0025 und 0,0030.

Schließlich seien noch kurz die späteren Versuche von KUNDT und WARBURG (1875) angeführt. Sie untersuchten die Druckabhängigkeit der inneren Reibung nicht nur bei Luft, sondern auch bei anderen Gasen wie Wasserstoff, Kohlensäure usw., und zwar in einem sehr weiten Druckbereich. Zwei Versuchsreihen für die Meßwerte von ε sind in der folgenden Tabelle wiedergegeben:

Tabelle 15.

Luftdruck p (mm Hg)		750	380	20,5	2,4	1,53	0,63
log. Dekrements $\varepsilon \cdot 10^2$	1. Meßreihe	5,80	5,85	5,82	5,67	5,54	5,27
	2. Meßreihe	4,25	4,25	4,24	4,13	4,05	3,94

Die Versuchsergebnisse zeigen eine geringfügige Abnahme von η mit dem Druck, können aber doch als Bestätigung der Theorie angesehen werden, da einer Druckabnahme im Verhältnis von 1 zu 1200 nur eine Abnahme von η um weniger als 10 % gegenübersteht.

Für den Reibungskoeffizienten folgt aus diesen beiden Reihen $\eta = 1,86$ und $1,89 \cdot 10^{-4}$ cgs-Einheiten, in guter Übereinstimmung mit den MEYERschen Werten.

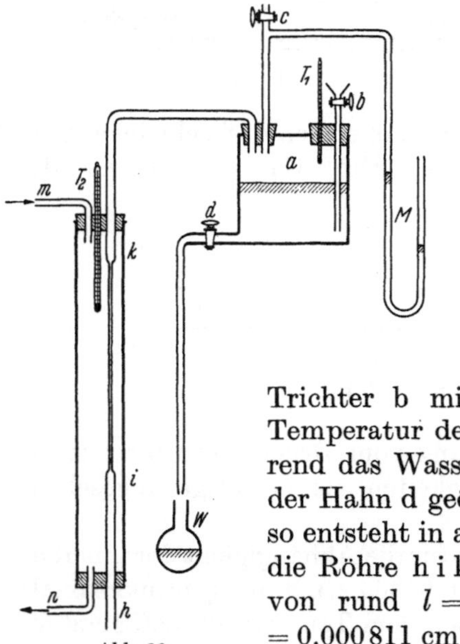

Strömung durch enge Röhren. MEYER benutzte die in Abb. 38 vereinfacht dargestellte Anordnung. a ist ein mit zwei Stopfen und einem Hahn d versehenes Glasgefäß, welches teilweise mit Wasser gefüllt ist. Zum Nachfüllen dient der Trichter b mit Hahn. Ein Thermometer T_1 gibt die Temperatur des eingeschlossenen Luftvolumens an, während das Wassermanometer M den Druck anzeigt. Wird der Hahn d geöffnet und fließt das Wasser langsam aus, so entsteht in a ein Unterdruck, und es strömt Luft durch die Röhre h i k nach. Das Stück i k hat bei einer Länge von rund $l = 80$ cm einen Querschnitt $q = \pi \cdot R^2 = 0,000811$ cm². Sorgt man für einen konstanten Unterdruck in a, so ist die durch d ausgeflossene Wassermenge W ein Maß für das nachgeströmte Luftvolumen V. Die Kapillare i k ist von einem weiteren Glasrohr umgeben, durch dessen Öffnungen m n Wasserdampf ein- und ausströmen kann. Ein Thermometer T_2 mißt dessen Temperatur. Die Ergebnisse einer derartigen Versuchsreihe sind in der folgenden Tabelle wiedergegeben:

Abb. 38.

Tabelle 16.

Temperatur der durch die Kapillare strömenden Luft . .	$t = 20°$ C	99° C
Druckdifferenz zwischen a und h in Zentimeter Wassersäule	$\Delta p = 77,9$ cm	83,2 cm
Versuchsdauer	$\tau = 10$ Min.	12 Min.
Durchgeströmtes Volumen	$V = 86,83$ cm³	75,62 cm³

Hieraus berechnet sich η nach der Formel von POISEUILLE

$$V = \frac{\pi}{8}\,\frac{R^4}{\eta \cdot l} \cdot \Delta\,p \cdot \tau \quad \text{zu} \quad \eta_{20°} = 1{,}80 \cdot 10^{-4} \quad \text{und} \quad \eta_{99°} = 2{,}12 \cdot 10^{-4} \text{ cgs.}$$

Aus diesen Zahlen erhält MEYER die Formel

$$\eta_t = \eta_0 \cdot (1 + 0{,}0024 \cdot t),$$

während andere Versuche unter ähnlichen Bedingungen für den Faktor von t die Werte 0,0027; 0,0021; 0,0028; 0,0030 ergaben.

Die innere Reibung steigt also tatsächlich mit der Temperatur erheblich an, dagegen ist die Forderung der Theorie $\eta \sim \sqrt{T}$ nicht erfüllt: Aus den MAXWELLschen Resultaten berechnet sich $\eta \sim T^1$, aus den MEYERschen Resultaten $\eta \sim T^{2/3}$ bis $T^{3/4}$.

Man kann also feststellen, daß die Voraussagen der kinetischen Gastheorie für die Unabhängigkeit der inneren Reibung vom Druck und für das Ansteigen der inneren Reibung mit der Temperatur qualitativ in weiten Grenzen bestätigt worden sind. Quantitativ ist die Bestätigung für die Unabhängigkeit vom Druck gut, für das Anwachsen von η mit der Wurzel aus der absoluten Temperatur dagegen nicht genügend. Die kinetische Gastheorie muß in ihren Grundanschauungen also richtig sein, da das Verhalten von η auf keine andere Weise erklärt werden kann, bedarf aber noch kleiner Modifikationen.

Alles in allem können diese Bestätigungen unerwarteter Voraussagen schon als eine weitgehende Prüfung der gaskinetischen Grundanschauungen angesehen werden. Tatsächlich haben sie im Laufe der Zeit aus einer phantastischen Hypothese eine wohl begründete und allgemein anerkannte Theorie gemacht. —

Eine *handgreiflichere* Bestätigung für die Grundanschauungen der kinetischen Gastheorie gibt die sog. BROWNsche Molekularbewegung, indem sie die Wärmebewegung der Moleküle in ihren Konsequenzen für etwas größere Teilchen sichtbar macht und rechnerisch mit der kinetischen Gastheorie in Einklang bringt.

Der bedeutende englische Botaniker ROBERT BROWN, von HUMBOLDT als „Fürst der Botaniker" bezeichnet, untersuchte den Befruchtungsvorgang der Phanerogamen, speziell die Wanderung der Pollenkerne zum weiblichen Ei durch die engen Befruchtungskanäle. Zu diesem Zweck mußte er die Eigenschaften der Pollenkörner, besonders ihre Größe und Gestalt, näher kennenlernen. Nachdem BROWN die Länge dieser ovalen Partikeln mit einem einfachen Mikroskop zu rund 0,005 mm festgestellt hatte, fährt er in seinem Bericht fort: „Als ich die Gestalt dieser in Wasser getauchten Partikeln untersuchte, bemerkte ich, daß viele von ihnen sichtlich in Bewegung waren . . . . ." „Einige wenige Partikelchen sah man sich um ihre eigene Achse drehen. Nach häufiger Wiederholung dieser Beobachtungen überzeugte ich mich, daß diese Bewegungen weder von Strömungen in der Flüssigkeit noch von deren allmählicher Verdampfung herrührten, sondern den Partikelchen selbst angehörten." Neben den größeren Körnern wurden stets auch kleinere Partikeln von 0,001 mm Durchmesser beobachtet, die von Brown Moleküle genannt wurden und ebenfalls eine lebhafte Bewegung im Wasser zeigten. Die Bahn der Teilchen setzt sich aus kurzen gradlinigen Strecken zusammen, welche sich zickzackförmig aneinander schließen (Abb. 39, nach Perrin).

Brown deutete alle diese Bewegungen als *Lebens*äußerungen und interessierte sich daher sehr für die Frage, wie lange nach dem Tode der Pflanze diese Bewegungen noch andauern würden. Tatsächlich bestanden diese Bewegungen weiter, einerlei, ob er die Partikeln uralter Herbarien benutzte, ob er die Pflanzen erhitzte oder verkohlte oder gar zu versteinertem Holz überging, ob er ähnliche kleinste Teilchen dem Mineralreich, etwa gemahlenem Granit und Glas oder gepulvertem Arsenik, entnahm; kurz, er mußte erkennen, daß es sich gar nicht um eine Lebensäußerung, sondern um eine ganz allgemeine, allerdings unerklärliche Erscheinung handelte. Die Natur dieses Vorganges ist später von den Physikern als reine Wärmebewegung und als eine Konsequenz der kinetischen Gastheorie erkannt worden. Ein im Gas schwebendes Körperchen, z. B. eine Rauchpartikel, die größer ist als ein Molekül,

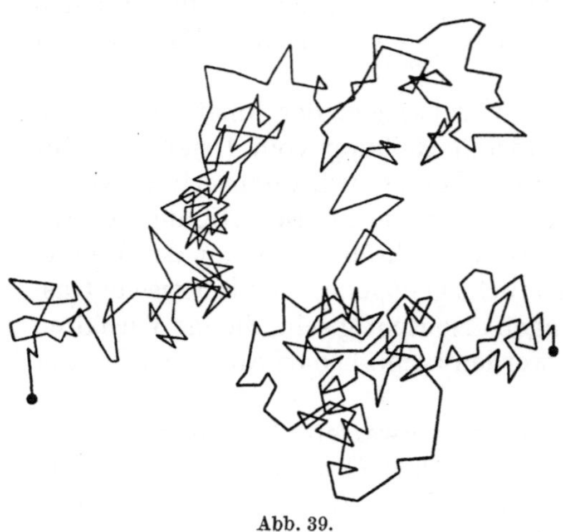

Abb. 39.

aber noch nicht so groß, daß sie von sehr zahlreichen Gasmolekülen gleichzeitig getroffen wird, erhält dadurch einen Bewegungsimpuls, daß sie infolge der natürlichen statistischen Schwankungen in einem Moment von der einen Seite mehr Stöße empfängt als von der anderen Seite und daß sie sich im Sinne des überwiegenden Impulses eine kleine Strecke gradlinig fortbewegt, bis sie von irgendeiner anderen Seite einen neuen Impulsüberschuß empfängt.

Es ist Einstein 1905 gelungen, diese komplizierte Erscheinung auf gaskinetischer Grundlage in folgende Formel zu fassen:

$$\overline{(\varDelta \mathrm{x})}^{2} = \frac{k\,T\,\tau}{3\,\pi\,\eta\,r},$$

worin $\overline{(\varDelta x)}^{2}$ das mittlere Quadrat der geradlinigen Einzelverschiebungen, k die Boltzmannsche Konstante, T die absolute Temperatur, τ ein bestimmtes Zeitintervall, η die innere Reibung und r den Radius des Teilchens bedeuten. k kann dann aus den übrigen Größen, die sämtlich experimentell bestimmbar sind, berechnet werden. Da diese Berechnung quantitativ richtig ausfällt, so ist damit auch die Richtigkeit der obigen Erklärung bewiesen, d. h., die von der kinetischen Gastheorie angenommenen Bewegungen der Gasmoleküle stellen einen realen Vorgang dar, dessen Konsequenzen man in der Brownschen Molekularbewegung handgreiflich beobachten kann. —

Trotz aller dieser noch so überzeugenden Bestätigungen der kinetischen Gastheorie bleibt doch das dringende Bedürfnis bestehen, wenigstens eine von der kinetischen Gastheorie berechnete Größe durch eine direkte experimentelle Messung nachzuprüfen.

Das ist 1920 zuerst OTTO STERN gelungen. Die experimentelle Idee ist in Anlehnung an das Original in Abb. 40 wiedergegeben. Innerhalb eines hohen Vakuums ist L ein senkrecht zur Zeichenebene stehender, versilberter Platindraht, welcher durch einen elektrischen Strom bis zum Schmelzpunkt des Silbers (961° C) erhitzt werden kann. Die Silberatome verlassen dann die Oberfläche des verdampfenden Silbers radial nach allen Seiten und zwar mit der Geschwindigkeit,

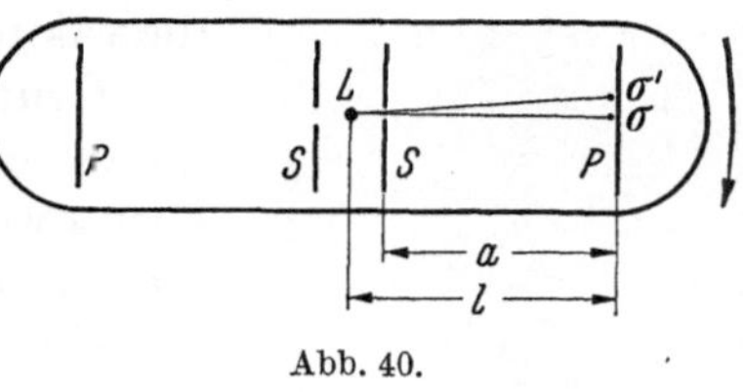

Abb. 40.

welche ihnen bei dieser Temperatur zukommt. Diese Geschwindigkeit bzw. die Geschwindigkeitsverteilung wird in folgender Weise gemessen: Die Schlitze S auf beiden Seiten von L blenden aus den geradlinig fortfliegenden Silberatomen schmale Bündel aus, die wir uns zunächst als Strahlen von einheitlicher Geschwindigkeit denken wollen. Diese Strahlen treffen auf beiden Seiten die Auffangeplatten P P und erzeugen auf ihnen je einen schmalen Streifen σ von kondensierten Silberatomen, die sich deutlich von der umgebenden Messingfläche abheben. Nun läßt man das Ganze um die senkrecht auf der Zeichenebene stehende Achse L rotieren. Die jetzt erzeugten Streifen σ' bleiben gegen die bei ruhendem Apparat erzeugten Streifen σ um eine kleine Strecke D zurück, und zwar um so viel, wie die Platten PP sich in ihrer Kreisbahn bewegt haben während der Zeit τ, welche die Atome mit der Geschwindigkeit v von S bis P gebrauchen.

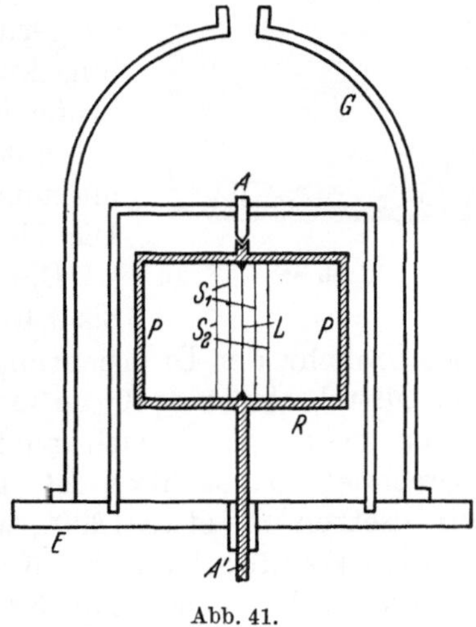

Abb. 41.

Ist ferner l die Entfernung LP, f die Umlaufsfrequenz und a der Abstand SP, so wird die Umlaufsgeschwindigkeit

$$u = 2\,\pi \cdot l \cdot f.$$

Ferner ist $D = u \cdot \tau$ und $\tau = \dfrac{a}{v}$.

Daraus folgt $D = 2\,\pi\,lf\,\dfrac{a}{v}$ oder

$$v = \frac{2\,\pi\,l\,a\,f}{D}.$$

Die wirkliche Versuchsanordnung ist entsprechend dem Original, aber stark schematisiert, in Abb. 41 dargestellt. Eine Glasglocke G von 35 cm Höhe und 24 cm innerem Durchmesser sitzt vakuumdicht auf einer starken Eisenplatte E und kann unter Beihilfe gekühlten Kohlepulvers auf 10^{-4}

Torr evakuiert werden. R ist ein Rahmen aus Messing, welcher mit Hilfe eines Elektromotors um die Achse AA′ mit 25 bis 50 Umdr./sec rotiert. L ist der versilberte, 6 cm lange und 0,4 mm dicke Platindraht, welcher durch eine Federvorrichtung ständig strammgehalten wird; S_1 S_2 S_1 S_2 mit Schlitzen von 4 cm Länge und 0,2 mm Breite sind die Blenden und P P die Auffangplatten. Die Frequenz der Rotation betrug zunächst $f = 25$/sec.

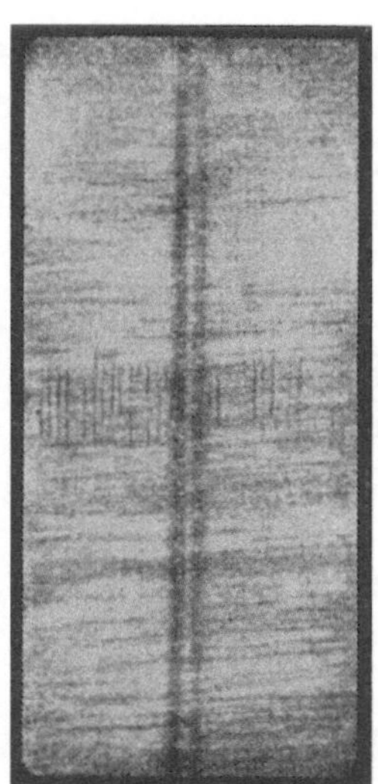

Abb. 42.

Das technisch Schwierigste war bei diesen Versuchen die vakuumdichte Durchführung der Drehachse durch die Grundplatte. Es soll hier jetzt aber nicht auf dieses experimentelle Detail eingegangen werden, ebensowenig auf die Stromzuführung und die praktischen Vakuum- und Motor-Fragen.

Abb. 42 gibt ein Bild des erhaltenen Resultats. Die Streifen haben eine Breite von etwa 0,4 mm mit unscharfen Begrenzungen. Sie entsprechen keiner einheitlichen Geschwindigkeit, sondern geben die ganze Maxwellsche Geschwindigkeitsverteilung wieder, so daß man bei genügender Empfindlichkeitssteigerung der Methode die Maxwellschen Verteilungskurven auf diese Weise experimentell nachprüfen könnte. Stern mußte sich zur Bestimmung von v damit begnügen, den Abstand zwischen den Stellen maximaler Intensität in den beiden Streifen zu messen. Die Meßgenauigkeit betrug hierbei $^1/_{20}$ bis $^1/_{10}$ mm. Die Verschiebungen $D = \sigma' - \sigma$ betrugen 0,35 bis 0,40 mm von der Nulllage aus und 0,7 bis 0,8 mm bei Umkehr der Drehrichtung. Daraus erhält man $v = 560$ bis 640 m/sec, im Mittel also $v = 600$ m/sec, während die Geschwindigkeit für Silberatome von 961° C sich nach der kinetischen Gastheorie zu 534 m/sec berechnet. Tatsächlich ist die Temperatur der Silberatome aber höher einzusetzen mit etwa 1200°, wie nach der Helligkeit des Drahtes geschätzt werden konnte; dadurch würde $v = 584$ m/sec werden. In einem Nachtrag zu diesen Versuchen hat Stern die Umfangsgeschwindigkeit von 25/sec auf 40 bzw. 45/sec erhöht und dadurch den Abstand der Streifen für Links- und Rechts-Rotation bis auf 1,12 mm gesteigert. Die Geschwindigkeit der Silberatome berechnet sich daraus zu 675 bzw. 643 m/sec statt der früheren 600 m/sec. Auch diese Werte stimmen innerhalb der Meßgenauigkeit, die auf 10 bis 15 % zu schätzen ist, mit der Theorie überein.

Die kinetische Gastheorie ist von so überragender Bedeutung, daß jede makroskopische Beobachtung ihrer Konsequenzen und besonders jede unmittelbare Nachprüfung ihrer theoretisch berechneten Zahlenwerte als wesentlicher Fortschritt der ganzen Physik gebucht werden muß.

Die Lichtgeschwindigkeit (1671—1681; 1849—1854).

RÖMER, FIZEAU, FOUCAULT.

GALILEI hat als erster den physikalisch richtigen Gedanken ausgesprochen, daß auch das Licht zur Zurücklegung seines Weges Zeit gebrauchen müsse, d. h., also eine bestimmte Geschwindigkeit habe. Er hat versucht, diese Geschwindigkeit experimentell festzustellen. Zwei Beobachter, A und B, haben jeder eine Laterne, deren Licht abgeblendet werden kann. Sie stehen sich auf zwei Bergen in größerer Entfernung gegenüber. A gibt in einem bestimmten Moment sein Licht frei, B läßt sein Licht zunächst verdunkelt und gibt es in dem Augenblick frei, in welchem er das Licht von A aufleuchten sieht. Die Zeitdifferenz zwischen der Freigabe des Lichtes durch A und dem Moment, in welchem A das Aufleuchten des Lichtes von B erblickt, ist dann gleich der Zeit, die das Licht zum Hinweg AB und zum Rückweg BA, d. h. zum Durchlaufen der doppelten Entfernung, gebraucht hat. Der Versuch war logisch vollkommen in Ordnung, brachte aber bei einer Entfernung von weniger als einer Meile kein Ergebnis. GALILEI schlug daher vor, auf 8 oder 10 Meilen Entfernung zu gehen und mit Fernrohren zu beobachten, wäre aber auch hierbei an der für irdische Verhältnisse ungeheuren Größenordnung der Lichtgeschwindigkeit gescheitert.

Die erste wirkliche Bestimmung der Lichtgeschwindigkeit verdanken wir OLAF RÖMER. Die Meßmethode als solche dürfte genügend bekannt sein. RÖMER beobachtete die Umläufe des innersten Jupitermondes[1] und fand, daß die Zeitdifferenzen zwischen zwei Austritten des Mondes aus dem Jupiterschatten nicht konstant sind. Die Umlaufszeit vergrößert und verkürzt sich vielmehr dauernd, je nachdem, ob die Erde sich vom Jupiter entfernt oder sich ihm nähert. Im ersten Falle muß das Licht hinter der Erde herlaufen, bis es die Nachricht vom Austritt aus dem Schatten gebracht hat, wodurch sich die Umlaufzeit für den irdischen Beobachter entsprechend verlängert, im zweiten Falle verkürzt sich die Umlaufszeit, da die Erde dem ersten auftauchenden Lichtstrahl entgegeneilt.

Die Umlaufszeit des innersten Jupitermondes beträgt objektiv $42^1/_2$ Stunden. In dieser Zeit kann die Erde sich 590000 Meilen vom Jupiter entfernen. Wenn dann das Lichtsignal 14 Sekunden zu spät eintrifft, so hat das Licht für 590000 Meilen 14 Sekunden gebraucht, besitzt also eine Geschwindigkeit von 42000 Meilen/sec.

---

[1] Die Beobachtungen verfolgten einen praktischen Zweck; es sollte — übrigens nach einer Anregung GALILEIS — untersucht werden, ob die Verfinsterungen der Jupitermonde, nämlich objektive Vorgänge, die von allen Punkten der Erde gleichzeitig gesehen werden, von der Schiffahrt benutzt werden können, um geographische Längen zu bestimmen. Die geistreiche Methode erwies sich jedoch praktisch als zu kompliziert, ist später aber für die allerdings viel selteneren Verfinsterungen unseres Mondes mit Erfolg benutzt worden.

Grundsätzlich läßt sich nicht viel über die Versuche RÖMERs sagen, die folgende Wiedergabe einer halben Tagebuchseite RÖMERs und seiner Zeichnung nach dem Original dürften aber doch bei der grundlegenden Bedeutung dieses Fortschritts für den Leser von Interesse sein. In der nachfolgenden Tabelle bedeutet Immersion das Eintauchen des Mondes in den Jupiterschatten, Emersion das Auftauchen des Mondes aus dem Schatten.

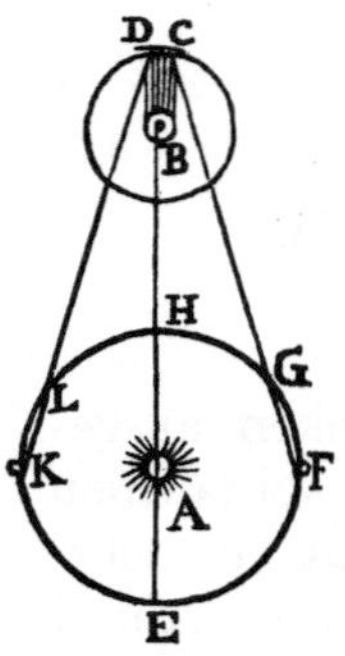

Abb. 43.

Im ganzen fällt auf, wie spärlich die Beobachtungen waren. Für das ganze Jahr müßte bei einer Umlaufszeit von $42^1/_2$ Stunden ein Vielfaches an Emersionen bzw. Immersionen beobachtet werden können, während die Tabelle für das Jahr 1672 nur 6 Immersionen und 9 Emersionen aufweist. Es handelt sich daher auch bei der Bestimmung der Lichtgeschwindigkeit nicht um laufende Messungen, sondern um günstige Kombinationen von Einzelbeobachtungen.

Die Entdeckung RÖMERs fand zunächst Widerspruch, dann aber Glauben, als NEWTON und HUYGENS sich dafür ausgesprochen hatten. Die allgemeine Anerkennung erfolgte, als BRADLEY die Aberration des Lichtes entdeckt hatte, nämlich die Ablenkung eines Fixsternlichtstrahls um einen Winkel, dessen Tangens gleich der Bahngeschwindigkeit der Erde, dividiert durch die Geschwindigkeit des Lichtes, ist.

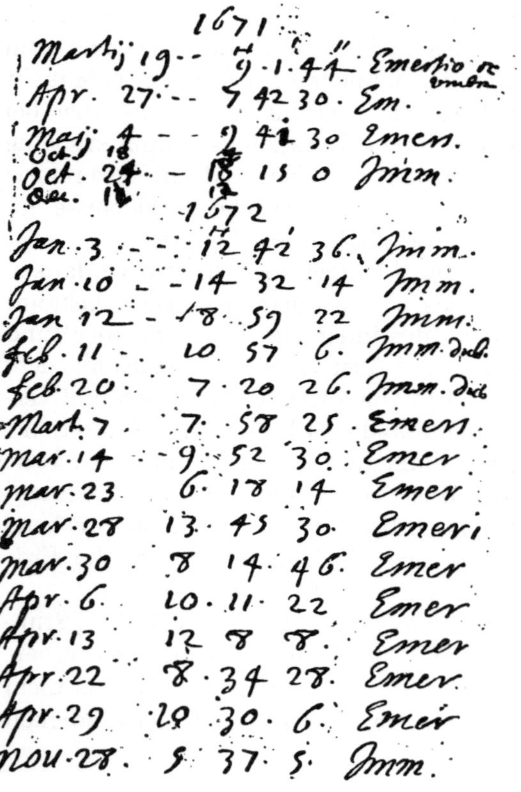

Übrigens betrug die von RÖMER gefundene Laufzeit des Lichtes für den Erdbahnradius 660 sec (entsprechend einer Lichtgeschwindigkeit von 220 000 km/sec), während DELAMBRE[1] später nachwies, daß diese Zahl in 493,2 sec zu ändern sei. Die Bestimmung der Lichtgeschwindigkeit durch RÖMER ist daher noch als recht ungenau anzusehen. —

An diese kosmische Bestimmung der Lichtgeschwindigkeit schloß sich eine Reihe von irdischen Messungen an. Es handelte sich dabei um einen ganzen Komplex eng ineinandergreifender Versuche, welche nicht nur eine besonders wichtige Konstante, sondern auch Entscheidungen von hoher

Martij 19 -- 7 . 1 . 44 Emersio ♂
Apr. 27 -- 7 42 30 . Em.
Maij 4 - - 9 41 30 Emen.
Oct. 18
Oct. 24 - 18 15 0 Imm.
Dec. 19
     1672
Jan. 3 --- 12 42 36 . Imm.
Jan. 10 - -14 32 14 Imm.
Jan 12 - 18 59 22 Imm.
feb. 11 - 10 57 6 . Imm. dub.
feb. 20 7 . 20 26 . Imm. dub
Marh. 7 . 7 . 58 25 . Emen.
mar. 14 - 9 52 30 . Emer
mar. 23 6 . 18 14 Emer
mar. 28 13 . 45 30 . Emeri
mar. 30 8 14 . 46 . Emer
Apr. 6 . 10 . 11 . 22 Emer
Apr. 13 12 8 8 . Emer
Apr. 22 8 . 34 28 . Emer.
Apr. 29 10 30 . 6 . Emer
nou. 28 . 9 37 . 5 . Imm.

Abb. 44.

[1] Vgl. ZINNER, S. 497.

theoretischer Bedeutung gebracht haben. Ich gebe zunächst eine kleine Übersicht:

1. Bestimmung der Lichtgeschwindigkeit in Luft
   a) FIZEAU,   Zahnrad-Rotation 1849
   b) FOUCAULT, Spiegel-Rotation 1850
2. Bestimmung der Lichtgeschwindigkeit im ruhenden Wasser
   a) FOUCAULT, Spiegel-Rotation 1850
   b) FIZEAU,   Spiegel-Rotation 1850
3. Bestimmung der Lichtgeschwindigkeit im bewegten Wasser
   FIZEAU,   Interferenzmethode 1851.

FOUCAULT muß zeitlich hinter der Pionier-Arbeit FIZEAUS zurücktreten, ist aber mit der Spiegelrotationsmethode vor ihm zur Messung der Lichtgeschwindigkeit im Wasser gelangt. Dabei stammt die Idee dieser schönen Methode von ARAGO her, welcher sie in der Akademie vorgetragen hatte, wegen Augenschwäche aber selbst nicht durchführen konnte und sie FIZEAU und FOUCAULT übertrug. ARAGOS Ziel war dabei, eine Methode mit so kurzen Lichtwegen zu schaffen, daß Wegstrecken von einigen Metern Wasser eingeschaltet werden konnten. FIZEAU und FOUCAULT haben das Problem zunächst gemeinsam bearbeitet, wobei FIZEAU in rein optischer Richtung, FOUCAULT in mechanischer Beziehung die Führung gehabt zu haben scheint. Ihre Endergebnisse haben die beiden Forscher selbständig und in etwas verschiedener Form gewonnen. — Das Verdienst endlich, die Mitführung des Lichtes durch ein *bewegtes* Medium gemessen zu haben, gebührt FIZEAU mit seiner Interferenzmethode allein.

Die Zahnradmethode. FIZEAU begnügt sich in seiner Veröffentlichung ohne Rücksicht auf den Leser mit einer bloßen Beschreibung seiner

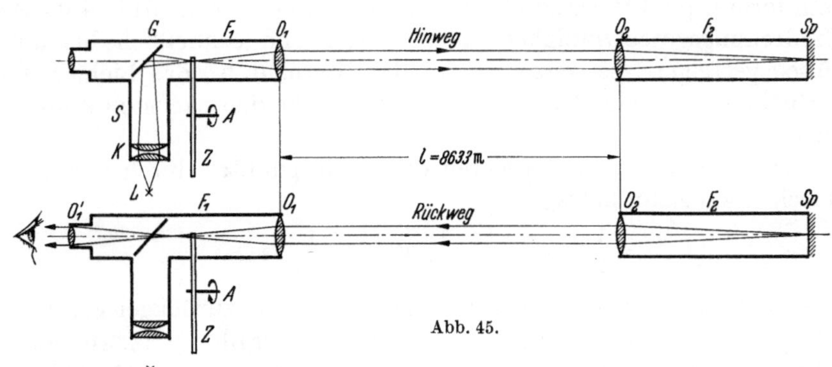

Abb. 45.

Methode, nach welcher man sich eine entsprechende Zeichnung konstruieren muß (Abb. 45). F_1 und F_2 sind zwei einander zugekehrte Fernrohre von 6 cm Objektivdurchmesser. F_1 hat einen Seitenansatz S mit dem Kondensor K und eine planparallele Glasplatte G unter 45° Neigung zur Achse, während F_2 einen in der Brennebene des Objektivs senkrecht zur Achse angebrachten Spiegel Sp enthält. Der Strahlengang ist folgender:

a) Hinweg: Die Strahlen der hellen Lichtquelle L (womöglich Sonnenlicht, sonst elektrisches Licht) werden durch K unter Spiegelung an G im

Brennpunkt von O_1 vereinigt, dann durch O_1 parallel gemacht, durchlaufen die Länge l und werden schließlich im Brennpunkt von O_2 am Spiegel Sp vereinigt.

b) Rückweg: Die Strahlen werden von Sp reflektiert, durch O_2 parallel gemacht und durch O_1 im Brennpunkt vereinigt. Von dort gelangen sie nach Passieren von G zum Okular $O_1{'}$ und zum Auge des Beobachters.

Z ist ein Zahnrad mit der Achse A. Es ist so orientiert, daß sein Zahnkranz von 720 Zähnen gerade den Brennpunkt von O_1 passiert, so daß sich in jedem Moment im Brennpunkt eine Zahnlücke oder ein Zahn befinden kann. Die Achse A wird mittels eines kräftigen, durch Gewichte getriebenen Uhrwerks in regulierbare schnelle Umdrehungen versetzt.

Bei langsamem Anlaufen des Zahnrades wird das Licht, welches durch eine Zahnlücke nach Sp gelangt ist, bei seiner Rückkehr noch die gleiche

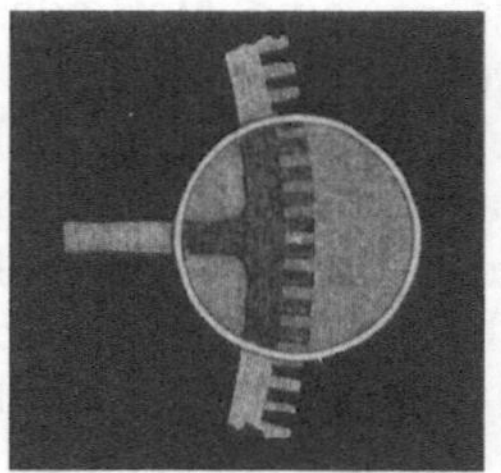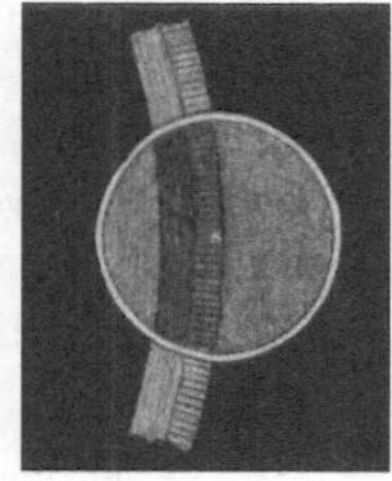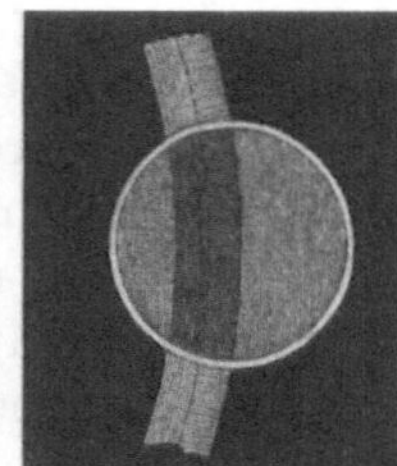

Abb. 46.
(Nach LA COUR und APPEL.)

Lücke vorfinden und daher in das Auge des Beobachters gelangen. Dieser sieht ein fernes, punktförmiges Bild von L wie einen Stern (Abb. 46). Wird die Umdrehungsgeschwindigkeit dann weiter und schließlich bis auf f_1 = 12,6/sec gesteigert, so verschwindet der Stern, d. h., das Licht hat bei seiner Rückkehr anstelle der ursprünglichen Lücke den nächsten Zahn vorgefunden.

Die Zeit zwischen dem Passieren des Brennpunktes durch eine Lücke und durch einen Zahn beträgt

$$t = \frac{1}{2} \cdot \frac{1}{720} \cdot \frac{1}{12,6}\,\sec = \frac{1}{18144}\,\sec.$$

In dieser Zeit hat das Licht die Strecke $2 \cdot 8633$ m zurückgelegt, woraus sich die gesuchte Geschwindigkeit c unmittelbar ergibt. FIZEAU hat aus 28 nicht näher angegebenen Versuchsreihen als Mittel $c = 315\,320$ km/sec gefunden. Das ist im Rahmen der Meßgenauigkeit der gleiche Wert, welcher aus den astronomischen Beobachtungen hervorgegangen ist.

Die Methodik kann noch geprüft werden durch eine Steigerung der Umdrehungsgeschwindigkeit f. Bei $f_2 = 2 \cdot f_1 = 2 \cdot 12{,}6$/sec taucht der Stern wieder auf; bei $f_3 = 3 f_1$ verschwindet er nochmals, um bei $f_4 = 4 f_1$ zum zweitenmal wieder aufzutauchen.

1873 und 1875 ist der Versuch nach verschiedenen Verbesserungen für die Strecke von 10 310 m und 23 000 m wiederholt worden, wobei c zu 298 500 bzw. 300 400 km/sec gefunden worden ist.

Die Spiegel-Methode. Die von ARAGO vorgeschlagene, von FOUCAULT und FIZEAU benutzte Methode ist in den Veröffentlichungen ebenfalls nur beschrieben, ohne daß eine Zeichnung gegeben wird, was bei der relativen Kompliziertheit der Anordnung eine große Erschwerung für den Leser bedeutet. Abb. 47 ist nach dieser Beschreibung entworfen.

G ist ein Gitter von 11 senkrecht zur Zeichenebene stehenden dünnen Platindrähten mit je $^1/_{11}$ mm Abstand voneinander. Auf das Objekt G fällt, durch die quadratische Blende B begrenzt, ein helles Lichtbündel, dessen Hauptstrahl wir jetzt verfolgen wollen. Das sehr gute, achromatische Objekt Ob entwirft ein vergrößertes Bild des Gitters auf dem Hohlspiegel H_1,

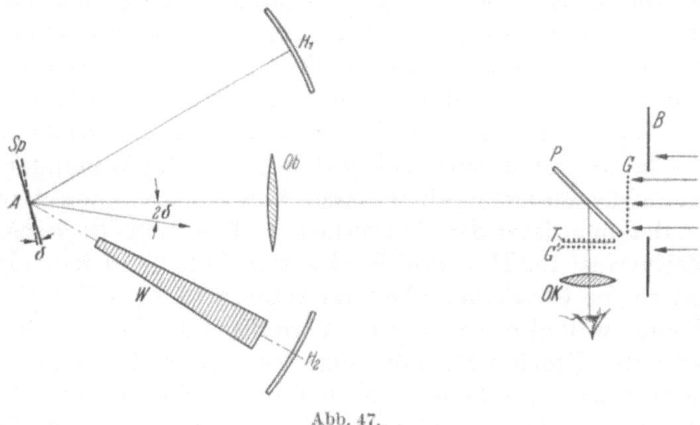

Abb. 47.

nachdem die Strahlen an dem ebenen Spiegel Sp reflektiert worden sind. Der Krümmungsmittelpunkt des Hohlspiegels liegt im Drehpunkt A des Spiegels Sp, so daß das abbildende Strahlenbündel ganz in sich zurückläuft, an der unter 45° geneigten planparallelen Glasplatte P zum Teil reflektiert wird und ein Bild G' liefert, welches die gleiche Größe wie G besitzt. Dieses Bild G' fällt mit einer als Okularmikrometer dienenden $^1/_{10}$ mm-Teilung T zusammen und läßt sich gemeinsam mit dieser durch das Okular Ok beobachten. Da der Abstand der Gitterstäbe voneinander $^1/_{11}$ mm beträgt, wirkt die Anordnung als eine Art Nonius und ermöglicht eine Ablesegenauigkeit von $^1/_{100}$ mm.

Wird nun der bisher als ruhend angenommene Spiegel Sp zunächst langsam um A gedreht, dann wird das Bild G' so lange sichtbar, wie die Strahlen den Hohlspiegel H_1 treffen[1]. Es bleibt auch an der gleichen Stelle, da ja die Strahlen stets in sich reflektiert werden und den Spiegel Sp bei ihrer Rückkehr von H_1 praktisch in der gleichen Stellung antreffen, in der sie ihn auf dem Hinweg verlassen haben.

Wird der Spiegel nun in schnelle Rotation versetzt (bis zu 800 Umdr./sec), d. h., läßt sich die Zeit, die das Licht für den Weg AH_1A (= 2 · 2 m) benötigt, nicht mehr vernachlässigen, so findet der von H_1 nach A zurücklaufende Strahl den Spiegel Sp um einen kleinen Winkel δ gedreht vor und wird durch die abermalige Reflexion nun selbst um den Winkel 2 δ

---

[1] Die Rolle des zweiten Hohlspiegels H_2 und des Rohres W wird später besprochen.

gegen den hinlaufenden Strahl abgelenkt. Um einen entsprechenden Betrag (einige Zehntel Millimeter) wird sich also auch das Bild G' verschieben. Wenn auch das Bild immer nur kurzzeitig erscheint — so lange nämlich der Hohlspiegel H_1 von Licht getroffen wird —, so entsteht für das Auge des Beobachters infolge der hohen Drehgeschwindigkeit doch der Eindruck eines feststehenden Bildes.

Auf diese Weise hat FOUCAULT die Lichtgeschwindigkeit zu $c = 298\,000$ km/sec gefunden.

Die Bestimmung von c war aber gar nicht das eigentliche Ziel dieser Anordnung. Sie sollte vielmehr durch die Kürze der durchlaufenen Strecke die Möglichkeit geben, die Lichtgeschwindigkeit in *Wasser* zu ermitteln. Man müßte zu diesem Zweck zwischen A und H_1 eine Wassersäule von 2 m Länge einschalten und die Geschwindigkeit im Wasser absolut bestimmen. Man arbeitet aber genauer, wenn man die Anordnung durch einen zweiten Hohlspiegel H_2 symmetrisch zu H_1 ergänzt und die Wassersäule W in einem konischen Rohr, welches auf beiden Enden durch planparallele Glasplatten abgeschlossen ist, in einer Länge von 2 m zwischen A und H_2 einschaltet, so daß man jetzt den Zeitverlust für Hin- und Rückweg im Wasser mit dem Zeitverlust für Hin- und Rückweg in Luft vergleichen kann. FOUCAULT fand so die Geschwindigkeit im Wasser zu $^3/_4\,c$. Die Geschwindigkeit im Wasser war also geringer im Verhältnis $1 : {}^4/_3$, d. h. im Verhältnis $1 : n$, wobei n den Brechungsexponenten des Wassers bedeutet.

FIZEAU verfuhr etwas anders. Er ließ das Licht eine Luftstrecke l und eine Wasserstrecke $l \cdot {}^3/_4$ durchlaufen. Betrug nun die Geschwindigkeit im Wasser $c : {}^4/_3$, so mußten diese beiden Strecken die gleiche Bildverschiebung ergeben. Betrug sie aber $c \cdot {}^4/_3$, so mußte die Verschiebung in Luft $({}^4/_3)^2 = {}^{16}/_9$ größer sein als die Verschiebung im Wasser. Das erstere war der Fall, d. h., die Geschwindigkeit in einem durchsichtigen Medium mit dem Brechungsexponenten n ist c/n. Diese Methode FIZEAUs hat den Vorzug, daß die Drehgeschwindigkeit des Spiegels gar nicht bekannt zu sein braucht.

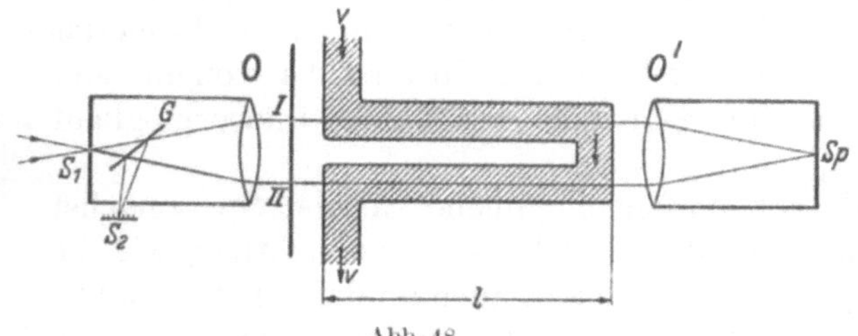

Abb. 48.

Die Mitführung des Lichtes durch ein bewegtes Medium. Wenn das Licht sich mit der Geschwindigkeit $c' = c/n$ in einem ruhenden Medium wie Wasser oder Glas bewegt und wenn das Medium selbst eine Geschwindigkeit v in Richtung der Lichtbewegung besitzt, bleibt dann die absolute Geschwindigkeit des Lichtes c', wird sie $c' + v$, oder wird sie $c' + \varepsilon \cdot v$, wo ε zwischen 0 und 1 liegt? Zur Lösung dieser theoretisch höchst wichtigen Frage hat FIZEAU folgende Anordnung getroffen, welche wieder nach einer bloßen Beschreibung gezeichnet werden muß. Wir sind aber hier in der glücklichen Lage, die Zeichnung aus einem Artikel von E. BUCHWALD benutzen zu können (Abb. 48). S_1 ist ein von Sonnenlicht beleuchteter Spalt. I und II sind zwei Spalte in einem undurchsichtigen Schirm. Sp ist ein ebener Spiegel, G eine planparallele Glasplatte; O und O' sind zwei Objektive. Zwischen O und O' ist ein Rohrsystem von rund $l = 1,5$ m Länge eingeschaltet, dessen Stirnwände aus Glasplatten bestehen. Das Rohrsystem wird in der durch die Pfeile angedeuteten Richtung vom Wasser mit regulierbarer und meßbarer Geschwindigkeit durchflossen, welche mit einer Druckdifferenz von 2 Atmosphären bis auf rund 7 m/sec gesteigert werden kann. Der Strahl S_1 I passiert zuerst das obere Rohr *in* Richtung der Wasserbewegung und wird dann an Sp so reflektiert, daß er auf dem Rückweg das untere Rohr *ebenfalls in* Richtung der Wasserbewegung passiert. Der Strahl S_1 II macht den umgekehrten Weg, und zwar beide Male in entgegengesetzter Richtung zur Wasserbewegung. Die beiden zurückkehrenden Strahlen werden von G reflektiert und interferieren in der Ebene S_2, wo man die Streifen beobachten kann.

Die Anforderungen in bezug auf experimentelle Genauigkeit scheinen auf den ersten Blick unerreichbar hoch, da ja zu $c = 225\,000\,000$ m/sec nur ein Summand von höchstens 7 m/sec tritt. Die allerkleinste Temperatur- oder Druckänderung würde auf c schon so stark wirken, daß der durch die Bewegung des Wassers bewirkte Summand dagegen verschwände. Darin zeigt sich aber gerade die Genialität der Anordnung, daß die beiden Lichtwege von jeder Störung in *genau* gleichem Maße getroffen werden, so daß — abgesehen von der Wirkung der Wasserbewegung — kein Gangunterschied entsteht.

In S_2 erhält Fizeau bei ruhendem Wasser durch die Interferenz der beiden vom Sonnenlicht beleuchteten Spalte I und II ein Streifensystem mit einem hellen Streifen in der Mitte. Schon bei $v = 2$ m/sec macht sich eine Verschiebung bemerkbar. Bei der maximal erreichten Wassergeschwindigkeit von 7,059 m/sec beträgt diese $^{23}/_{100}$ einer Streifenbreite. Bei Strömungsumkehr verdoppelt sich die zu messende Differenz auf $^{46}/_{100}$ einer Streifenbreite.

Soweit das experimentelle Ergebnis. Bei ruhendem Äther würde man die Verschiebung Null, bei völlig mitgeführtem Äther eine Verschiebung von $^{92}/_{100}$ einer Streifenbreite erhalten. Nach einer Theorie von Fresnel soll $\varepsilon = 1 - \dfrac{1}{n^2}$ sein, d. h. für Wasser $\varepsilon = 0,44$. Danach müßte die Streifenverschiebung $0,92 \cdot 0,44 = 0,405$ betragen. Der gefundene Wert ist demgegenüber erheblich zu groß, nähert sich aber dem Fresnelschen Wert an, wenn man mit Fizeau bedenkt, daß in der von den Strahlen passierten Mittelachse des Rohres eine größere Geschwindigkeit herrscht als die mittlere Geschwindigkeit, welche Fizeau aus der durchgeflossenen Wassermenge pro Sekunde bestimmt hatte. Fizeau schätzt den Korrektionsfaktor — allerdings ohne wirkliche Grundlage — zu 1,11 bis 1,23, im Mittel also auf 1,17. Damit erhöht sich auch der oben angegebene theoretische Wert, welcher ja der Geschwindigkeit des Wassers proportional ist, von 0,404 auf 0,47 und nähert sich dem gemessenen Wert befriedigend an.

Als Schlußfolgerung aus den Fizeauschen Messungen ergibt sich demnach, daß der Lichtäther jedenfalls nicht völlig ruht, aber auch nicht völlig mitgenommen wird. Die gefundene Streifenverschiebung entspricht in guter Annäherung dem FRESNELschen Mitführungs-Koeffizienten, ohne daß damit gesagt ist, daß es nicht neben der FRESNELschen auch andere Theorien geben könnte, die zu der gleichen Übereinstimmung mit dem Versuchsergebnis führen würden.

RÖMER verdanken wir die erste Bestimmung der Lichtgeschwindigkeit überhaupt. FIZEAU und FOUCAULT haben der Physik die folgenden grundlegenden Resultate geliefert:

1. Die Lichtgeschwindigkeit auf der Erdoberfläche ist mit der Lichtgeschwindigkeit im Weltenraum identisch.

2. Die Lichtgeschwindigkeit in einem Medium vom Brechungsexponenten n ist gegenüber der Lichtgeschwindigkeit im Vakuum auf $1 : n$ verringert, *entsprechend* den Forderungen der Undulationstheorie und im *Gegensatz* zu den Forderungen der NEWTONschen Korpuskulartheorie.

3. Der Mitführungskoeffizient, welcher in der neueren Physik experimentell und theoretisch eine große Rolle spielt, wird zum ersten Male von FIZEAU experimentell bestimmt.

Insgesamt handelt es sich bei FIZEAU und FOUCAULT um *Spitzenleistungen* der klassischen Experimentierkunst.

Die Zerlegung des weißen Lichtes (1666—1704).

NEWTON.

NEWTON hat nicht die „Absicht, in diesem Buche (seiner „Optik") die Eigenschaften des Lichtes durch Hypothesen zu erklären, sondern nur, sie anzugeben und durch Rechnung und Experiment zu bestätigen". Hierzu geht er von folgender Grundanordnung aus, wie sie in Abb. 49 mit leichter Änderung des Originals[1] wiedergegeben ist. F ist ein punktförmiges rundes Loch im Fensterladen E G eines sonst ganz verdunkelten Zimmers. Denkt man sich das Prisma ABC zunächst noch fortgelassen, so erhält man auf dem Schirm M N ein kleines rundes Sonnenbildchen S, welches von F aus gesehen unter dem Winkel von rund $^1/_2$° erscheint. Bringt man jetzt das Prisma an den gezeichneten

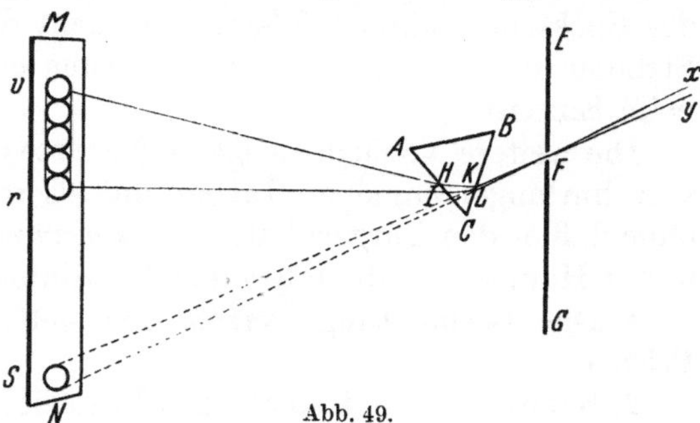

Abb. 49.

Platz, so wird es von dem Bündel Sonnenstrahlen getroffen und entwirft zwischen den Grenzstrahlen x F L I r und y F K H v ein „Spektrum" auf den Schirm M N.

NEWTON beschreibt zunächst die ganze Erscheinung. r v ist ein in die Länge gezogenes Sonnenbildchen mit scharfen gradlinigen Grenzen, welche um den Durchmesser von S voneinander abstehen, und mit halbkreisförmigen Enden r v. Das stärker abgelenkte Ende ist violett, das weniger stark abgelenkte rot gefärbt. Dazwischen liegen stetig ineinander übergehende Mischfarben. Die Länge des Spektrums beträgt etwa 5 Sonnenbilddurchmesser.

NEWTON gibt dem Versuchsergebnis von vornherein die richtige Deutung: Das weiße Sonnenlicht ist nicht einheitlich, sondern setzt sich aus vielen Urbestandteilen zusammen, welche durch ihre verschiedene Brechbarkeit und durch ihre zu jedem Grade der Brechbarkeit gehörige Farbe ein für allemal charakterisiert sind.

Der heutige Physiker, für welchen die Zusammensetzung des weißen Lichtes aus den Spektralfarben zu einer längst gewohnten Selbstverständlichkeit geworden ist, kann sich keine Vorstellung mehr von der radikalen Neuheit

---

[1] Die Zeichnung ist insofern vereinfacht, als die Öffnung im Fensterladen punktförmig angenommen ist. In Wirklichkeit beträgt der Durchmesser $^1/_3$ oder $^1/_4$ Zoll (die Angaben schwanken), dafür beträgt aber auch der Abstand zwischen Fensterladen und Auffangfläche $5^1/_2$ m. Das Sonnenbildchen S, dessen Durchmesser etwa 5 cm betrug, fehlt in der Originalabbildung, erscheint mir aber für das Verständnis wünschenswert, weil nur so das Verhältnis des Spektrums zum unabgelenkten Bild anschaulich hervortritt.

dieser Entdeckung machen. Wie gewaltig diese neue Erkenntnis NEWTON selbst beeindruckt hat, erkennt man daran, daß er sie in einem Brief an OLDENBURG[1] vom 18. 1. 1672 bezeichnet als "the oddest if not the most considerable detection which hath hitherto been made in the operations of nature".

Nach dieser neuen Auffassung zieht das Prisma das Sonnenbildchen infolge der verschiedenen Brechbarkeit seiner Bestandteile von dem wenigst brechbaren Rot bis zu dem stärkst brechbaren Violett auseinander. Zwischen diesen beiden an den Enden des Spektrums rein hervortretenden Farben liegen zahlreiche Sonnenbildchen von verschiedener Brechbarkeit und entsprechender Farbe, welche kontinuierlich ineinander übergehen und sich gegenseitig überdecken. Das Prisma befindet sich im Minimum der Ablenkung, so daß Aus- und Eintritt völlig symmetrisch sind. Die Länge des Spektrums kann infolgedessen nicht dadurch erklärt werden, daß die Strahlen beim Austritt aus dem Prisma eine größere Divergenz haben als beim Eintritt.

Die weitere Versuchstätigkeit NEWTONs hat jetzt nur das *eine* Ziel, den von ihm angenommenen Tatbestand als wirklich bestehend nachzuweisen, ohne daß er den Ehrgeiz hat, ihn *erklären* zu wollen. NEWTON wählt hierbei in der Hauptsache die folgenden Anordnungen:

1. Die Betrachtung verschieden gefärbter Papierstreifen durch ein Prisma.

2. Kreuzversuche in mehreren Variationen.

3. Die Ausblendung einzelner Spektralfarben mit nachfolgender Brechung.

4. Die Trennung der Spektralfarben durch Totalreflexion.

5. Die Wiedervereinigung der Spektralfarben zu Weiß.

Zu 1. NEWTON färbt schmale Streifen aus schwarzem Papier zu einer Hälfte rot, zur anderen Hälfte violett. Betrachtet er diese Streifen durch ein Prisma, so ist das violette Bild stärker aus der ursprünglichen Blickrichtung abgelenkt als das rote Bild.

Ergebnis: Violett wird stärker gebrochen als Rot, wie es der NEWTONschen Erklärung des Spektrums entspricht.

Zu 2. Die Bezeichnung „Kreuzversuch" (experimentum crucis) gilt nicht speziell für die bekannte Anordnung, bei welcher ein zweites Prisma mit einer die Achse des ersten Prismas *kreuzenden* Achsenlage eingeschaltet wird, sondern für jeden *entscheidenden* Versuch, bei welchem in irgend einer Form eine oder mehrere Farben des Spektrums einer erneuten Brechung unterworfen werden.

Abb. 50 entspricht in vereinfachter Form der Abb. 49, nur daß ein zweites Prisma D H in den Strahlengang eingeschaltet wird. Auf dem Schirm, der senkrecht zur Zeichenebene steht, erhält man dann folgendes Bild, welches durch Abb. 51 noch einmal in einem gegen Abb. 50 vergrößerten Maßstabe dargestellt ist. S ist das Sonnenbildchen, wie es ohne Prisma entstehen würde, R V das Spektrum, wie es durch das Prisma A B C allein entstehen

---

[1] Nach Angabe von MACH, Physikalische Optik.

würde. Durch Einschaltung des Prismas D H wird aus R V das nochmals
abgelenkte und — entsprechend der in der Richtung R V wachsenden
Brechung — schräg gestellte Spektrum r v. R und V werden also nicht
wieder zu etwas Spektrumähnlichem auseinandergezogen, sondern bleiben
einheitlich und erleiden lediglich nochmals die analoge Brechung, welche
zur Bildung des ersten Spektrums R V geführt hatte. Das Violett, welches
schon durch das Prisma A B C am stärksten gebrochen war, wird auch

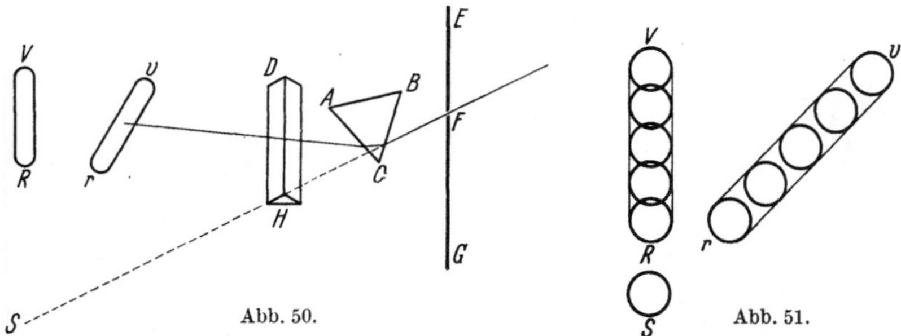

Abb. 50.
Abb. 51.

durch das zweite Prisma D H am stärksten abgelenkt, ebenso sind auch die
übrigen Ablenkungen durch das Prisma D H den ursprünglichen Brechungen
durch das Prisma A B C proportional.

Ergebnis: Die Farben des Spektrums werden durch nochmalige Brechung
nicht weiter zerlegt und in die Länge gezogen. Sie verhalten sich ganz wie
selbständige, untereinander durch ihre Brechbarkeit und durch ihre Farbe
unterschiedene Komponenten des weißen Lichtes, völlig im Sinne der
Newtonschen Auffassung.

Die Einfügung eines zweiten Prismas, dessen Achse mit der Achse des
ersten Prismas ein Kreuz bildet, wird noch mehrfach variiert, ohne daß
sich etwas prinzipiell Neues zeigt.

Zu 3. Einen experimentellen Fortschritt gibt die folgende Anordnung
Abb. 52. Ein breites Strahlenbündel fällt durch eine vergrößerte Öffnung F
auf das Prisma A B C.
Aus dem Strahlengang
wird durch einen Schirm
D E mit der Öffnung G
ein Bündel ausgeblendet,
welches als Spektrum auf
den Schirm d e mit der
Öffnung g fällt. Das durch
g ausgeblendete farbige

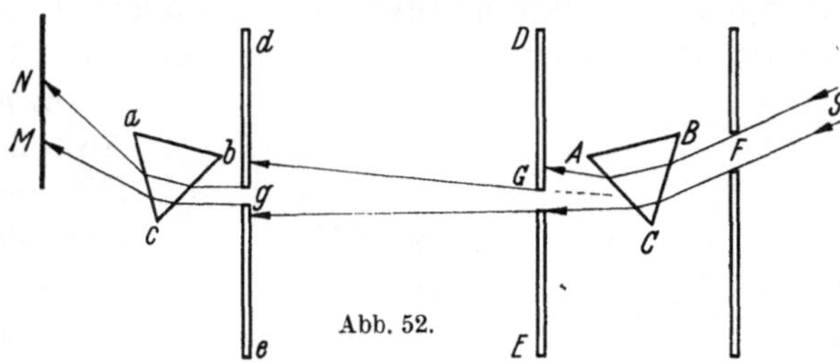

Abb. 52.

Bündel wird jetzt durch das Prisma a b c nochmals gebrochen. Das Bündel
ist nahezu einfarbig und gibt ein nahezu rundes Sonnenbild M N auf der Wand.
Dreht man jetzt das Prisma A B C, so treten andere Strahlen des auf den
zweiten Schirm d e fallenden Spektrums durch g hindurch, wobei aber der
Strahlengang durch die Blenden G und g ein für allemal festgelegt ist.
Diese Strahlenbündel werden dann durch das Prisma a b c um so mehr gebrochen, je näher sie zum violetten Ende hin liegen.

Ergebnis: Wie beim vorigen Versuch entsteht keine weitere Zerlegung oder Verlängerung des Bildes infolge nochmaligen Prismendurchgangs, sondern lediglich eine verschiedene, entsprechend der Brechung im ersten Spektrum zunehmende Ablenkung. Der Versuch ist besonders eindrucksvoll, weil die ausgeblendeten Spektralfarben unter absolut gleichen Bedingungen untersucht werden.

Zu 4. Die Anordnung ist in Abb. 53 dargestellt und dürfte in sich verständlich sein. Die im weißen Strahl enthaltenen Komponenten werden

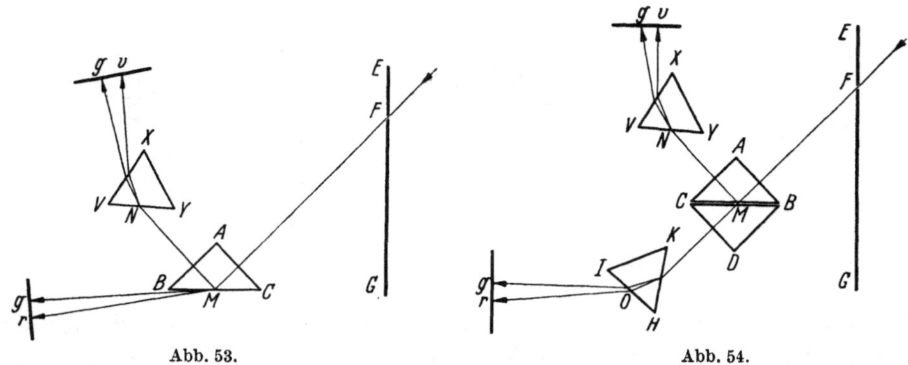

Abb. 53.   Abb. 54.

dadurch voneinander getrennt, daß der violette Teil des Spektrums in der Richtung M N total reflektiert und durch das Prisma V X Y zu einem Teilspektrum g v auseinandergezogen wird, während das rote Ende als der weniger brechbare Anteil bei M noch austreten kann. Durch leise Drehung des Prismas A B C, welche auf den Ein- und Austritt durch die Fläche A C bzw. A B noch wenig ausmacht, kann die Grenze zwischen dem reflektierten und dem durchgehenden Anteil nach Wunsch verschoben werden.

Eine andere Ausnutzung der Totalreflexion als Mittel zur Teilung der Spektralfarben in zwei Gruppen gibt Abb. 54. Auch dieses Bild ist ohne weiteres verständlich, wobei man sich die Grenze C B als eine dünne Luftschicht zu denken hat. Wir erhalten so zwei analoge Teilspektren r g und g v, deren Grenze wieder leicht durch Drehung von A B C D verschoben werden kann.

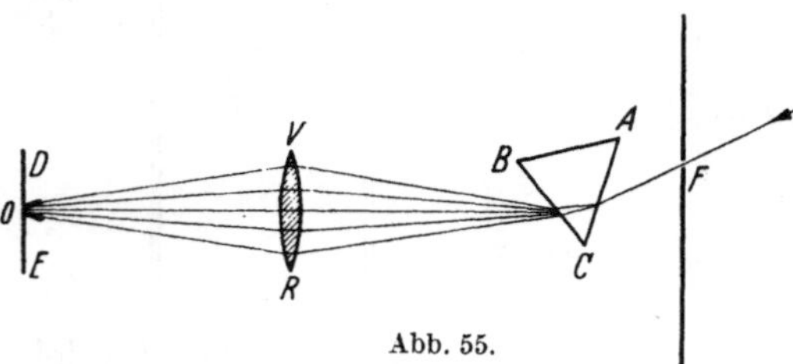

Abb. 55.

Ergebnis: Bei verschiedener Anwendung der Totalreflexion läßt sich das weiße Licht in zwei verschiedenfarbige Gruppen zerlegen, wie es entsprechend der verschiedenen Größe der einzelnen Brechungsexponenten zu erwarten ist.

Zu 5. Die Anordnung ist in Abb. 55 dargestellt. Das durch A B C erzeugte Spektrum R V fällt vollständig auf die Linse und wird von ihr auf dem Schirm D E in O vereinigt. Dieses Bild ist *weiß*.

Ergebnis: Dieser Versuch ist besonders beweiskräftig, indem er handgreiflich zeigt, wie das weiße Licht zunächst in viele Komponenten zerlegt und dann wieder aus diesen vielen Komponenten zusammengesetzt wird, welche durch ihre verschiedenen Farben und ihre verschiedenen Brechbarkeiten als selbständige und einheitliche Lichtarten charakterisiert sind.

Aus diesen zahlreichen geistvollen Versuchen ergibt sich, daß die Resultate, ohne im einzelnen einen Beweis von mathematischer Strenge darzustellen, in ihrer *Gesamtheit* nur verständlich sind, wenn NEWTON in seiner Deutung des weißen Lichtes recht hat. Psychologisch könnte man sich sein Vorgehen etwa so vorstellen, daß er bei der Planung jedes einzelnen Versuchs sich selbst oder einem Freund vorausgesagt hätte, welches Ergebnis dieser Versuch nach seiner Auffassung bringen müßte, und daß er das Eintreffen seiner Voraussage jedesmal als einen neuen Beweis für die Richtigkeit seiner Aufassung gebucht hätte.

Neben diesen konkreten Versuchen teilt NEWTON eine ganze Reihe von Einzelbeobachtungen mit, welche aus seiner Grundanschauung heraus unmittelbar verständlich sind und so ihrerseits diese Grundanschauung kräftig stützen: Weißes Papier erscheint, wenn es gleich stark von allen Farben eines Spektrums beleuchtet wird, weiß, dagegen farbig, wenn es der betreffenden Farbe näher gebracht wird; bei Brechung weißen Lichtes durch eine Linse kann deutlich ein rotes und ein violettes Bild in verschiedenen Abständen von der Linse unterschieden werden; kleine Schrift erscheint im Lichte einer Spektralfarbe viel deutlicher als bei Beleuchtung durch weißes Licht; ein beleuchteter Körper erscheint nur dann farbig, wenn die Farbe, welche er vorzugsweise reflektiert, in dem Farbengemisch des beleuchtenden Lichtes enthalten war, sonst schwarz.

Alles in allem ist das Beobachtungsmaterial NEWTONs von einem beinahe unwahrscheinlichen Umfang, es ist ihm aber auch nicht ohne eine ebenso unwahrscheinlich große Arbeit in den Schoß gefallen. Dies erkennt man, auch abgesehen von der großen Mannigfaltigkeit der Versuche, deutlich, wenn er einmal kurz auf seine vielen Kunstgriffe und Vorsichtsmaßregeln zu sprechen kommt. So verbessert er dauernd die Vorbedingungen zur Erreichung guter Spektren: er ersetzt

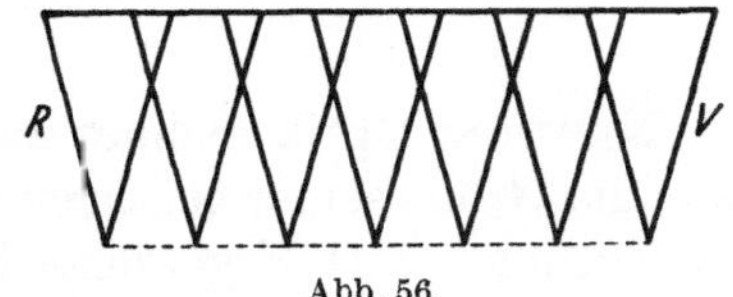

Abb. 56.

die runden Löcher im Fensterladen durch schmale Spalte, welch letztere in Keilform sogar in *einem* Bilde ein Spektrum mit sich überdeckenden Farben und ein Spektrum mit scharf getrennten Farben ergeben (Abb. 56); ferner ersetzt er, um schärfere Spektren zu erhalten, die Abbildung der Sonne mittels seiner Lochkamera durch die Abbildung mittels einer Linse. So erhöht er die Schärfe der Einstellbarkeit von Bildern, indem er das Objekt mit einzelnen schwarzen Fäden umwickelt; so beseitigt er aus einem Spektrum durch Zwischenschieben von Streifen schwarzen Papiers einzelne schmale Bereiche, vereinigt das Spektrum zu einem äußerlich einwandfreien Weiß und erhält dann aus diesem Weiß ein neues, jetzt mit schwarzen Balken durchzogenes Spektrum. Endlich kann er den inneren und äußeren Regenbogen, deren Farberscheinungen noch DESCARTES ein Rätsel gewesen waren, einwandfrei auf seine Grundanschauung zurückführen. Ferner erklärt er die farbigen Ränder, welche bei der Betrachtung größerer weißer Flächen auf dunklem Grunde oder größerer schwarzer Flächen auf hellem Grunde durch Betrachtung mittels eines Prismas entstehen, durch die Übereinanderlagerung vieler Spektren und widerlegt so die Erklärung, daß die Farberscheinungen durch die Angrenzung von Dunkelheit und Helligkeit entstehen; kurz, es ist so, als ob NEWTON die GOETHEschen Einwendungen vorausgesehen hätte. Ferner löst er Mischfarben, welche unser Auge nicht unterscheiden kann, mittels eines Prismas in ihre Bestandteile auf. Er unterteilt das Spektrum in sieben Farben oder läßt es vielmehr durch einen besonders farbenempfindlichen Freund unterteilen, in der Erkenntnis, daß es in dieser Beziehung zum großen Teil auf subjektive Eigenschaften des Auges ankommt.

Die diffizilen Beobachtungen NEWTONs sind nur bei einwandfrei verdunkeltem Raum und bei ausgeruhtem Auge möglich, werden außerdem stark gefährdet, wenn die Oberflächen der Prismen nicht einwandfrei geschliffen und poliert sind oder wenn das Glasmaterial Schlieren und Bläschen enthält. Was NEWTON in dieser Beziehung zur Verfügung stand, muß dürftig genug gewesen sein. Dies gilt auch von der Mannigfaltigkeit des Glasmaterials, sonst wäre es einem Beobachter wie NEWTON nicht entgangen, daß die Brechung einer mittleren Farbe und die Dispersion, d. h. der Unterschied in der Brechung der äußersten Farben, selbständige, voneinander unabhängige Materialkonstanten sind. Im übrigen hilft er sich gegen die Unvollkommenheit seines Glasmaterials durch die Herstellung von Hohlprismen aus einwandfreien dünnen Glasplatten mit einer Füllung von Flüssigkeiten.

Wesentlich schwächer sind NEWTONs Hypothesen über die *Ursache* der Brechung, welche außerdem im krassen Widerspruch zu seinen Worten "hypotheses non fingo" stehen.

NEWTONs Optik rechnet zu den größten Leistungen der Physik, sowohl was die Größe seiner geistigen und experimentellen Arbeit wie die objektive Bedeutung seiner Ergebnisse betrifft. Die ganze weitere Entwicklung der Optik wäre ohne dies von NEWTON geschaffene Fundament völlig unmöglich gewesen.

Die Interferenz des Lichtes (1822).

FRESNEL.

Schon vor FRESNEL waren Interferenzen des Lichtes beobachtet worden, nur daß die Beobachtungen nicht beweiskräftig genug waren, um auch Anhänger der Emissionstheorie zu überzeugen. Es waren dies das Farbenglas NEWTONs und die Beugungsversuche GRIMALDIs.

NEWTON erklärte die Ringe des Farbenglases oder allgemein die Farben dünner Blättchen dadurch, daß er den Korpuskeln seiner Emissionstheorie periodische Anwandlungen, "fits", zuschrieb. Es hat daher zunächst den Anschein, als wenn NEWTON schon damals in moderner Weise Korpuskular-Charakter *und* Wellen-Charakter im Lichtstrahl vereint gedacht hätte. Das ist aber tatsächlich nicht der Fall. Seine fits sind nicht Wellenberge und Wellentäler, sondern es sind nur periodische Anwandlungen, welche darüber entscheiden, ob der Lichtstrahl an der Grenzfläche zweier Medien reflektiert wird oder eindringt. Der Unterschied gegenüber der wahren Interferenz wird dadurch deutlich, daß bei NEWTON zur Erzeugung eines hellen oder dunklen Ringes nicht *zwei* Lichtstrahlen zusammenwirken, sondern daß hierfür die Eigenschaften *eines* Strahles genügen. In der Abb. 57. sei B ein dünnes Blättchen, z. B. ein Stück einer Seifenblase. Wann erscheint dieses Blättchen hell in monochromatischem, etwa rotem Licht? Der Strahl habe bei seiner Ankuft in a den Eindringungsfit, bei seiner Ankunft in b den Reflexionsfit und bei seiner Rückkehr nach c wieder den Eindringungsfit. Die Stelle c erscheint also hell, wenn die Dicke des Blättchens gleich der Strecke ist, die der Strahl zwischen einem Eindringungsfit und einem Reflexionsfit zurücklegt. Diese Erklärung ist ihrem Wesen nach von der Erklärung durch Interferenz zweier Strahlen ganz verschieden, führt aber zu den gleichen Meßwerten, indem eine „Periodenlänge" NEWTONs zahlenmäßig einer Wellenlänge unserer Auffassung entspricht.

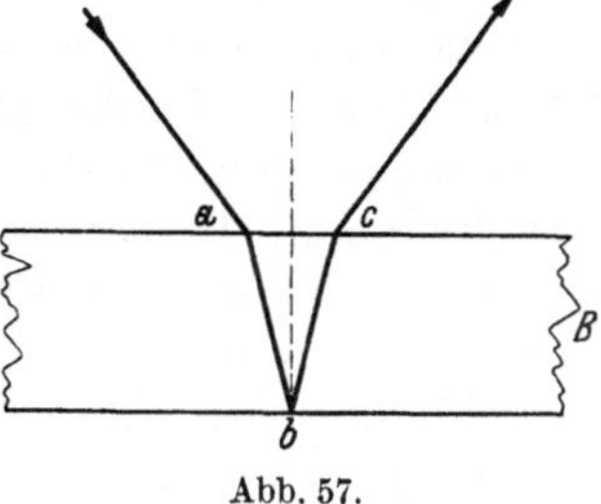

Abb. 57.

YOUNG hatte die vorzüglichen Beobachtungen GRIMALDIs schon auf die Wellennatur des Lichtes zurückgeführt. Das Phänomen ist bekanntlich folgendes. Anstelle des geometrischen Schattens, den z. B. ein Haar gemäß der geradlinigen Ausbreitung des Lichtes bei Beleuchtung durch eine spaltförmige Lichtquelle entwerfen müßte, beobachtete GRIMALDI ein System heller und dunkler Streifen, selbst innerhalb des Kernschattens. Ein heller Streifen im Schatten eines Haares bedeutet die gegenseitige Unterstützung der beiden Wellen, welche um die eine und die andere Kante des Haares „herumgebeugt" werden, ein dunkler Streifen die gegenseitige Auslöschung.

Die Erklärung war aber insofern nicht voll befriedigend, als die ganze Erscheinung durch die Mitwirkung der Beugung und durch die Unbestimmtheit der beteiligten Wellenzüge kompliziert wurde.

Hier setzt die Überlegung Fresnels ein. Er beweist die Richtigkeit der Youngschen Auffassung, indem er durch Abdeckung der einen Seite die Streifen, welche nur durch das Zusammenwirken der an beiden Seiten des Haares vorbeigehenden Strahlen zustande kommen, zum Verschwinden bringt. Ferner gelingt es ihm, neue Strahlensysteme hinter dem Haar zu erzeugen, indem er das Licht nicht durch eine, sondern durch zwei nahe aneinander gelegene kleine Öffnungen in den dunklen Raum treten läßt. Auch allgemein verbessert er die Beobachtungsmethodik dadurch, daß er anstelle der punktförmigen Löcher feine, dem Haar parallele Spalte benutzt. Endlich beobachtet er die hellen und dunklen Streifen mit einer Lupe, welche auf eine gedachte Fläche eingestellt ist, auf der man die Streifen hätte auffangen können, d. h., er richtet die Lupe einfach in den Raum hinein, was die Streifen zugleich vergrößert und heller macht. Die Empfindlichkeit der Beobachtung wird dadurch derart erhöht, daß sogar ein einigermaßen glänzender Stern als Lichtquelle genügt.

Fresnel hatte sich subjektiv davon überzeugt, daß die Streifen der Grimaldischen Beobachtungen als wahre Interferenzen der Lichtwellen aufzufassen sind, da diese Streifen ja bei Abblendung des einen Partners verschwinden. Er war sich aber über die Natur der Beugung nicht klar und hatte daher das Gefühl, daß diese Versuche einen Gegner der Wellentheorie nicht ohne weiteres überzeugen könnten. Er hielt es z. B. zur Verteidigung der Emissionstheorie für diskutabel, „daß das Lichtbündel, welches an dem Rande des Körpers vorbeistreicht, in dessen Nachbarschaft abwechselnd Verdünnungen und Verdichtungen erlitte, durch welche die dunklen und hellen Streifen erzeugt würden." Aus diesem Grunde entwickelte Fresnel eine Anordnung, bei welcher die Interferenz frei von Beugung auftreten sollte, um so sich und jeden Zweifler von der Gültigkeit des Interferenzprinzips und damit von der Wellennatur des Lichtes zu überzeugen. So kam er zu seinem klassischen Spiegelversuch.

Die Anordnung Fresnels ist nach der Originalabbildung in Abb. 58 dargestellt:

FD und DE sind zwei Spiegel, welche nur an einer Fläche reflektieren, indem z. B. die hinteren Flächen geschwärzt sind. Die Spiegel, welche mit weichem Wachs auf einer Unterlage befestigt sind und durch Fingerdruck leicht einreguliert werden können, stoßen in einem sehr stumpfen Winkel (z. B. unter 179°) zusammen, wobei die Kanten nicht um $^1/_{100}$ mm gegeneinander vorspringen dürfen. S ist eine helle, punktförmige Lichtquelle, am besten der Brennpunkt einer kleinen Linse oder noch besser eine spaltförmige, der Berührungskante D parallele Lichtquelle.

Der Vorgang ist jetzt im Sinne der Wellentheorie des Lichtes folgender: Der an dem ersten Spiegel reflektierte Strahl SGb und der am zweiten Spiegel reflektierte Strahl SHb treffen in b zusammen, nachdem sie von S aus zwei verschiedene, im allgemeinen ungleich lange Wege zurückgelegt haben. Ist die an sich kleine Wegdifferenz $\varDelta = n \cdot \lambda$ (n ganze Zahl, λ Wellen-

länge des untersuchten Lichtes), so erhält man einen hellen Streifen, ist
$\Delta = \dfrac{(2n + 1)\lambda}{2}$, so erhält man einen dunklen Streifen. Die gesamte Folge von
hellen und dunklen Streifen, bzw. von bunten Streifen bei Benutzung weißen

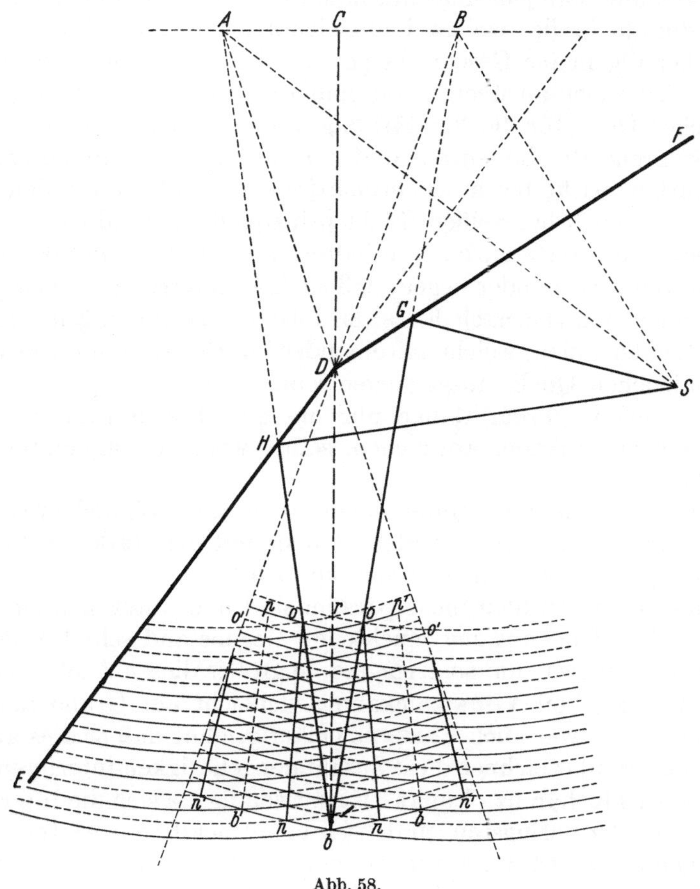

Abb. 58.

Lichtes, erhält man, wenn man für jeden Punkt des von beiden Reflexionen
gleichzeitig überdeckten Raumes die zugehörige Wegdifferenz feststellt.

Das alles ist in dieser direkten Form nur recht umständlich zu verifi-
zieren, wird aber durch folgende Betrachtung sehr erleichtert. B ist das
Spiegelbild von S im Spiegel FD, A ist das Spiegelbild von S im Spiegel DE.
Diese Spiegelbilder sind allerdings nicht reell, rein geometrisch ist es aber so,
als ob die in b zusammentreffenden Strahlen Gb und Hb nicht nur den
Richtungen nach, sondern auch den Weglängen nach von B und A her-
kämen, da ja SG = BG und SH = AH ist. Man kann also so verfahren,
als ob B und A zwei selbständige Lichtquellen wären, welche um so näher
aneinander liegen, je mehr sich der Winkel bei D dem Werte 180° nähert,
und welche wegen ihres gemeinsamen Ursprungs in S absolut synchron
sind. Nimmt man jetzt die Undulationstheorie des Lichtes als richtig an
und denkt man sich die Wellenlänge des benutzten Lichtes als gegeben, so

braucht man nur um B und A Kreise in Abständen von halben Wellenlängen zu ziehen. Markiert man die Kreise mit den Radien gleich $n \cdot \lambda$ mit vollen Strichen und die Kreise mit den Radien gleich $\dfrac{(2n+1)\lambda}{2}$ mit punktierten Strichen, so findet man jedesmal eine helle Stelle, wo zwei gleichartige Kreise, und eine dunkle Stelle, wo zwei ungleichartige Kreise zusammentreffen. „Dies ist das allgemeine Gesetz des periodischen Einflusses, den die Lichtstrahlen aufeinander ausüben". So sind die Linien $r\,b$, $p\,b'$ und $p'b$ die geometrischen Örter für die Verstärkung, dokumentieren sich also als helle Streifen, während die Linien $o\,n$ und $o'\,n'$ als dunkle Streifen erscheinen. Das Gesamtbild wirkt bei monochromatischem Licht außerordentlich einfach und bleibt auch bei weißem Licht prinzipiell verständlich.

Um derartige Interferenzen zu erhalten, und zwar solche, bei denen die Streifen so weit auseinander liegen, daß sie klar unterschieden und gemessen werden können, müssen nach FRESNEL folgende Bedingungen erfüllt sein:

1. Die Lichtstrahlen, welche miteinander interferieren, müssen von einer gemeinschaftlichen Quelle ausgegangen sein.

2. Sie dürfen in ihrem Gange nur um eine beschränkte Anzahl von Undulationen voneinander abweichen, selbst wenn das angewandte Licht sehr homogen ist.

3. Sie dürfen sich nicht unter einem zu großen Winkel kreuzen, weil sonst die Fransen[1] so schmal werden, daß sie mit der stärksten Lupe nicht mehr getrennt wahrgenommen werden können.

4. Sobald diese Strahlen nicht parallel sind und unter sich einen merklichen Winkel bilden, muß der leuchtende Gegenstand sehr kleine Dimensionen haben, und zwar um so geringere, je größer dieser Winkel ist.

Punkt 1 war schon YOUNG bekannt, vielleicht auf Grund akustischer Überlegungen, und war auch FRESNEL geläufig, ohne daß er dies ausdrücklich begründet. Wir bezeichnen diese Zusammengehörigkeit interferenzfähiger Lichtstrahlen als Kohärenz. Punkt 2 ist notwendig, da sich die Interferenzen sonst selbst bei der geringsten, praktisch unvermeidbaren Abweichung von der Homogenität zu bald verwischen würden. Punkt 3 ist schon oben begründet. Punkt 4 ist notwendig, weil sonst die verschiedenen Stellen der Lichtquelle verschiedene, sich gegenseitig verwischende Streifensysteme erzeugen würden.

Welches sind nun die Vorteile gegenüber den bisherigen Interferenzbeobachtungen?

1. Beide in einem Punkt zusammentreffenden Strahlen haben genau das gleiche Schicksal erlitten, d. h. einfache Reflexion an gleichartigen Spiegelflächen, im Gegensatz zum NEWTONschen Farbenglas, wo die Reflexionen einmal am dichteren und einmal am dünneren Medium stattfinden.

2. An Stelle der nicht so einfach zu verstehenden Beugung ist die ganz klaren Gesetzen gehorchende Reflexion getreten.

3. Die maßgebenden geometrischen Verhältnisse sind so überaus einfach, daß die Messung von Streifenabständen mathematisch unmittelbar zur Messung der Wellenlängen führt.

---

[1] FRESNEL versteht unter Fransen das System der Interferenzstreifen.

Diese grundsätzlich so vorteilhaften Verhältnisse hat Fresnel praktisch zur vollen Ausnutzung gebracht, indem er die schon oben erwähnte Methode der in den Raum gerichteten Lupe auch hier anwandte. Diese mit Recht nach ihm benannte Lupe hat Fresnel weiter zu einem Mikrometer ausgebildet: Im Brennpunkt der Lupe wird ein feiner Faden ausgespannt; diese Vorrichtung wird mittels der Mikrometerschraube zuerst auf einen Streifen und dann auf den Nachbarstreifen eingestellt, so daß der gesuchte Abstand der Streifen an der Trommel des Mikrometers abgelesen werden kann, womit eine Genauigkeit von $^1/_{100}$ mm erzielt wird. Auch sonst entwickelt sich die Beobachtungsmethode Fresnels zu immer größerer Vollkommenheit. Die vom Sonnenlicht erfüllte Nadelöffnung eines Stanniolblattes im Fensterladen wurde durch den wesentlich lichtstärkeren Brennpunkt einer Mikroskoplinse von 10 mm Brennweite ersetzt. Zur Vermeidung von Doppelbildern wurden, wie schon oben vorweggenommen, die Rückseiten der Spiegel geschwärzt; auch Metallspiegel werden von Fresnel als sehr brauchbar angegeben.

Der äußere Anblick des ganzen Interferenzfeldes, d. h. desjenigen Raumes, welcher von den Reflexionen beider Spiegel bestrichen wird, ist bei Verwendung homogenen Lichtes, welches Fresnel mittels tiefroten Kirchenfensterglases erhielt, jetzt folgender: In der Mittellinie Cb erscheint senkrecht zur Zeichenebene ein heller roter Streifen. An diesen schließt sich beiderseitig je ein tiefdunkler Streifen an. Dann folgen nach beiden Seiten abwechselnd rote und dunkle Streifen, aber derart, daß mit wachsender Entfernung von der Mittellinie die roten und die dunklen Streifen stetig verwaschener werden, bis sie schließlich infolge der nie ganz vermeidbaren Inhomogenität nicht mehr unterschieden werden können.

Bei weißem Licht sieht die Erscheinung zwar komplizierter aus, läßt sich aber ohne Schwierigkeit als eine Kombination der verschiedenen homogenen Farben deuten. In der Mittellinie, d. h. dort, wo die Entfernungen von den beiden Spiegelbildern gleich sind, erscheint ein rein weißer Streifen. An diesen schließen sich spektralbunte Streifen erster, zweiter usw. Ordnung an, anfänglich, d. h. bis etwa zur vierten Ordnung, leuchtend und nach den Spektralfarben geordnet, dann mit größerer Entfernung von der Mitte immer matter und verwaschener werdend, bis sie mit etwa der achten Ordnung fast ganz verschwinden. Diese Streifen für weißes Licht entsprechen völlig den Newtonschen Ringen.

Die Messung der Streifenabstände von Mitte zu Mitte mittels des Mikrometers führte beim homogenen roten Licht zu dem Werte $\lambda = 0{,}000\,638$ mm. Die weiteren Wellenlängen der Spektralfarben könnten aus den ersten Ordnungen der Streifen für weißes Licht bestimmt werden, Fresnel zieht es aber vor, sie aus den Zahlenangaben Newtons zu entnehmen, die schon als genaue Meßwerte vorlagen und nur nach der jetzt bewiesenen Wellentheorie des Lichtes richtig gedeutet zu werden brauchten. Er erhielt nachstehende Tabelle (Tab. 17).

Die grundsätzliche Beweiskraft des Spiegelversuchs für die Wellentheorie des Lichtes sieht Fresnel in der Unabhängigkeit der ganzen Erscheinung von der Beugung, welche nur von den Rändern der Spiegel in sehr geringem

Maße und in klar zu unterscheidender Weise in das Streifensystem eingreift, indem die durch Beugung erzeugten Streifen andere Abstandsverhältnisse haben als das sonstige Streifensystem. Die Forderung, daß bei Abdeckung der einen Lichtquelle, d. h. des einen Spiegels, die Streifen sämtlich verschwinden müssen, findet sich auch hier einwandfrei[1] erfüllt. Außerdem legt FRESNEL besonderen Wert auf folgende Beobachtung: Die dunklen Streifen des homogenen roten Lichtes sind dunkler als die gleichen Raumstellen sein würden, wenn sie nur Licht von dem *einen* Spiegel erhielten,

Tabelle 17.

Grenzen der Hauptfarben	Äußerste Werte von λ in mm	Hauptfarben	mittlere Werte von λ in mm
Äußerstes Violett .	0,000406	Violett	0,000423
Violett-Indigo . .	0,000439	Indigo	0,000449
Indigo-Blau . . .	0,000459	Blau	0,000475
Blau-Grün	0,000492	Grün	0,000512
Grün-Gelb	0,000532	Gelb	0,000551
Gelb-Orange . . .	0,000571	Orange	0,000583
Orange-Rot . . .	0,000596	Rot	0,000620
Äußerstes Rot . .	0,000645		

wie dies für die nicht von beiden Reflexionen gleichzeitig bestrichenen Gebiete der Fall ist. Den Einwand, daß die dunklen Streifen nur deswegen so dunkel erscheinen, weil sie von hellen Streifen begrenzt werden, beseitigt FRESNEL dadurch, daß er die obere Hälfte des einen Spiegels abblendet, so daß die dunklen Streifen sich auf die untere Hälfte des Gesichtsfeldes beschränken und mit ihren Enden an die nur von einem Spiegel beleuchtete obere Hälfte angrenzen. Die Streifen erscheinen jetzt dunkler als die obere Fläche. Damit ist der *Beweis* erbracht, „daß der Zusatz der Strahlen eines Spiegels zu denen des andern, statt intensiveres Licht zu bilden, Dunkelheit erzeugt", ... „daß in gewissen Fällen Hinzufügung von Licht zu Licht Dunkelheit erzeugt". — Endlich hat FRESNEL auch die Erklärung, welche die Emissionstheorie von der Beugung gibt, als unhaltbar erwiesen, indem er zeigt, daß die Beugung nur von den geometrischen Dimensionen, in keiner Weise aber von der materiellen Natur der Ränder abhängt.

So hat FRESNEL die letzten Zweifel seines sehr ausgeprägten physikalischen Gewissens an der Richtigkeit seiner Erklärungen der GRIMALDIschen Beobachtungen und des NEWTONschen Farbenglases zum Schweigen gebracht. Er hat sich zugleich den Weg geebnet für seine grundlegende mathematische Behandlung des ganzen Interferenzgebietes.

FRESNEL hat durch seinen Spiegelversuch die Richtigkeit der Undulationstheorie des Lichtes so schlagend bewiesen, daß damit ein jahrhundertelanger Streit ein für allemal entschieden worden ist. Es gibt kaum einen Versuch in der ganzen Physik, der in allen Einzelheiten so vollkommen ist, kaum einen Versuch, der so überzeugend und befreiend wirkt wie der FRESNELsche Spiegelversuch.

---

[1] Hierbei muß der direkte Strahl abgeblendet sein, da er sonst möglicherweise mit dem einen reflektierten Strahl interferieren könnte (LLOYDscher Interferenzversuch).

Die Polarisation des Lichtes (1808—1811).

MALUS.

Die Entdeckungsgeschichte der Polarisation hat uns ARAGO, der Freund und Biograph des früh verstorbenen MALUS, erzählt:

„ . . . als eines Tages MALUS in seiner Wohnung in der Rue d'Enfer sich anschickte, die von den Glasscheiben in den Fenstern des Palais Luxembourg zurückgeworfenen Sonnenstrahlen mit einem doppelbrechenden Kristalle zu untersuchen. Statt zweier leuchtender Bilder, die er zu sehen erwartete, gewahrte er nur eins, und zwar je nach der Lage, welche der Kristall vor seinem Auge hatte, entweder das ordentliche oder das außerordentliche Bild. Diese sonderbare Erscheinung setzte unsern Freund in großes Erstaunen; er versuchte sie durch besondere Modifikationen, welche das Sonnenlicht beim Durchgange durch die Atmosphäre hätte erhalten können, zu erklären. Da aber die Nacht eingetreten war, so ließ er das Licht einer Kerze unter einem Winkel von 36° auf die Oberfläche von Wasser fallen und zeigte durch Anwendung eines doppelbrechenden Kristalls, daß das zurückgeworfene Licht polarisiert wäre, gerade so, als ob es aus einem Doppelspate käme. Ein Versuch mit einem Glasspiegel, auf den er das Licht unter einem Winkel von 35° auffallen

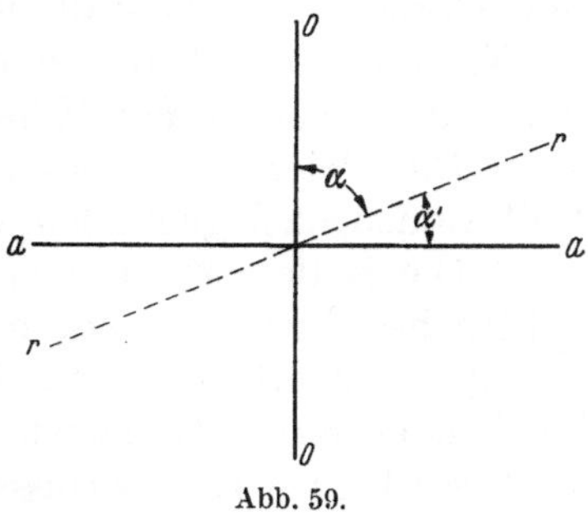

Abb. 59.

ließ, lieferte ihm dasselbe Resultat. Jetzt war bewiesen, daß die Doppelbrechung nicht das einzige Mittel war, das Licht zu polarisieren oder ihm die Eigenschaft zu nehmen, sich beim Durchgange durch den Doppelspat beständig in zwei Bündel zu spalten. Die Zurückwerfung von durchsichtigen Körpern, ein Vorgang, der sich in jedem Augenblicke wiederholt und so alt wie die Welt ist, besaß dieselbe Kraft, ohne daß sie ein Mensch jemals vermutet hatte. MALUS blieb dabei nicht stehen; er ließ gleichzeitig einen ordentlichen und einen außerordentlichen, aus einem doppelbrechenden Kristall kommenden Strahl auf die Oberfläche des Wassers fallen und bemerkte, daß bei einer Neigung von 36° diese beiden Strahlen sich sehr verschieden verhielten. Wenn der ordentliche Strahl eine teilweise Reflexion erlitt, so wurde der außerordentliche Strahl gar nicht zurückgeworfen, d. h., er ging ganz durch die Flüssigkeit; wenn die Stellung des Kristalls in bezug auf die Ebene, in welcher die Zurückwerfung erfolgte, so beschaffen war, daß der außerordentliche Strahl zum Teil reflektiert wurde, so ging der ordentliche Strahl gänzlich durch".

Dieser Vorgang ist folgendermaßen zu verstehen: Bedeuten (Abb. 59) *oo, aa* und *rr* die Schwingungsebenen des ordentlichen, des außerordentlichen und des reflektierten Strahls und bildet *rr* mit *oo* einen Winkel α, mit

aa einen Winkel α', so setzt sich, übrigens nach einer später von MALUS gefundenen Gesetzmäßigkeit, die Schwingung rr mit der Intensität I aus zwei Komponenten zusammen, einer in Richtung oo mit der Intensität $I_{oo} = I \cdot \cos^2 \alpha$ und der anderen in Richtung aa mit der Intensität $I_{aa} = I \cdot \cos^2 \alpha'$. MALUS beobachtete also an den reflektierten Strahlen zwei Abweichungen gegenüber einem direkten Strahl, welcher bei jeder Stellung des doppelbrechenden Kristalls zwei gleich helle Bilder geliefert haben würde: Die beiden Bilder sind jetzt im allgemeinen verschieden hell und werden gleich hell nur bei $\alpha = 45°$; die von ARAGO angegebene Beschränkung auf *ein* Bild tritt nur ein bei $\alpha = 0°$ (ordentliches Bild) und bei $\alpha = 90°$ (außerordentliches Bild).

Da MALUS schon seit längerer Zeit mit einer Preisaufgabe der Pariser Akademie über die mathematische Theorie der Doppelbrechung beschäftigt war, wußte er sofort, welche Änderung der reflektierte Strahl gegenüber einem direkten Sonnenstrahl erlitten hatte: Die Reflexion an den Fenstern des Luxembourg hatte das direkte Sonnenlicht in den Zustand versetzt, wie ihn sonst nur der ordentliche oder der außerordentliche Strahl am doppelbrechenden Kristall aufweisen.

Noch in derselben Nacht vervollständigte MALUS seine Entdeckung durch Beobachtung mit Hilfe einer Kerze nach zwei Seiten:

1. Die Polarisation des natürlichen Lichtes ist an einen bestimmten Reflexionswinkel gebunden, der bei Glas z. B. 54° beträgt.

2. Die Reflexion an einer Glasplatte kann nicht nur zur Polarisierung natürlichen Lichtes, sondern auch zur Analysierung polarisierten Lichtes, wie des ordentlichen und des außerordentlichen Strahls eines doppelbrechenden Kristalls, dienen.

Diese beiden Erkenntnisse führten MALUS dann bald zur Konstruktion seines Polarisationsapparates. Die Anordnung ist in Abb. 60 nach der textlichen Beschreibung dargestellt, da es im Original keine Abbildungen gibt. Ein Sonnenstrahl tritt unter dem Winkel 19° 10′ gegen die Horizontale in den Versuchsraum ein und trifft so auf eine spiegelnde Glasplatte I, daß der Strahl in vertikaler Richtung nach unten reflektiert wird. Hier trifft er auf eine zweite spiegelnde Glasplatte II und verläßt diese wiederum unter einem Winkel von 19° 10′ gegen die Horizontale.

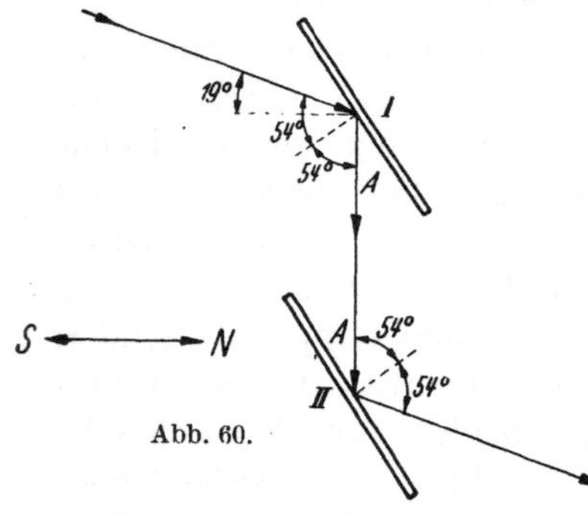

Abb. 60.

Die eigentümlichen Eigenschaften dieser Anordnung zeigen sich, wenn man die Glasplatte II um die vertikale Achse AA unter Beibehaltung des Winkels gegen die Vertikale dreht. Nimmt man, lediglich zur Erleichterung der Beschreibung, an, daß die Zeichenebene mit der Vertikalebene Süd-Nord zusammenfällt, so lassen sich die Erscheinungen folgendermaßen darstellen: II reflektiert in die Nordrichtung und in die Südrichtung, jedoch nicht in die Ost- und Westrichtung, obwohl die Orientierung von II zur Achse AA stets die gleiche ist.

MALUS hat weiter entdeckt, daß nicht nur die Reflexion an der Glas-
oberfläche, sondern auch der Durchgang durch eine Glasplatte das natürliche Licht polarisiert. Dabei blieb aber ein Teil des Lichtes unpolarisiert.
Das durch eine Glasplatte hindurchgegangene Licht setzt sich also aus
zwei Anteilen zusammen, einem Anteil, der polarisiert ist, und einem Anteil,
der natürlich geblieben ist. Der polarisierte Anteil läßt sich erhöhen, wenn
man das Licht durch mehrere Platten oder einen Plattensatz hindurchgehen läßt. Auch auf diesem Prinzip baute MALUS einen Polarisations-
apparat auf. Diese Anordnung ist ebenfalls,
lediglich nach der textlichen Beschreibung
von MALUS, in Abb. 61 dargestellt. S ist ein
amalgambelegter Spiegel, welcher den Lichtstrahl nach seinem Durchgang durch die Glasplatte in die vertikale Richtung bringen soll,
ohne an dem Polarisationszustande etwas zu
ändern. Im übrigen dürfte die Abbildung in
sich verständlich sein. Dreht man jetzt die
untere spiegelnde Platte II um die vertikale
Achse A A, so haben wir die gleichen Erscheinungen wie für Abb. 60, nur mit dem Unterschied, daß alles um 90° verdreht ist. Der

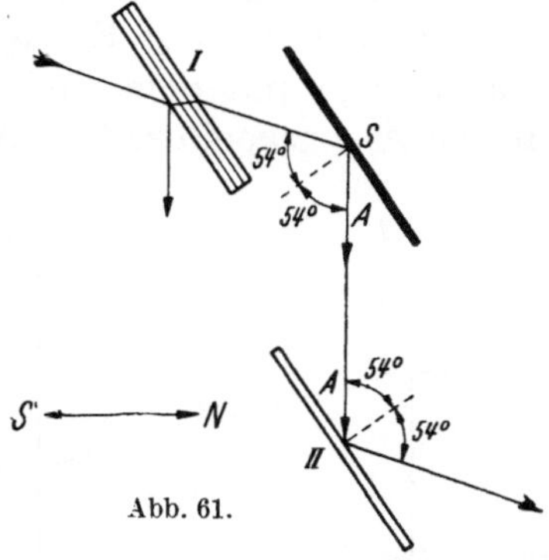

Abb. 61.

untere Spiegel reflektiert jetzt in der Ost- und Westrichtung und bleibt
dunkel in der Nord- und Südrichtung.

Damit sind die Grundentdeckungen und die Grundanordnungen von
MALUS erschöpft. Das Weitere sind Kombinationen dieser neuen Polari-
sierungs- und Analysierungs-Erscheinungen mit den Eigenschaften doppel-
brechender Kristalle. Er zeigt ferner, wie man diese Polarisationserschei-
nungen benutzen kann, um für doppelbrechende Kristalle die Hauptebenen,
die ja mit den ordentlichen und außerordentlichen Schwingungsebenen in
einfacher Beziehung stehen, aufzufinden. Er hat damit die Kristallographie
um eine ebenso schöne wie einfache Untersuchungsmethode bereichert.
MALUS zeigt dabei, daß die Doppelbrechung keine Ausnahmeerscheinung
ist, sondern daß sie für alle Kristalle mit alleiniger Ausnahme des regulären
Systems Geltung hat.

Die Entdeckung der Polarisation hat der Optik ihren grundsätzlichen
Abschluß gegeben und muß als eine Entdeckung ersten Ranges bezeichnet
werden. Auch die subjektive Leistung MALUS' ist von bemerkenswerter Höhe,
indem er sich des ihm in den Schoß gefallenen Glücks durch den schnellen
und gründlichen Ausbau der Zufallsentdeckung durchaus würdig erwiesen
hat.

Das KIRCHHOFFsche Strahlungsgesetz; die Spektralanalyse (1826; 1859—1861).

FRAUNHOFER, KIRCHHOFF, BUNSEN.

Den Eingang in dieses ganze Gebiet bildet einer der schönsten Gedankenversuche der Physik: Es stehen sich zwei gleichtemperierte, unbegrenzte Flächen C, c mit dem Emissionsvermögen E, e und dem Absorptionsvermögen A, a gegenüber (vgl. Abb. 62). Von c geht die Strahlung e aus. Beim Auftreffen auf C wird der Betrag $e \cdot A$ absorbiert und $e \cdot (1 - A)$ reflektiert. Beim Wiederauftreffen auf c wird $e \cdot (1 - A) \cdot a$ absorbiert und $e \cdot (1 - A) \cdot (1 - a)$ reflektiert. So wird die Strahlung bei jeder Reflexion an C mit dem Faktor $(1 - A)$, bei jeder Reflexion an c mit dem Faktor $(1 - a)$ multipliziert. Danach dürfte die Abb. 62 verständlich sein: Zwischen c und C geht die Strahlung mit dem eingezeichneten Betrage hin und her, in c und C werden

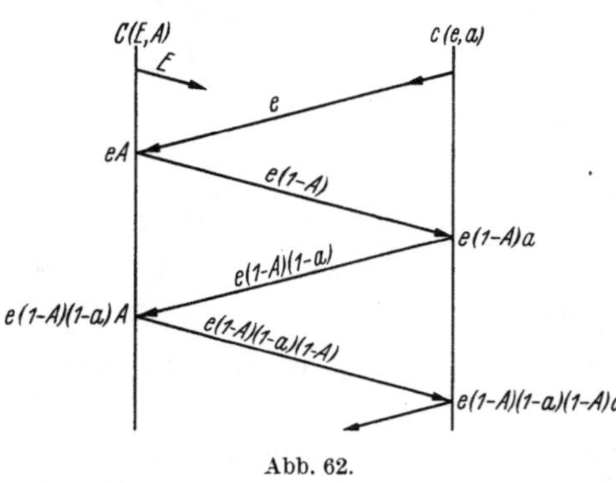

Abb. 62.

dabei die rechts von c und links von C vermerkten Beträge absorbiert. Die Temperatur von c und C darf sich hierbei nicht ändern. Das gibt für c folgende Bilanz, wenn man vorübergehend $(1 - A)(1 - a) = k$ setzt:

Die Fläche c verliert als Strahlung: e

Die Fläche c gewinnt aus e zurück: $e \cdot a (1 - A)(1 + k + k^2 + \cdots)$

Die Fläche c gewinnt[1] aus E: $\qquad E \cdot a \qquad \cdot \qquad (1 + k + k^2 + \cdots)$

Es muß also sein:
$$e = \frac{e \cdot a (1 - A)}{1 - k} + \frac{E \cdot a}{1 - k}$$
$$e (1 - k) = e \cdot a - e \cdot a \cdot A + E \cdot a$$
$$e (A + a - A a) = e \cdot a - e \cdot a \cdot A + E \cdot a$$
$$e \cdot A = E \cdot a$$
$$\frac{e}{a} = \frac{E}{A}$$

Diese von KIRCHHOFF bewiesene Gleichung gilt ganz allgemein. Sie führt zu zwei äußerst wichtigen Konsequenzen. Die erste Konsequenz war die Verwirklichung des absolut schwarzen Körpers als eines kleinen Loches in einem Hohlraum aus beliebigem Stoff. Dieses Loch, dessen üblich gewordene Bezeichnung als schwarzer „Körper" nicht allzu glücklich ist, hat das Absorptionsvermögen 1 und *infolgedessen* auch ein maximales Emissions-

---

[1] Nämlich das Analoge, wie C aus e, wenn man zur Berechnung der Absorption in c einfach die großen und kleinen Buchstaben vertauscht.

vermögen, welches unabhängig vom Material ist und eine allgemein gültige Funktion der betreffenden Temperatur und des betreffenden Wellenlängenbereiches darstellt. Damit ist die Möglichkeit gegeben, die Gesetze der Hohlraumstrahlung experimentell und theoretisch aufzustellen.

Die zweite Konsequenz war die richtige Deutung der Fraunhoferschen Linien. Fraunhofer hatte sich als praktischer Optiker die Aufgabe gestellt, die achromatischen Linsensysteme seiner Werkstatt systematisch zu verbessern. Zu diesem Zwecke stellte er selbst besondere Glasmaterialien her und bestimmte deren optische Konstanten an Probeprismen. Hierzu waren möglichst helle und möglichst ausgedehnte Spektren erforderlich. Der Spalt, durch den das Sonnenlicht in den Beobachtungsraum eintrat, war 8 m vom Prisma entfernt; die Beobachtung erfolgte direkt mit einem Fernrohr, ohne daß das Spektrum vorher auf einem Schirm aufgefangen zu werden brauchte, wodurch bei gleichzeitiger Vergrößerung durch das Fernrohr die Helligkeit wesentlich gesteigert werden konnte, übrigens noch vor Einführung der Fresnelschen Lupe. Bei dieser sorgfältigen Meßtätigkeit entdeckte Fraunhofer zwar zufällig, aber sozusagen als Belohnung seiner experimentellen Sorgfalt, die nach ihm benannten Linien, d. h. dunkle Linien, die sich über das ganze Spektrum verteilten. Diese Linien erregten das höchste Interesse des praktischen Optikers, da sie ein Koordinatensystem für die Spektralfarben zu geben versprachen, deren genauere Festlegung bisher das größte Hindernis für definierte Messungen der Brechungsindizes gewesen war. Er untersuchte sie daher mit aller Sorgfalt auf ihren Ursprung und stellte fest, daß sie von der speziellen Versuchsanordnung ganz unabhängig waren und auch in den Beugungsspektren seiner bekannten Gitter in der gleichen Stärke und Gruppierung wie im Brechungsspektrum auftraten. Auch im Lichte der Venus als reflektiertem Sonnenlicht fand er das gleiche Liniensystem, während er im Licht der Fixsterne zwar ähnliche Linien, aber an anderen Stellen und in anderen Gruppierungen beobachten konnte. Fraunhofer bezeichnete diese dunklen Linien mit Buchstaben und benutzte sie für die exakte Festlegung seiner Brechungsexponenten, hatte auch die Überzeugung von ihrer fundamentalen Bedeutung, ohne jedoch ihren Ursprung erklären zu können.

Kirchhoff konnte auf Grund des von ihm gefundenen Gesetzes diese Erklärung geben: Ein glühender Dampf, z. B. Natriumdampf, muß danach genau an der Stelle seiner Emissionslinien auch besonders starke Absorption besitzen, also in dem kontinuierlichen Spektrum des Sonneninneren dunkle Linien erzeugen, wenn er das Sonneninnere umhüllt[1].

---

[1] Bei der Erklärung der Fraunhoferschen Linien wird eine Bedingung häufig nicht genügend hervorgehoben: Man denke sich einen großen Ball aus Natriumdampf von gleichmäßiger, hoher Temperatur; dieser wird im Spektralapparat die hellen Natriumlinien geben. Denkt man sich nun diesen Gasball mit einer weiteren Schicht Natriumdampf von gleicher Temperatur umgeben, so wird er jetzt ebenfalls die hellen Natriumlinien aussenden, und zwar je nach seiner Größe in etwas erhöhter oder mindestens in gleicher Stärke. Auf keinen Fall werden Fraunhofersche Linien auftreten, obwohl man diese nach dem Wortlaut mancher Erklärung erwarten sollte. Die Absorptionswirkung zeigt sich erst, wenn die Außenschicht in unserem Beispiel eine tiefere Temperatur hat, oder allgemein, wenn die von der Außenschicht emittierte Strahlung geringer ist als der von ihr absorbierte Betrag des aus dem Inneren kommenden kontinuierlichen Spektrums.

KIRCHHOFF war aber trotz seiner eminent theoretischen Begabung doch zu sehr Experimentator, als daß er sich mit der theoretischen Erklärung begnügt hätte. In der Gemeinschaftsarbeit mit BUNSEN, der wir die Spektralanalyse verdanken, versuchte er die FRAUNHOFERschen Linien künstlich herzustellen. Wir führen zwei Versuche an, wobei wir u. a. eine Originalzeichnung des damals in die Physik eingeführten BUNSEN-KIRCHHOFFschen Spektralapparates mit dem Original-Bunsenbrenner wiedergeben (Abb. 63).

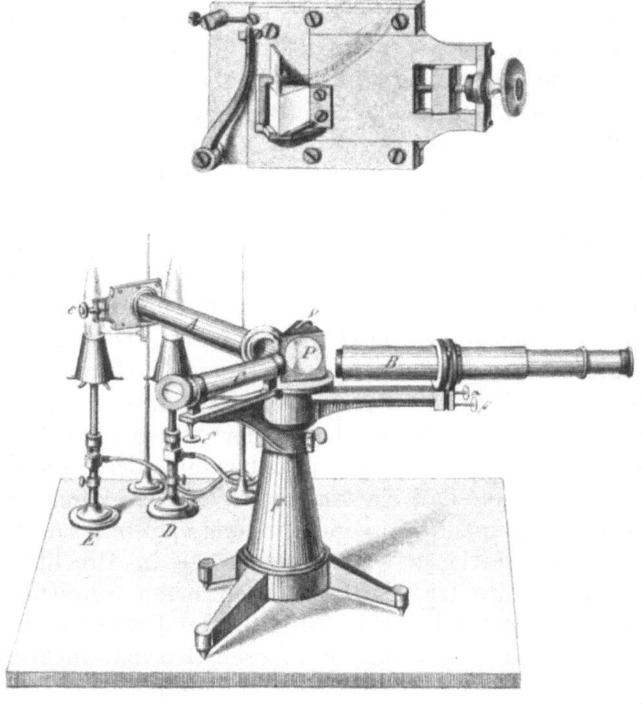

Abb. 63.

Das Sonnenlicht fällt auf einen Spalt des Spektralapparates und erzeugt ein Spektrum. Wird jetzt eine mit Natrium beschickte Flamme vor den Spalt geschoben, so erscheint die dunkle D-Linie in verstärktem Maße, weil das Sonnenlicht durch die kältere Natriumflamme nochmals stark absorbiert wird. Wird dann aber das Sonnenlicht so weit geschwächt, daß die Leuchtkraft der Flamme überwiegt, so erscheint die helle Natriumlinie an der Stelle, wo vorher die dunkle D-Linie lag. Dieser Versuch ist allerdings etwas kompliziert insofern, als das Sonnenspektrum schon die Absorptionslinien enthält. Der folgende Versuch stellt die Zusammenhänge klarer dar. Ein Argandbrenner, d. h. ein festes, durch eine Knallgasflamme aufs höchste erhitztes Stück Marmor, erzeugt ein kontinuierliches Spektrum, welches zunächst noch durch die helle Linie des überall vorkommenden Natriums unterbrochen wird. Diese Linie wird aber schwächer und schwächer, indem das Natrium mehr und mehr verdampft, und verschwindet schließlich vollständig. So erhält man ein gleichmäßiges

kontinuierliches Spektrum. Schiebt man jetzt eine Natriumflamme vor
den Spalt, so entsteht an der Stelle der Natriumlinie eine dunkle Linie
auf hellem Grunde, d. h. eine künstliche Fraunhofersche Linie.

Die Deutung der Fraunhoferschen Linien und damit auch die kosmische Spektralanalyse setzen voraus, daß bestimmte Spektrallinien absolut
charakteristisch sind für jedes Element. Der gleichen Voraussetzung unterliegt die Emissions-Spektralanalyse als ein besonders einfaches Mittel,
kleinste Spuren der Elemente nachzuweisen. Es ist Bunsen gewesen, der
als Chemiker in Zusammenarbeit mit dem Physiker Kirchhoff den
wissenschaftlichen Grundstein zur Spektralanalyse gelegt hat, nachdem die
praktische Benutzung der Flammenfärbung zu analytischen Zwecken schon
seit längerer Zeit in Gebrauch war. Die absolute Charakterisierung eines
Elementes durch seine Spektrallinien scheiterte vor Bunsen daran, daß die
D-Linien immer und überall auftraten, einerlei, um welche Substanzen es
sich handelte. Demgegenüber erkannte Bunsen, daß diese Linien das
Charakteristikum des Natriums sind und daß sie nur deswegen immer auftreten, weil das Natrium überaus weit verbreitert ist und weil schon die
geringsten Spuren sich in der Aussendung der D-Linien manifestieren. Den
experimentellen Beweis hierfür führte er dadurch, daß er durch 50maliges
Umkristallisieren das Kaliumsalz mehr und mehr vom Natrium befreite,
bis das Spektrum des Kaliums bei höchster Sauberkeit aller Geräte und des
ganzen Luftraumes gegen sonstige Natriumquellen die gelben Linien nicht
mehr zeigte.

Eine zweite Frage war die, ob die Spektrallinien auch bei jeder chemischen Verbindung des Elementes identisch bleiben. Auch diese Feststellung
gelang allgemein, wenn sich auch zeigte, daß die Helligkeit der Linien durch
die Art der Bindung und die damit gegebene mehr oder minder große
Flüchtigkeit stark beeinflußt werden kann. Bunsen hat aber nicht nur den
wissenschaftlichen, sondern auch den praktischen Grundstein für die
Spektralanalyse gelegt, nämlich durch die Erfindung des Bunsenbrenners,
d. h. einer Gasflamme von genügend hoher Temperatur und genügend
schwacher Leuchtkraft, um die optimalen Vorbedingungen für die Ge-
winnung charakteristischer Spektren zu erfüllen.

Damit war der Weg frei geworden für die Spektralanalyse als neue Form
chemischer Untersuchungen. Allerdings mußte noch viel Arbeit geleistet
werden, um die praktischen Regeln dieses neuen Verfahrens auszuarbeiten.
Das Instrumentarium war gegeben: Der Bunsen-Kirchhoffsche Spektralapparat, der heiße, wenig leuchtende Bunsenbrenner, die Platinöse zur Einführung kleiner Salzmengen in die Flamme. Nicht so einfach war es dagegen, die verschiedenen Substanzen in die günstigste chemische Form zu
bringen. Es handelte sich darum, die untersuchten Verbindungen so flüchtig
wie möglich zu machen, d. h., die Verbindungen, besonders die Verbindungen
mit unverbrennbaren Säuren wie Kieselsäure usw., in Chloride und andere
Halogen-Verbindungen überzuführen, wobei besonderer Wert auf die
Einfachheit der Manipulation, z. B. auf die mikrochemische Benutzung
einzelner Tropfen und kleinster Substanzmengen, gelegt werden mußte. In
diesem Sinne trat anstelle des Platintiegels ein kleines, konisch gewickeltes

Körbchen aus Platindraht. Bei der chemischen Behandlung einzelner Salztropfen in der Flamme diente zur Überführung in leicht flüchtige Verbindungen besonders die Betupfung mit einem Tropfen Salzsäure oder Ammonium-Fluorid.

Nachdem diese Methodik aber einmal ausgebildet war, gelangte man zu erstaunlichen Empfindlichkeiten. Für Natrium genügte z. B. der Bruchteil von $^1/_{20\,000\,000}$ der durch die Flamme geströmten Luftmenge, um ganz einwandfreie Ergebnisse zu erzielen. Damit trat die Messung mittels Mikrometerskala praktisch in den Hintergrund gegenüber einem unmittelbaren Erkennen der Spektren nach Konfiguration und Aussehen einzelner charakteristischer Linien. Das war deswegen von Wichtigkeit, weil manchmal eine Spektrallinie zu kurz aufleuchtet, um Zeit zu einer Messung zu lassen. Im ganzen erwies sich die Methode als überaus fruchtbar für alle mineralogischen und geognostischen Untersuchungen.

Besonders dankbare Objekte waren die Sole und die Mutterlaugen der Mineralquellen. Es zeigte sich, daß die ganze Reihe der Alkalien und der Erdalkalien fast überall vorkommt und zum Beispiel auch Lithium mindestens in Spuren überall verbreitet ist. Es traten aber auch bisher unbekannte Linien auf und führten in konsequenter Arbeit zur Entdeckung und Darstellung neuer Elemente wie Rubidium und Cäsium.

Allgemein interessant ist in diesem Zusammenhange die von KIRCHHOFF gegebene Vorgeschichte der Spektralanalyse. Wenn HERSCHEL z. B. erklärt: „Daher zögere ich nicht zu sagen, daß die optische Analyse die allerkleinste Menge von zwei Substanzen voneinander zu unterscheiden vermag mit großer Gewißheit, wenn nicht mit mehr, als irgendeine andere bekannte Methode", so könnte man glauben, daß die ganze Spektralanalyse hier schon vorweggenommen wäre. Wenn man dann aber liest, daß keine Sicherheit darüber bestand, woher die D-Linien kommen, und daß sie wegen ihrer allgemeinen Verbreitung auf den Verbrennungsvorgang als solchen zurückgeführt wurden, und wie ferner eine Verschiebung der Spektrallinien bei Verschiedenheit der chemischen Bindung als möglich angesehen wurde, so erkennt man wieder einmal, wie gewaltig doch immer der Unterschied zwischen einer reifen Entdeckung und ihren Vorläufern ist.

Das KIRCHHOFFsche Strahlungsgesetz ist nicht nur an sich eine geniale Entdeckung, sondern führt auch mit seinen Konsequenzen zum schwarzen maximal strahlenden Körper und zu dem allgemeinen Gesetz der Hohlraumstrahlung, außerdem zur Erklärung der FRAUNHOFERschen Linien und damit zur Absorptionsspektralanalyse der Sterne. Ebenso ist die Emissions-Spektralanalyse zu einer der wichtigsten Laboratoriumsmethoden geworden.

Der Lichtdruck (1898—1910).

Lebedew.

Stand der Erkenntnis vor Lebedew. Maxwell sagt auf Grund seiner Gleichungen: „Es wirkt in einem Medium, in dem eine Welle sich fortpflanzt, in der Richtung der Fortpflanzung ein Druck, der an jeder Stelle numerisch ebenso groß ist wie die daselbst vorhandene, auf die Volumeneinheit bezogene Energie". — Bartoli gelangt zu dem gleichen Resultat auf Grund eines thermodynamischen Kreisprozesses.

Der Druck p ist dabei noch von dem Reflexionsvermögen ϱ der getroffenen Fläche abhängig. Die vollständige Gleichung lautet:

$$(1) \qquad p = \frac{E}{V}\,(1 + \varrho); \quad E \text{ Energie, } V \text{ Volumen.}$$

Diese Gleichung läßt sich leicht in eine zweite Form bringen:

$$(2) \qquad p = \frac{L}{c}\,(1 + \varrho); \quad L \text{ fortschreitende Lichtenergie pro sec und pro cm}^2,$$
$$c \text{ Lichtgeschwindigkeit.}$$

Die so berechneten Werte sind äußerst klein, z. B. bei der Strahlung der Sonne auf die Erdoberfläche

$$p = \frac{0{,}4\ \text{mpd}}{\text{m}^2} \text{ oder } 4 \cdot 10^{-5} \text{ dyn} \cdot \text{cm}^{-2}.$$

Fresnel (1825), Crookes (1874) und Zöllner (1877) hatten vergeblich versucht, den Lichtdruck experimentell zu bestimmen. Crookes hatte dabei den Radiometer-Effekt entdeckt.

Die Versuchsanordnung. Die Hauptklippen, an denen die Versuche scheitern könnten, sind die Konvektion und die Radiometer-Wirkung der erwärmten Gas- und Dampfreste. Es muß also entscheidender Wert auf ein erstklassiges Vakuum gelegt werden.

Die Versuchsanordnung ist in Abb. 64 nach dem Original im Grundriß dargestellt.

Das Bild des Kraters einer Gleichstrombogenlampe B (30 Amp) wurde mit Hilfe eines Kondensors C auf eine

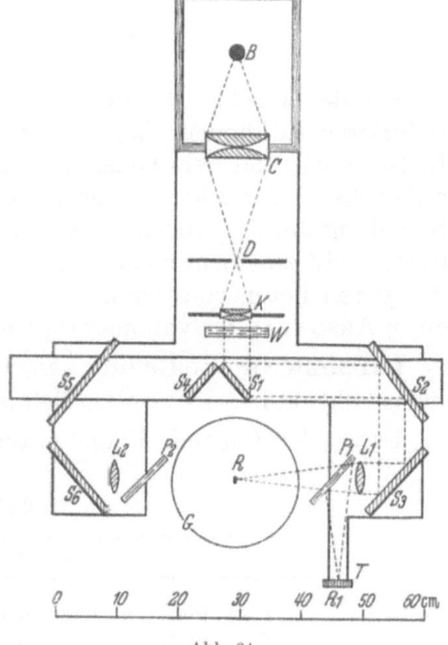

Abb. 64.

Metallblende D vom Durchmesser $d = 4$ mm geworfen. Der aus der Blende austretende Lichtkegel wurde durch die Linse K zu einem Parallelstrahlenbündel gemacht; um das Licht von ultraroten Strahlen zu befreien, befand sich hinter der Linse K ein planparalleles Glasgefäß W mit reinem Wasser von 1 cm Schichtdicke.

Auf seinem weiteren Wege wurde das Lichtbündel von den ebenen, hinten belegten Glasspiegeln S_1, S_2 und S_3 reflektiert und durch die Linse L_1 zu einem reellen, vergrößerten Bilde der Blende D mit dem Bilddurchmesser $d' = 10$ mm im Innern des Glasballons G auf dem Flügel R vereinigt.

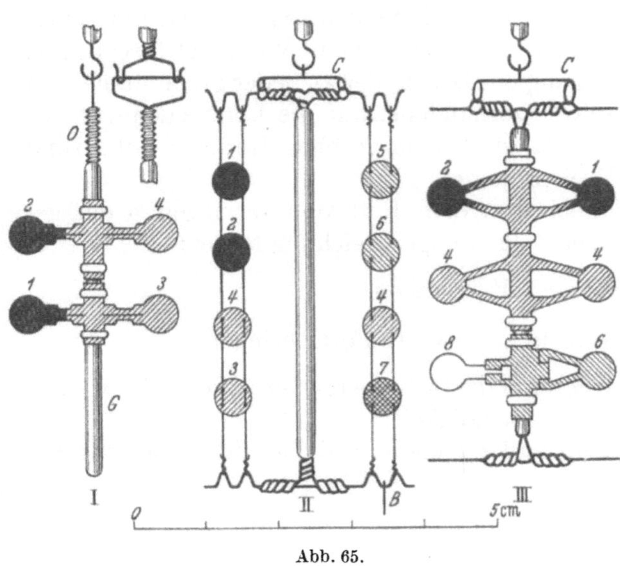

Wurde das Spiegelpaar $S_1\,S_4$ um eine Spiegelbreite nach rechts verschoben, so durchliefen die Strahlen einen analogen Weg über S_4, S_5, S_6, L_2 und fielen von der anderen Seite auf den Flügel R. Die Linsen L_1 und L_2 hatten je 20 cm Brennweite und je 5 cm freie Öffnung, so daß der auffallende Lichtkegel einen Öffnungswinkel von etwa 15° hatte. Der Spiegelapparat war mit der Bogenlampe fest verbunden.

Abb. 65.

Um die einzelnen Meßreihen auf eine konstante mittlere Lichtintensität reduzieren zu können, diente die folgende Vorrichtung: zwischen der Linse L_1 (Abb. 64) und dem Glasballon G wurde eine dünne ebene Glasplatte P_1 unter 45° zur Richtung der Strahlen aufgestellt. Der größere Teil der Strahlung durchsetzte die Glasplatte ungehindert, während sich das reflektierte Licht zu einem reellen Bilde R_1 vereinigte und auf die Thermosäule T fiel, deren Potentialdifferenz als Maß für die relative Lichtintensität durch ein D'Arsonval-Galvanometer gemessen wurde.

Lebedew verwandte drei verschiedene Flügelapparate (Abb. 65), deren Konstruktion in sich verständlich ist.

Es wurden folgende Flügel untersucht:

Tabelle 18.

Nr.	Material	(2 r = 5 mm)
1	Platin, dick platiniert	
2	Platin, fünfmal dünner platiniert	
3	Platin, blank	Dicke = 0,10 mm
4	,, ,,	Dicke = 0,02 mm
5	Aluminium, blank	Dicke = 0,10 mm
6	,, ,,	Dicke = 0,02 mm
7	Nickel, blank	Dicke = 0,02 mm
8	Glimmer	Dicke < 0,01 mm

Die Flügelapparatur wurde an einem 30 cm langen Glasfaden aufgehängt, dessen Torsion das Maß für den Lichtdruck auf den bestrahlten Flügel bildet. Der Faden hängt senkrecht zur Zeichenebene der Abb. 64 in einem entsprechend hohen, an den Ballon angeschmolzenen Glasrohr, dessen Kopf mit der Aufhängevorrichtung in Abb. 66 gezeichnet ist. Er trägt an seinem unteren Ende einen kleinen Spiegel, dessen Einstellung mit Skala und Fernrohr abgelesen werden kann. Die Scheibchen können je nach Wahl an den Ort R der Abb. 64 gebracht werden, indem die ganze in sich fest zusammenhängende Bestrahlungseinrichtung entsprechend in senkrechter und waagerechter Richtung verschoben wird, während die Scheibchen an Ort und Stelle bleiben.

Das Vakuum, das an sich mit einer Quecksilberpumpe auf 0,0001 Torr gebracht worden war, wurde durch die Austreibung der Luftreste mittels des Dampfes leicht erwärmten Quecksilbers und durch nachfolgende Kühlung mit Kältemischungen noch weiter verbessert. — Die Messung der Lichtenergie E, die durch eine Blende von 5 mm Durchmesser hindurchtritt, welche anstelle des bestrahlten, gleich großen Flügels gesetzt wird, erfolgt durch kleine Kalorimeter in Form von Kupferblöckchen und wurde zwischen 1,2 und 1,8 cal pro Minute bestimmt, was dem Doppelten bis Dreifachen der Sonnenstrahlung an der Erdoberfläche entspricht. — Das Reflexionsvermögen der Scheibchen wurde durch besondere photometrische Versuche bestimmt, wobei sich allerdings, wie LEBEDEW bei der späteren Auswertung seiner Versuchsresultate angibt, die Welligkeit der Oberflächen sehr störend bemerkbar gemacht hat. — Endlich wurden die Intensitäten der beiden Lichtbündel, welche von rechts oder links auf ein Scheibchen gesandt werden können, miteinander durch eine Thermosäule verglichen und bis auf eine Differenz von kaum 1 % als gleich befunden.

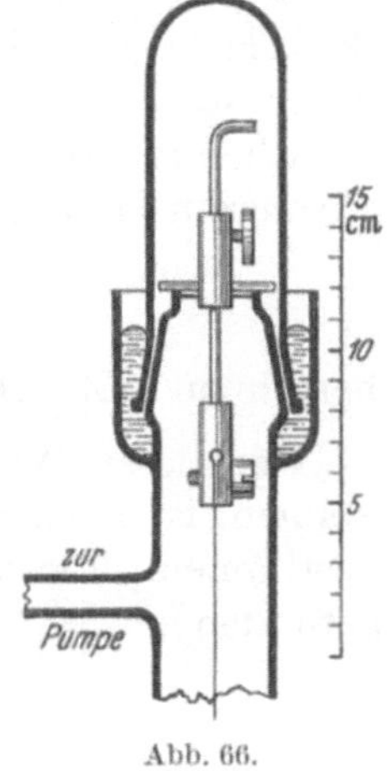

Abb. 66.

Die Versuche. Als Hauptstörungsquelle macht sich die Konvektion des Quecksilberdampf-Residuums bemerkbar. Dieses bewirkt eine stetige Verschiebung des Nullpunktes, ohne daß dadurch jedoch die Einzelbeobachtungen unmöglich gemacht werden. Die unvermeidlichen plötzlichen Schwankungen der Lichtquelle können nur durch Häufung der Beobachtungen eliminiert werden.

Die Ruhelage des Flügels wird nicht statisch abgewartet, sondern aus den Umkehrpunkten der Schwingungen für die Bestrahlung von rechts und von links berechnet. Die Differenz der so berechneten beiden Ruhelagen entspricht dem doppelten Lichtdruck. Dieser Wert muß dann noch auf einen Normalwert der Lichtstrahlung mittels des Thermostromes von T (Abb. 64) reduziert werden. Dazu kommen noch kleinere Korrekturen, die z. B. daher rühren, daß nicht nur die Scheibchen, sondern auch die kleinen Haltearme der Scheibchen bestrahlt werden. Ferner muß der zwischen 0,9 und 1,1 cm liegende Abstand des Scheibchenmittelpunktes von der Torsionsachse optisch genau ermittelt und bei der Umrechnung des betreffenden Meßwertes auf den Normalabstand zu 1,0 cm eingesetzt werden.

Die Direktionskraft der drei benutzten Torsionsfäden wurde durch Schwingungsbeobachtungen mit und ohne zugefügte Trägheitskörper bestimmt.

Meßbeispiel. Als Mittel einer größeren Versuchsreihe für Flügel 2 mit der Fläche f ergibt sich nach Berücksichtigung der kleineren Korrekturen der gesuchte Doppelausschlag, nämlich die Differenz der Spiegelstellung zwischen rechter und linker Bestrahlung, zu 29,4 $\pm$ 1,6 Sk., woraus sich in absolutem Maße die auf die Flügelfläche wirkende Kraft zu

$$K = (0{,}0000308 \pm 0{,}0000017)\ \text{dyn}$$

berechnen läßt. Der Druck ergibt sich dann zu $p = \dfrac{K}{f}$.

Um diesen Wert mit dem theoretisch berechneten Wert vergleichen zu können, ist noch die auf f fallende Strahlungsenergie E kalorimetrisch zu bestimmen. Für den Lichtdruck L wird so mit aller erdenklichen Sorgfalt gefunden

$$L = \frac{E}{f} = \frac{7{,}74 \cdot 10^5\ \text{erg} \cdot \text{sec}^{-1}}{f}\ ;$$

für $\varrho = 0$ würde sich hieraus der zugehörige Druck p_0 nach Gleichung 2 (S. 91) ergeben:

$$p_0 = \frac{7{,}74 \cdot 10^5\ \text{dyn} \cdot \text{cm} \cdot \text{sec}^{-1}}{f \cdot 3 \cdot 10^{10}\ \text{cm sec}^{-1}} = \frac{25{,}8 \cdot 10^{-6}\ \text{dyn}}{f}$$

Demgegenüber steht obiges Versuchsbeispiel mit

$$p = \frac{(30{,}8 \pm 1{,}7) \cdot 10^{-6}\ \text{dyn}}{f}$$

oder [1]

$$(3) \qquad\qquad p = (1{,}19 \pm 0{,}07) \cdot p_0$$

Versuch und Berechnung würden also übereinstimmen, wenn das Reflexionsvermögen $\varrho = 0{,}19 \pm 0{,}07$ wäre.

LEBEDEW versucht jetzt, die Reflexionsvermögen der bestrahlten Scheibchen zu bestimmen, wird aber erheblich durch die Unebenheiten des Materials gestört. Er erhält in runden Zahlen für Pt, Al und Ni die betreffenden ϱ zu 0,5; 0,6; 0,4, so daß $p = p_0 \cdot 1{,}5$; $p_0 \cdot 1{,}6$; $p_0 \cdot 1{,}4$ sein müßte.

Zum Schluß werden alle in analogen Versuchsreihen gefundenen Werte in der folgenden Tabelle zusammengestellt. Mit den Apparaten I, II, III sind die drei Flügelapparate der Abb. 65 gemeint und mit den Kalorimetern I und II zwei verschiedene Meßapparaturen für die Bestimmung der Energiewerte E. Die Meßwerte sind also unter stark variierten Bedingungen gewonnen, so daß ein systematischer Fehler als unwahrscheinlich anzusehen ist.

---

[1] LEBEDEW rechnet legerer, indem er p mit K und E mit L identifiziert. Das ändert deswegen nichts am Endergebnis, weil die Fläche f schließlich doch herausfällt.

Tabelle 19.

| | | I. Apparat | II. Apparat | | | | | | | III. Apparat | |
| | | I. Kalorimeter | I. Kalorimeter | | | II. Kalorimeter | | | | | |
		Weiß	Weiß			Weiß	Rot	Weiß	Blau	Weiß	
1	Dick platinierter Flügel	1,8 ±0,2	1,6 ±0,1	1,5 ±0,1	—	—	—	—	—	1,5 ±0,1	1,4 ±0,1
2	Dünn platinierter Flügel	1,3 ±0,2	—	—	—	—	—	—	—	1,2 ±0,1	1,1 ±0,1
	Berechnet:	1,2	—	—	—	—	—	—	—	1,1	1,0
3	Platin, dick	—	1,8 ±0,1	—	—	—	—	—	—	—	—
4	Platin, dünn.	—	2,0 ±0,1	1,9 ±0,2	1,8 ±0,1	1,9 ±0,1	(1,8 ±0,8)	1,7 ±0,1	(1,5 ±0,5)	1,7 ±0,1	2,0 ±0,1
5	Aluminium, dick . . .	—	—	2,3 ±0,4	1,9 ±0,1	—	—	—	—	—	—
6	Aluminium, dünn . .	—	—	2,0 ±0,1	2,3 ±0,1	2,0 ±0,2	(2,9 ±0,8)	2,1 ±0,1	(2,5 ±0,5)	1,4 ±0,2	1,7 ±0,1
7	Nickel, dünn.	—	—	1,7 ±0,3	1,2 ±0,2	1,4 ±0,1	(2,3 ±0,5)	1,4 ±0,2	(2,7 ±0,9)	—	—
8	Glimmer	—	—	—	—	—	—	—	—	0,08 ± 0,05	0,13 ± 0,03

Zunächst ergibt sich, daß dicke Scheibchen keine größeren Werte zeigen als dünne, wie es beim Radiometer-Effekt wegen des von der Dicke abhängenden Temperaturunterschiedes zwischen den beiden Seiten der Fall sein müßte. Mit anderen Worten, das Vakuum ist hinreichend gut gewesen, um diese Fehlerquelle auszuschalten.

Im übrigen lassen sich folgende Schlüsse ziehen. Unter allen Werten der Tabelle ist kein unmöglicher Wert, d. h., alle Werte liegen zwischen 1,0 ($\varrho = 0$) und 2,0 ($\varrho = 1$). Außerdem stimmen die Werte ein- und desselben Materials unter Berücksichtigung der Fehlergrenzen gut miteinander überein. Endlich decken sich die experimentell gefundenen Werte der Zeile 2 vollständig mit den zugehörigen berechneten Werten. Hingewiesen sei auch auf die Werte für Glimmer, welche, wie es der Durchsichtigkeit des Materials entspricht, tatsächlich wesentlich tiefer liegen als die Werte für undurchsichtige Scheibchen.

Alles in allem ist es daher nicht zu viel gesagt, wenn LEBEDEW seine Resultate in folgenden Sätzen zusammenfaßt:

1. „Ein auffallendes Lichtbündel übt sowohl auf einen absorbierenden als auch auf einen reflektierenden Körper einen Druck aus; diese ponderomotorische Wirkung ist unabhängig von den bereits bekannten, sekundären, durch Erwärmung hervorgerufenen CROOKESschen Kräften und den Erscheinungen der Konvektion".

2. „Diese Druckkräfte des Lichtes sind der auffallenden Energiemenge direkt proportional und unabhängig von der Farbe des Lichtes"[1].

3. „Diese Druckkräfte des Lichtes stimmen innerhalb der Versuchsfehler quantitativ mit den von MAXWELL und von BARTOLI berechneten ponderomotorischen Kräften der Strahlung überein".

---

[1] Dieser Punkt ergibt sich offenbar aus der Beobachtung der Thermosäule T.

Hierdurch ist die Existenz der Maxwell-Bartolischen Druckkräfte für Lichtstrahlen experimentell erwiesen.

Die Aufgabe, den Lichtdruck quantitativ zu bestimmen, ist so schwierig, daß man einen besonderen Maßstab an die Lebedewsche Arbeit und an die Genauigkeit seiner Ergebnisse anlegen muß. Die Arbeit bewegt sich an der Grenze der experimentellen Möglichkeiten und hat tatsächlich alles erreicht, was man billigerweise verlangen kann. Es dürfte wenige Arbeiten der Experimentalphysik geben, welche mit der gleichen gewissenhaften Sorgfalt durchgeführt worden sind. Allerdings muß man sich mit einer roheren Übereinstimmung begnügen als man es sonst in der Physik gewohnt ist.

Das Endresultat ist in folgenden Punkten von *entscheidender* Bedeutung:

1. Lebedew bestätigt die Maxwellsche Berechnung des Lichtdrucks und liefert damit den Schlußstein für die elektromagnetische Lichttheorie.

2. Lebedew liefert der Astrophysik mit dem Nachweis des Lichtdruckes den Gegenspieler zur Gravitation bei der Entstehung der Sterne und bei der Begrenzung ihrer Größe.

3. Lebedew gibt der Physik mit dem experimentellen Nachweis des Lichtdruckes die Grundlage für die größte Entdeckung unseres bisherigen Jahrhunderts, nämlich für die Äquivalenz von Energie und Masse.

Das Coulombsche Gesetz (1785—1786).

Coulomb.

Der Stand der Erkenntnis vor Coulomb:

Gilbert 1600: Gleichnamige Pole des Magneten stoßen sich ab, ungleichnamige ziehen sich an. Die magnetische Kraft geht nicht von *einzelnen* Punkten, sondern von je einem größeren Gebiet an den Enden des Magneten aus. Die Pole können durch das Zerbrechen eines Magneten nicht voneinander getrennt werden, sondern treten an den Enden der Bruchstücke immer wieder paarweise als Nord- und Südpole auf. Die Erde ist ein großer Magnet, auf dessen Pole die Deklinationsnadel und die Inklinationsnadel hinweisen.

v. Guericke 1670: Elektrizität läßt sich in großer Menge durch eine „Elektrisiermaschine" erzeugen. Für elektrische Körper gibt es neben der Anziehung auch eine Abstoßung.

Gray 1730: Das elektrische Fluidum läßt sich fortleiten und hat seinen Sitz auf der Oberfläche der Körper.

Dufay 1733: Es gibt zweierlei Elektrizitäten, positive und negative, die sich verschieden verhalten. Gleichnamige Fluida stoßen sich ab, ungleichnamige ziehen sich an. —

Die Problemstellung Coulomb ist die folgende: Die Abstoßung gleichnamiger und die Anziehung ungleichnamiger Elektrizitätsmengen soll durch Versuche *quantitativ* als Funktion der Entfernung gemessen werden; dasselbe gilt für gleichnamige und ungleichnamige Magnetpole. Als Muster schwebt Coulomb dabei offenbar das gerade 100 Jahre zuvor entdeckte Newtonsche Gravitationsgesetz vor.

I. Das Coulombsche Gesetz für Elektrizitätsmengen.

Die Versuchs-Anordnung (vgl. Abb. 67). Gegeben ist ein Gehäuse aus Glas, bestehend aus einem Zylinder ABCD von 32,5 cm[1] Durchmesser und gleicher Höhe, aus einem Deckel A D mit einem offenen Loch E von 4,5 cm Durchmesser und einem zweiten Loch F von gleicher Größe, sowie aus einer in F eingekitteten 65 cm hohen Glasröhre. An ihrem oberen Ende G ist ein Kupferrohrstück H eingekittet. In letzteres paßt der untere Ansatz I eines Torsions-Mikrometers. Dieses besteht aus einem Teilkreis K L, in dessen Zentralbohrung M ein Drehknopf N mit einem Zeiger O P eingepaßt ist. Der Drehknopf endet unten in einer Art Zange Q, welche einen dünnen Silberdraht konaxial festgeklemmt hält. Der Draht hat eine Länge von 76 cm und ist so fein, daß 1 Fuß nur $^1/_{16}$ gran wiegt (woraus sich der Durchmesser zu rund 0,035 mm

---

[1] Coulomb gibt die Maße in Fuß, Zoll und Linien an. Aus Gründen der Anschaulichkeit sind die Werte in sinnvoller Genauigkeit hier im metrischen System wiedergegeben.

berechnet)[1]. An dem unteren Ende R dieses Drahtes, welcher durch den Ring S festgeklemmt wird, hängt ein Metallzylinder R T von knapp 2 mm Durchmesser als Beschwerung. In einer Bohrung U dieses Zylinders ist eine Nadel V befestigt, bestehend aus einem mit Siegellack überzogenen Strohhalm, welcher an der einen Seite in ein 4 cm langes Stäbchen aus Schellack ausläuft. Das Ende dieses Stäbchens trägt eine kleine Kugel x aus Holundermark von etwa 6 mm Durchmesser, an dem anderen Ende der Nadel ist eine kleine mit Terpentin getränkte Papierscheibe W angebracht, welche der Kugel x das Gleichgewicht halten und außerdem die Bewegung der Nadel dämpfen soll. Eine der Kugel x gleiche Holundermarkkugel y wird von einem Schellackstäbchen in solcher Lage gehalten, daß y und x sich gerade berühren.

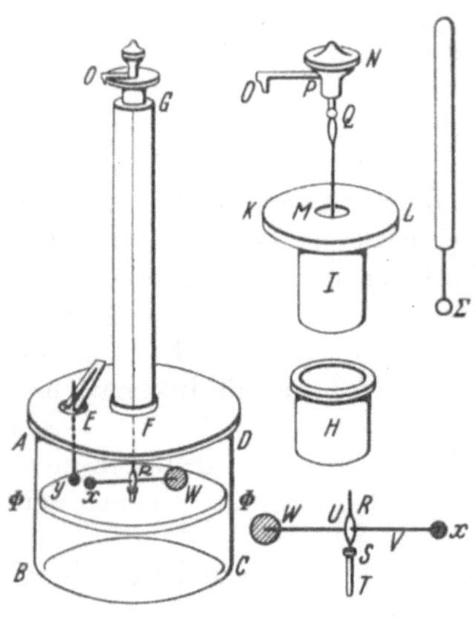

Abb. 67.

Die Versuche. a) Die elektrische *Abstoßung.* Durch das Loch E wird jetzt ein kleiner geladener Konduktor Σ, nämlich der große Knopf einer Stecknadel, welche von einem Siegellackstäbchen gehalten wird, eingeführt. Σ wird mit der Kugel y und durch diese mit der Kugel x in Berührung gebracht, wodurch die Kugeln y und x gleiche elektrische Ladungen erhalten; dann wird Σ durch das Loch E wieder herausgeführt.

Die bewegliche Kugel x wird jetzt um einen bestimmten Winkel von der feststehenden Kugel y abgestoßen; der Winkel wird auf dem Teilkreis Φ abgelesen.

Messung 1: Die Kugel x hat sich von der Kugel y um 36° entfernt, während der Zeiger O auf Null Grad des Torsionskopfes steht.

Messung 2: Der Torsionskopf N wird so weit mit dem Zeiger O P gedreht, bis die Kugel x und y sich bis auf einen Winkelabstand von 18° genähert haben. Hierzu ist eine Torsion von 126° erforderlich.

Messung 3: Der Zeiger O wird am Torsionskopf weiter gedreht, bis die Kugeln x und y sich auf $8^1/_2$° genähert haben. Hierzu ist eine Torsion von 567° erforderlich[2].

---

[1] Die Torsionskraft dünner Drähte wurde ebenfalls von COULOMB näher untersucht, und zwar in „Histoire et Mémoires de l'Académie Royale des Sciences" 1784, S. 229—269.

JOHN MICHELL hatte die Idee der Torsionswaage schon vor COULOMB gefaßt, ohne daß COULOMB hiervon erfahren hätte. MICHELL hatte diese Methode für die Bestimmung der mittleren Erddichte vorgeschlagen und in einem Aufbau verwirklicht. Er hat dann seine umfangreiche Apparatur, ohne zu eigenen Versuchen gekommen zu sein, an CAVENDISH vererbt, der mit ihrer Hilfe seine klassischen Versuche durchgeführt hat (vgl. S. 19—26).

[2] COULOMB will beim dritten Versuch die Gesamttorsion auf $4 \cdot 144° = 576°$ bringen (vgl. folgende Tabelle). Er erhält dabei aber statt des erwarteten Wertes $\alpha = 9°$ den etwas kleineren Wert $\alpha = 8^1/_2$°.

Ergebnis[1]:

Tabelle 20.

No.	Abstand $\alpha(^\circ)$	Gesamttorsion $\beta(^\circ)$	$(\beta \cdot \alpha^2)/100$
1	36	$36 + 0\ = 36$	$\dfrac{36 \cdot 36^2}{100} = 467$
2	18	$18 + 126 = 144$	$\dfrac{144 \cdot 18^2}{100} = 467$
3	8,5	$8,5 + 567 = 576$	$\dfrac{576 \cdot 8,5^2}{100} = 416$

α entspricht bei kleinen Winkeln in erster Näherung dem Abstande ϱ der Kugelmittelpunkte von x und y, β entspricht der Torsionskraft K. Es soll geprüft werden, ob $K \sim \dfrac{e' \cdot e''}{\varrho^2}$ ist, wenn e' und e'' die Elektrizitätsmengen[2] der Kugeln x und y bedeuten. Dann müßte also sein:

$$K \cdot \varrho^2 \sim \beta \cdot \alpha^2 \sim e' \cdot e'' = \text{const.}$$

Dies wird in der letzten Spalte geprüft. Messung 1 und 2 entsprechen genau der Proportionalität der Abstoßung mit dem umgekehrten Quadrat der Entfernung; Messung 3 würde dem gleichen Gesetz entsprechen, wenn $\alpha = 9^\circ$ statt $8^1/_2{}^\circ$ wäre.

Zur Genauigkeit der Messungen: Bei der geringen Torsionskraft des sehr dünnen und langen Silberdrahtes kann die Nullage nur auf 2—3° festgelegt werden. Außerdem reißt der Draht sehr leicht. Bei dem Vergleich der drei Messungen ist zu berücksichtigen, daß die Elektrizitätsmengen mit der Zeit abnehmen, doch macht dies nach der Ansicht Coulombs in den 2 Minuten der ganzen Meßreihe so wenig aus, daß diese Fehlerquelle vernachlässigt werden kann. — Bis 25° oder 30° Abstand der beiden Kugeln darf der Bogen mit der Sehne und die tangentiale Richtung der Torsionskraft mit der Richtung der Sehne ohne merklichen Fehler vertauscht werden, um so mehr, als beide Vernachlässigungen im entgegengesetzten Sinne wirken. — Die Abweichung von $^1/_2{}^\circ$ ($8,5^\circ$ statt 9°) läßt Coulomb auf sich beruhen.

b) Die elektrische *Anziehung*: Im Falle der Anziehung ergibt sich insofern eine Schwierigkeit, als die bewegliche Kugel gegenüber der festen Kugel nur unter einer bestimmten Entfernungsbedingung im Gleichgewicht zwischen der Torsionskraft und der Anziehungskraft bleibt und daß diese Bedingung, auch wenn sie zunächst bestand, durch ein Schwingen der bewegten Kugel leicht wieder zerstört werden kann. Coulomb verzichtet darauf, diese Versuche, welche ihm offenbar nur bei besonderer Sorgfalt gelungen sind, zahlenmäßig wiederzugeben, und begnügt sich mit der

---

[1] Die tabellarische Zusammenstellung der Messungen und die Prüfungsform der letzten Spalte ist hier und weiterhin an die Stelle der etwas schwerfälligen Proportional-Darstellung Coulombs gesetzt.

[2] Die Mengenproportionalität weist Coulomb nicht durch besondere Versuche nach, sondern er nimmt die Kräfte von vornherein als Maß der „Mengen" der an sich unbekannten „Elektrizitäten" und „magnetischen Pole" an, nicht ohne aber durch Teilung von Elektrizitäten zwischen einander berührenden Leitern die widerspruchsfreie Durchführbarkeit dieser Annahme zu erweisen.

Angabe, daß sie auch für die Anziehung die quadratische Anhängigkeit von
der Entfernung bestätigt hätten. Er hat aber das Bedürfnis, das Ergebnis
durch die folgende einwandfreie Methode nachzuprüfen (Abb. 68):

„Man hängt eine Schellacknadel lg an einen Seidenfaden sc von 1,8 cm
Länge[1], aus einer einzigen Faser, wie er vom Kokon kommt; an dem Ende 1
befestigt man senkrecht zu dieser Nadel einen kleinen Kreis von 1,6 cm
Durchmesser, der sehr leicht und aus einem Blatte Goldpapier geschnitten
ist; der Seidenfaden ist in s an das untere Ende eines kleinen Holzstabes st

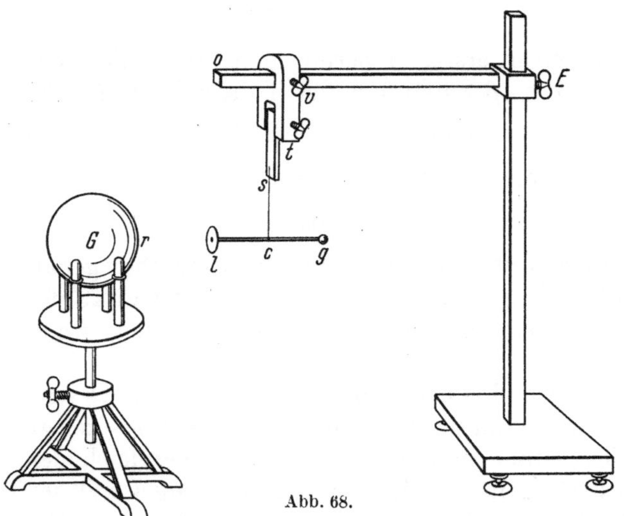

Abb. 68.

befestigt, der im Ofen
getrocknet und mit
Schellack oder Siegel-
lack überzogen ist;
dieser Stab wird in t
von einer Zwinge ge-
halten, welche sich an
dem Balken oE ver-
schieben und nach
Belieben mittels der
Schraube v festklem-
men läßt.

G ist eine Kugel
von Kupfer oder Pap-
pe, die mit Zinnfolie
bedeckt ist; sie ruht
auf vier Glaspfeilern,
die mit Siegellack überzogen sind und die, um die Isolation vollkommener
zu machen, oben in Siegellackstäbe von etwa 10 cm Länge auslaufen;
diese vier Stützen sind mit ihrem unteren Teil auf einer Platte befestigt,
welche man auf ein kleines verstellbares Tischchen legt, das sich, wie es
die Abbildung zeigt, in der für den Versuch passendsten Höhe feststellen
läßt; der Balken oE kann ebenfalls mittels der Schraube E in passender
Höhe festgeklemmt werden.

Nachdem alles so vorbereitet ist, stellt man die Kugel G so auf, daß ihr
waagerechter Durchmesser G r mit dem Mittelpunkt der Platte l, welche
einige Zoll von ihr entfernt ist, in gleicher Höhe liegt. Nun leitet man
mittels der Leydener Flasche einen elektrischen Funken auf die Kugel und
berührt die Platte l mit einem leitenden Körper. Die Wirkung der elektrisierten Kugel auf das elektrische Fluidum der nicht elektrisierten Scheibe
verleiht dieser Scheibe eine der Elektrizität der Kugel entgegengesetzte

---

[1] Die Versuchsbeschreibung ist hier nach der Ostwaldschen Übersetzung wiedergegeben,
jedoch enthalten die Zahlenangaben Widersprüche sowohl in bezug auf die Abbildung als
auch untereinander. Die ersteren klären sich, wenn man annimmt, daß die Kugel mitsamt
dem sie tragenden Gestell zu klein gezeichnet ist, um die ganze Abbildung nicht zu groß
werden zu lassen. Dagegen wird die Länge des Kokonfadens einmal mit 7 bis 8 Zoll (rund
20 cm) und dann mit 8 Linien (1,8 cm) angegeben. Der letzere Wert scheint richtig zu sein,
wenn man Fadenlänge sc und Stablänge lg in der Abbildung miteinander vergleicht. Da
die Coulombsche Arbeit im Original leider nicht zugänglich war, konnte eine definitive Entscheidung nicht getroffen werden.

Ladung, so daß, wenn man den leitenden Körper zurückzieht, die Kugel
und die Scheibe anziehend aufeinander einwirken."

Die *Versuche.* Das aufgeladene Scheibchen wird auf verschiedene Entfernungen d vom Mittelpunkt der Kugel eingestellt. Die Wirkung der
Kugel ist, wie Coulomb bekannt war, im Falle einer dem Quadrat der Entfernung umgekehrt proportionalen Anziehungskraft so, als ob die ganze
Elektrizitätsmenge im Mittelpunkt der Kugel vereinigt wäre. Ebenso kann
die Ladung des Scheibchens bei seiner Kleinheit und der Größe der Entfernung als in seinem Mittelpunkt vereinigt gedacht werden; d ist also als der
Abstand vom Kugelmittelpunkt zum Scheibchenmittelpunkt anzusehen.
Gemessen wird die Zeitdauer T für 15 Schwingungen. T ist der Wurzel aus
der Anziehungskraft umgekehrt, der Entfernung d also direkt proportional,
falls die Anziehungskraft tatsächlich proportional $\frac{1}{d^2}$ ist. Coulomb müßte
also feststellen, ob T und d einander proportional sind oder nicht. Die Ergebnisse sind in der folgenden Tabelle zusammengestellt (vgl. Anm. 1, S. 99).

Der wesentlich zu große
Wert des letzten Verhältnisses
wird von Coulomb auf die allmähliche Abnahme der Elektrizitätsmengen während der
Versuchsdauer von 4 Minuten,
nämlich um $^1/_{40}$ pro Minute,

Tabelle 21.

No.	d in Zoll	T in sec	$(T/d) \cdot 100$
1	9	20	222
2	18	41	228
3	24	60	250

zurückgeführt. Die Wirkung nimmt danach in den 4 Minuten um $^4/_{40}$, d. h.
$^1/_{10}$, ab. Man würde also, wie sich leicht berechnen läßt, ohne den ständigen
Elektrizitätsverlust für 15 Schwingungen 57 sec statt 60 sec erhalten
haben. Daraus ergibt sich $(T/d) \cdot 100 = 237$, d. h. ein Wert, der nur noch
um etwa 5 % von dem richtigen Wert abweicht, eine Differenz, welcher
Coulomb keine Bedeutung mehr beimißt.

II. Das Coulombsche Gesetz für Magnetismusmengen.

Die Messung der magnetischen Kräfte als Funktion des Abstandes ist
der Messung der elektrischen Kräfte so analog, daß wir uns hier kürzer
fassen können. Anstelle der elektrischen Waage tritt die magnetische Waage
nach dem gleichen Prinzip (Abb. 69). Die Apparatur ist in einem sehr großen
Holzkasten von 1 m Kantenlänge montiert. Der in 360° eingeteilte kupferne
Meßkreis hat einen Durchmesser von 92 cm. Das Rohr i d, welches von dem
Querbrett A B getragen wird, hat eine Höhe von 80 cm. Es trägt an seinem
oberen Ende einen Torsionskopf, ähnlich wie in Abb. 67. An einem Messingdraht, von dem 6 Fuß 5 gran wiegen und dessen Durchmesser sich hieraus
zu 0,14 mm berechnet, hängt die deutlich sichtbare, sehr lange Magnetnadel
in einer ähnlichen, aber etwas kräftigeren Montierung wie in Abb. 67. Die
Nadel hat aber nicht die gezeichnete symbolische Form, sondern besteht
lediglich aus einem langen, dünnen magnetischen Stahldraht, welcher in
die untere Haltevorrichtung des Torsionsdrahtes eingeklemmt wird. Der
den rechts liegenden Pol der Nadel abstoßende Magnetpol befindet sich an
dem unteren Ende des senkrecht stehenden, langen, dünnen Magnetstabes.

Die nordsüdliche Ruhelage der Magnetnadel auf dem großen Teilkreis
muß der Nullage der Torsion am Torsionskopf entsprechen, was durch
anfänglichen Ersatz der Stahlnadel durch eine unmagnetische Kupfernadel
und entsprechende Drehung des Torsionskopfes erreicht wird.

Den Besonderheiten der magnetischen Pole wird in folgenden Beziehungen
Rechnung getragen:

1. Um die zu messende Kraftwirkung zweier Pole aufeinander möglichst
von der unvermeidlichen Mitwirkung der jeweils entgegengesetzten Pole
zu befreien, werden als bewegliche und als feststehende Magnete möglichst lange, dünne Stahldrähte von 60 cm Länge und 3 mm Durchmesser benutzt.

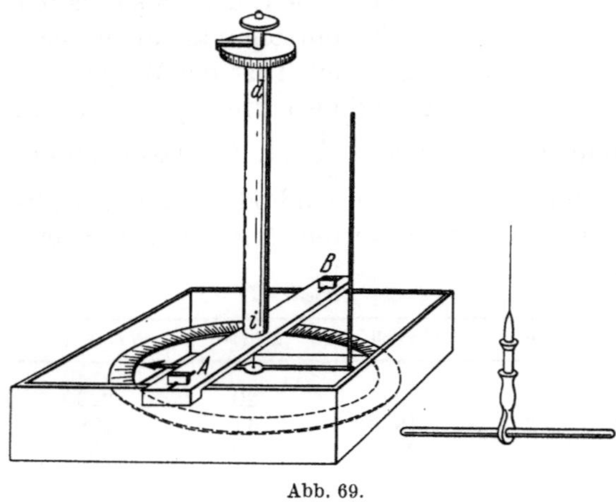

Abb. 69.

2. Bei Anwendung der Schwingungsmethode muß der Richtkraft des Erdmagnetismus, welcher ja bei jeder Schwingung mitwirkt, dadurch Rechnung getragen werden, daß die Schwingungsdauer auch unter alleiniger Wirkung des Erdmagnetismus bestimmt wird. Die
unter dem Einfluß eines anziehenden Poles gemessene Schwingungsdauer kann
dann so korrigiert werden, als ob der Erdmagnetismus nicht vorhanden wäre.

3. Die Lage der Pole in dem langen, dünnen Magneten wird dadurch
bestimmt, daß derjenige Punkt aufgesucht wird, welcher auf eine kleine
Hilfsnadel von 5 cm Länge am kräftigsten wirkt. Durch schöne systematische Versuche fand COULOMB, daß bei einem 68 cm langen Magnetdraht der
„Pol" etwa 2,2 cm vom Ende entfernt, d. h. bei etwa $^1/_{30}$ der Stablänge, liegt.

4. Die benutzten Magnetdrähte müssen vom besten Stahl sein, damit
sie sich bei größerer Annäherung nicht umpolarisieren. Auch hier kann die
Messung der abstoßenden Kräfte mit der Drehwaage und die Messung der
anziehenden Kräfte durch Schwingungsbeobachtung erfolgen. COULOMB benutzt wieder beide Methoden.

Messungen mit der Drehwaage. Die Verwendung der magnetischen Drehwaage erfolgt analog den Versuchen mit der elektrischen Drehwaage. Der
feststehende Magnetdraht wird durch den Deckel des Holzkastens (in Abb. 69
nicht gezeichnet) so eingeführt, daß sein unterer Pol in der gleichen Horizontalebene mit dem beweglichen Magnetdraht liegt. Die Abstände zwischen
den beiden Polen werden durch entsprechende Torsion des Aufhängedrahtes variiert; dabei muß aber im Gegensatz zu den analogen elektrischen
Messungen außer der Torsionskraft auch die in die Nord-Süd-Lage zurücktreibende Kraft des Erdmagnetismus berücksichtigt werden. Durch
sorgfältige Vorversuche war festgestellt worden, daß einer Auslenkung der
Nadel um 1° aus der Nord-Süd-Richtung eine Torsion von 35° entspricht.

Bei der ersten Messung steht der Torsionskopf auf 0 Grad (Zeile A der folgenden Tabelle), die durch magnetische Abstoßung hervorgerufene Auslenkung der Nadel beträgt 24° (Zeile B). Das Torsionsäquivalent des Erdfeldes ist somit 24° · 35 = 840° (Zeile C). Danach beträgt dann die Summe der Torsionskräfte, welche der Abstoßung das Gleichgewicht halten, im ganzen 864° (Zeile D). Bei der zweiten Messung wurde der Torsionskopf um 3 · 360° gedreht, bis die Auslenkung der Nadel auf 17° zurückging, das Torsionsäquivalent des Erdfeldes beträgt hier also 17° · 35 = 595°. Als die Summe der abstoßenden Kräfte erhält man hier schließlich 1692°. Weitere 5 Umdrehungen (im ganzen also 8) am Torsionskopf ergaben bei Versuch 3 einen Ausschlag von 12°, woraus sich hier schließlich die gesamte abstoßende Kraft zu 3312° berechnet.

Tabelle 22.

	1	2	3
A	$0°$	$3 \times 360 = 1080°$	$(5 + 3) \times 360° = 2880°$
B	$24°$	$17°$	$12°$
C	$24° \times 35 = 840°$	$17° \times 35 = 595°$	$12° \times 35 = 420°$
D	$864°$	$1692°$	$3312°$
$K \cdot \varrho^2/1000$	498	489	477

Die Kräfte K verhalten sich also wie 864 : 1692 : 3312, die Entfernungen ϱ wie 24 : 17 : 12. Das zu prüfende Gesetz verlangt die Konstanz von $K \cdot \varrho^2$. Wie man sieht, ergibt sich eine gute Bestätigung des Gesetzes.

Messung der Schwingungsdauer. Eine Magnetnadel von 2,7 cm Länge wird an einem Kokonfaden von 0,7 cm Länge aufgehängt und unter dem Einfluß des obigen senkrecht angebrachten Magneten der Abb. 69, dessen Pol in die gleiche Höhe mit der Schwingungsebene der Magnetnadel gebracht war, für verschiedene Entfernungen d in Schwingungen gebracht. Dabei setzt Coulomb, da der feststehende Pol auf die beiden Pole der schwingenden Nadel im gleichen Drehsinne wirkt, d gleich der Entfernung des feststehenden Pols von der *Mitte* der schwingenden Nadel, was bei unserem Entfernungsgesetz jedoch unkorrekt ist[1].

Z ist die Zahl der Schwingungen in 60 sec. K ist das relative Maß für die anziehende Kraft des feststehenden Magnetpols, indem man den Einfluß des Erdmagnetismus, unter dessen alleiniger Wirkung $Z = 15$ in 60 sec sein würde, dadurch eliminiert, daß der Wert 15^2 vom jeweiligen Z^2 subtrahiert wird. Die gemessenen Werte sind in der folgenden Tabelle zusammengestellt.

Tabelle 23.

No.	d (Zoll)	Z/min	K	$K \cdot d^2 : 100$
1	4	41	$41^2 - 15^2 = 1456$	233
2	8	24	$24^2 - 15^2 = 351$	225
3	16	17	$17^2 - 15^2 = 64$	164 (202)

[1] Bei einer schwingenden Nadel von 1 Zoll Länge und einem Abstand d von 4 Zoll zwischen feststehendem Pol und Nadelmitte erhält man einen um 5% zu kleinen Wert für die anziehende Kraft.

Während die Produkte der letzten Spalte für die Versuche 1 und 2 gut zusammenstimmen, ist 3 viel zu klein. Coulomb erklärt dies folgendermaßen. Bei der großen Entfernung von 16 Zoll kommt schon die Wirkung des entgegengesetzten oberen Pols des feststehenden Magnetdrahtes wesentlich zur Geltung. Coulomb berechnet sie zu 19% der Wirkung des unteren Pols und korrigiert damit die Ziffer 64 auf 79; dann würde $\frac{K \cdot d^2}{100}$ statt 164 gleich 202 werden. Dieser Wert ist immer noch über 10% zu klein. Coulomb hält aber jetzt die Werte für genau genug, um auch nach dieser Methode das Entfernungsgesetz als bewiesen annehmen zu können.

Alles in allem ist die Leistung Coulombs sehr hoch einzuschätzen als die erste *quantitative* Messung auf dem Gebiete der Elektrizität und des Magnetismus. Coulomb ist außerdem der erste, welcher die Torsionskraft eines dünnen Drahtes als *durchgearbeitete Methodik* in die Experimentalphysik eingeführt hat, nachdem er die Gesetze der Torsion, besonders die Proportionalität der Torsionskraft mit der vierten Potenz des Radius, bereits 1 Jahr vorher genauer untersucht hatte. Er ist der erste, welcher die enorme Empfindlichkeit und die bequeme Handhabung dieser Methode durch ausführliche kritische Versuche erprobt und unter anderem auch für die Konstruktion eines höchstempfindlichen Elektrometers benutzt hat. Er ist ferner der erste, welcher die Pendelgleichung zur Messung anderer Kräfte als der Schwere benutzt hat. Auch sonst, d. h. in allen experimentellen Einzelheiten, handelt es sich um ein Meisterstück klassischer Experimentierkunst.

Demgegenüber ist man erstaunt, wie gering die Zahl der durchgeführten und wiedergegebenen Messungen ist, nachdem so viel Sorgfalt auf den Versuchsaufbau verwandt worden war. Wo *wir* eine große Zahl von Messungen erwarten, begnügt Coulomb sich mit wenigen Meßreihen von wenigen Einzelwerten, ohne bei den elektrischen Versuchen etwa der zeitlichen Abnahme der Ladungen dadurch Rechnung zu tragen, daß die Versuche in umgekehrter Reihenfolge wiederholt oder auf einen festgelegten Vergleichswert bezogen werden. Coulombs Genauigkeitsansprüche sind so gering, daß er Abweichungen von 5% für belanglos hält, was um so überraschender ist, als er über eine klare Erkenntnis aller Nebeneinflüsse verfügt. Im Grunde ist Coulomb von vornherein überzeugt, daß die elektrischen und magnetischen Kraftgesetze dem Newtonschen Gravitationsgesetz analog sind. Er beweist eigentlich nur, daß die reziproke Entfernung nicht in erster und nicht in dritter, sondern in zweiter Potenz in den Nenner der Gleichung eingeht. Eine geringe Abweichung von der zweiten Potenz, wie sie infolge von Absorptionserscheinungen denkbar wäre, würde sich völlig seiner Feststellung entzogen haben.

Trotz dieser Mängel bleibt ein großer Eindruck: Coulomb erscheint als der Begründer der Elektro- und Magnetostatik und als einer der *Hauptbegründer* moderner Experimentierkunst.

Die Voltasche Säule (1792—1801).

Volta.

Es handelt sich hier nicht um einen eigentlichen Grundversuch, sondern um ein ganzes System von Einzelversuchen, welche schließlich zu einem einheitlichen Endresultat geführt haben, nämlich zur Entdeckung eines neuen Prinzips der Elektrizitätserzeugung. Die Darstellung ist, wie der Autor selbst sagt, weitschweifig und bewegt sich häufig in mehr oder minder

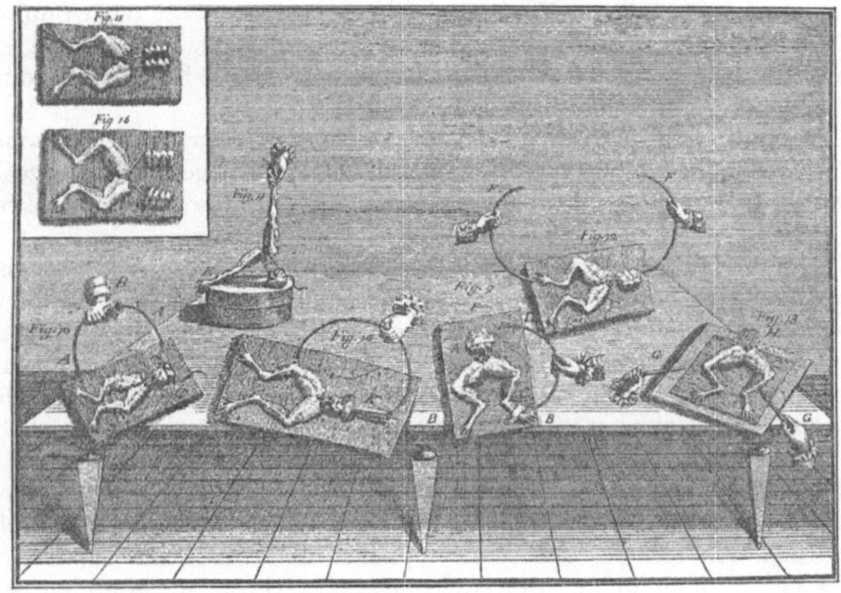

Abb. 70.

variierten Wiederholungen, wie dies auch durch die Art der Veröffentlichung in der Form von Briefen an verschiedene Adressaten gegeben ist. Es ist daher nicht leicht, den wirklichen Gang der Versuche und Gedanken wiederzugeben. Ich muß mich damit begnügen, die Hauptstufen darzustellen, welche zu der gewaltigen Höhe des Enderfolges geführt haben. —

Volta hat von Galvani, dessen große Leistung er stets und voll anerkannt hat, folgende Ergebnisse übernommen:

1. Ein Froschpräparat, wie es in Abb. 70 dargestellt ist, zuckt zusammen, wenn in einer Entfernung von einigen Fuß der Funke einer Elektrisiermaschine übergeht.

2. Derselbe charakteristische Effekt tritt ein, wenn man den Nerv und den Beinmuskel gleichzeitig mit einem metallischen Leiter berührt: Dieser

Effekt scheint seiner ganzen Art nach der gleiche zu sein wie beim Übergang des Funkens. Für seine elektrische Natur spricht auch sein verschiedenes Verhalten bei der Berührung mit Leitern und mit Isolatoren.

3. Die Versuchsergebnisse lassen sich unter folgendem einheitlichen Gesichtspunkt erklären: Die äußere Muskelfläche und die den Nerv umgebende innere Muskelfläche bilden die Belegungen einer mit „tierischer Elektrizität" aufgeladenen Leydener Flasche. Der Nerv spielt dabei die Rolle des „Konduktors", d. h., der in der Achse der Flasche montierten Zuleitung zur inneren Belegung. Die gleichzeitige Berührung von Muskel und Nerv muß daher eine elektrische Entladung herbeiführen, welche sich ebenso wie eine von außen kommende Entladung durch ein Zucken des Muskels manifestiert.

4. Endlich hatte GALVANI bei seinen Versuchen noch die Beobachtung gemacht, daß das Zucken des Muskels besonders lebhaft wird, wenn die leitende Verbindung zufällig aus zwei verschiedenen Metallen besteht. Diese Erscheinung hatte mit der Deutung des Versuchsergebnisses nach Punkt 3 an sich nichts zu tun und hatte für GALVANI nur den Charakter einer Nebenbeobachtung, hätte ihn aber stutzig machen sollen, da sie bei der Entladung der Leydener Flasche kein Analogon findet.

Um das Verhältnis VOLTAs zu GALVANI richtig zu verstehen, muß man im Auge behalten, daß GALVANI Anatom und Physiologe, VOLTA dagegen geschulter Physiker war, der sich schon durch die Verbesserung des Elektrophors und des Kondensators einen Namen gemacht hatte.

VOLTA erkannte die Entdeckerleistung GALVANIs voll an und war anfangs selbst durch den faszinierenden Vergleich des Muskels mit einer Leydener Flasche stark beeindruckt. Er hatte eigentlich nur die Absicht, die Versuche GALVANIs zu wiederholen und *quantitativ* zu unterbauen. („Was läßt sich Gutes, besonders in der Physik hervorbringen, wenn nicht alles auf Maß und Grade berechnet ist?") VOLTA stellte zunächst fest, daß es sich bei dem Zucken des Froschpräparates unter dem Einfluß eines entfernten Funkens um einen Rückschlag, d. h. um die Wiedervereinigung der durch Influenz getrennten beiden Elektrizitäten, handelte. Die Reizung erfolgt also durch den elektrischen Strom, welcher den Ausgleich herbeiführt. VOLTA prüfte dann weiter, wie groß ein solcher Strom im Minimum sein muß, um ein sichtbares Zucken hervorzurufen, und fand, daß die hierzu ausreichende Ladung einer Leydener Flasche — weit entfernt, etwa einen Funken zu verursachen — an der Grenze der Meßmöglichkeiten mit dem empfindlichsten Elektrometer der damaligen Zeit lag. Er kam damit zu der Auffassung, daß das Froschpräparat ein physiologisches Elektrometer darstellt, welches die damals gebräuchlichen physikalischen Instrumente an Empfindlichkeit weit übertrifft. An welcher Stelle ist nun diese Empfindlichkeit lokalisiert? Beim Durchgang der Elektrizität durch den Muskel, beim Durchgang der Elektrizität durch den Nerv oder beim Übergang der Elektrizität vom Muskel zum Nerv? Diese Frage war am einfachsten an dem freigelegten Nerv des Froschpräparates zu prüfen. VOLTA umfaßte den Nerv an zwei nur eine Linie voneinander entfernten Stellen mit Stanniolbelegungen, wie sie schon GALVANI zur Verstärkung der Wirkung im Gedanken an die Belegungen der Leydener Flaschen angewandt hatte, und schickte eine kleine Entladung durch das kurze Nervenstück zwischen den beiden Belegungen. Er konnte ein starkes Zucken des Beinmuskels beobachten. Dies führte ihn zu der allgemeinen Erkenntnis, daß der Nerv es ist, welcher durch den Strom gereizt wird, und daß der so gereizte Nerv dann seine natürliche Funktion auf den von ihm abhängigen Muskel ausübt, so daß dieser in Zuckungen gerät.

Volta ging jetzt zu den Versuchen im Sinne Galvanis über, bei welchen keine äußere Elektrizitätsquelle mitzuwirken schien. Er verband die beiden einander sehr nahen Belegungen des obigen Nervenversuches metallisch miteinander und erhielt ein Zucken des zugehörigen Muskels. Diese Beobachtung ließ sich nicht mehr in Einklang bringen mit der Galvanischen Auffassung von der Entladung einer Leydener Flasche Muskel-Nerv. An dieser Stelle scheint Volta die Auffassung Galvanis endgültig verlassen zu haben.

Volta variierte jetzt den letzten Versuch, indem er die beiden Belegungen des Nervs aus zwei verschiedenen Metallen bildete, im Anschluß daran, daß Galvani besonders starke Zuckungen erhalten hatte, wenn er den Schließungsbogen aus zwei verschiedenen Metallen bestehen ließ. Volta nennt die Verwendung zweier verschiedener Metalle, z. B. Ag und Sn, einen „Kunstgriff", mittels dessen auch dann noch ein Zucken des Muskels hervorgerufen werden kann, wenn die Lebenskraft[1] des Präparates schon stark abgenommen hat. Tatsächlich war dieser bloße „Kunstgriff" der *entscheidende* Schritt! Die weiteren Versuche führen Volta nun mehr und mehr zu der Auffassung, daß die Metalle nicht lediglich die Rolle des Leiters spielen, welcher den Überschuß der Elektrizität, der sich aus unbekannten physiologischen Gründen an einer Stelle gebildet hat, zu der Stelle eines Unterschusses hinführt, sondern daß die Berührung der beiden verschiedenen Metalle die *Ursache* der elektrischen Spannungsdifferenz ist, welche sich durch den Nerv entlädt und diesen zur Reizung des Muskels veranlaßt. Mit anderen Worten: Die Berührung der beiden verschiedenen Metalle ist eine neu entdeckte Quelle der Elektrizität, aber nicht der tierischen Elektrizität, sondern der gewöhnlichen Elektrizität, wie sie u. a. auch durch die Reibungselektrisiermaschine erzeugt wird.

Das Froschpräparat[2] selbst *erzeugt* keine Elektrizität, sondern bildet lediglich ein hochempfindliches Elektrometer, welches die von Volta so

---

[1] Dieser Begriff tritt immer wieder auf. Er ist in diesem Zusammenhang wohl am besten als die Fähigkeit des Nervs zu definieren, in dem ihm untergeordneten Muskel die spezifische Bewegung hervorzurufen, eine Fähigkeit, welche naturgemäß nach dem Tode des Tieres mit der Zeit immer mehr abnimmt.

[2] Eine zweite Versuchsreihe, bei welcher die Geschmacksnerven durch Belegung der Zunge mit zwei verschiedenen Metallen und durch metallische Verbindung der beiden Belegungen gereizt werden, läuft den Froschversuchen parallel. Je nach der Wahl der Metalle ergibt sich an der Zungenspitze ein saurer oder alkalischer Geschmack. Das Ergebnis dieser Versuche, die schon von Sulzer 1760 angestellt worden waren, ohne daß Volta sie zunächst kannte, ist das gleiche wie das der Froschversuche, welche wegen ihrer größeren Variierbarkeit im Vordergrund stehen. In einem Punkte sind die Zungenversuche allerdings den Froschversuchen überlegen, sie ergeben nicht nur die Stärke, sondern auch die Richtung des Stroms und sind daher für die erste Aufstellung der Spannungsreihe von großem Wert. — Auch die Erweiterungen der Voltaschen Versuche auf andere Tiere und auf andere Sinnesorgane führen sämtlich nur zu denselben Resultaten.

bezeichnete „metallische" Elektrizität auch dann noch anzeigt, wenn sie
für ein gebräuchliches Elektrometer unmeßbar klein sein sollte.

Dabei ist die neue Elektrizitätsquelle um so kräftiger, je unähnlicher sich
die beiden Metalle sind. Als Maß für diese Unähnlichkeit benutzt Volta den
Abstand der Metalle in seiner „Spannungsreihe". Die erste von Volta
angegebene Spannungsreihe hat eine solche Form, daß die Metalle zunächst
in drei Gruppen zusammengefaßt werden:

$$(\text{Sn} \quad \underbrace{\text{Pb}) \ldots \ldots \ldots (\text{Fe} \quad \text{Cu}}_{\text{gute Wirkung}} \quad \underbrace{\text{Messing}) \ldots \ldots (\text{Hg} \quad \text{Au} \quad \text{Ag} \quad \text{Pt})}_{\text{schlechte Wirkung}}$$

$$\underbrace{}_{\text{sehr gute Wirkung}}$$

Das ist von jetzt an die Grundlage für alle Versuche und für alle Erklärungen Voltas, welche für ihn unerschütterlich feststeht[1] und von ihm
selbst mit berechtigtem Stolz als eine „kapitale" Entdeckung bezeichnet
wird. Seine weitere Arbeit beschränkt sich im einzelnen darauf, die ent-
gegenstehenden Versuche und Ansichten seiner Gegner, besonders Al-
dinis, zu widerlegen. Ein schwerwiegender Einwand war der, daß das
Zucken des Muskels auch dann eintritt, wenn der Muskel und Nerv miteinander verbindende Bogen aus ein und demselben Metall besteht. Voltas
Gegenargument besteht darin, daß die beiden Enden des Metalls in Wirklichkeit niemals gleich sind, sondern sich in irgendwelchen Eigenschaften,
z. B. der Härte, der Politur, der genauen Zusammensetzung oder irgend
einer anderen Oberflächenbeschaffenheit, doch unterscheiden. Die Deutung
des Aldinischen Versuches, bei welchem Quecksilber als Verbindungsbogen
einen Effekt gibt, widerlegt er damit, daß gerade das Quecksilber Verschiedenheiten zwischen seinem Innern und seiner Oberfläche zeigt, daß
also der Nerv innerhalb des reinen Quecksilbers liegt, während der Muskel
von der oxydierten Quecksilberoberfläche berührt wird, gerade wie Blei,
das an einem Ende blank und am anderen Ende oxydiert ist, einen merklichen Effekt gibt. Dieser Gegenbeweis ist nicht zu widerlegen, da die absolute Gleichheit der beiden Enden nie bewiesen werden kann, erscheint
aber doch etwas billig. Wichtiger ist es nach meiner Meinung, daß in den
Fällen eines „homogenen" Leiters der Effekt jedenfalls um eine Größenordnung kleiner ist als bei zwei verschiedenen Metallen.

Wesentlicher erscheint mir der Einwand, daß auch ein Verbindungsbogen aus nichtmetallischen, feuchten Leitern einen Effekt gibt. Volta
konstatiert zunächst, daß der Effekt in diesen Fällen sehr gering ist, und
führt ihn im übrigen wieder auf die Verschiedenheit der feuchten Leiter
an ihren beiden Enden zurück, sei es, daß der Leitungsbogen von vornherein aus zwei verschiedenen Flüssigkeiten besteht oder daß ein und dieselbe Flüssigkeit zufällige Verschiedenheiten an ihren Enden besitzt oder be-
kommt. Volta erweitert damit seinen Grundsatz dahin, daß anstelle verschiedener Metalle auch verschiedene Flüssigkeiten durch ihre Berührung eine
solche neuartige Elektrizitätsquelle bilden können. — Mag es Volta in dieser

---

[1] „Dies ist der Weg, den ich bis jetzt gegangen bin und welchen ich auch bei den in der
Zukunft folgenden Abhandlungen nicht verlassen werde."

ganzen Polemik auch nicht immer gelingen, jede einzelne Gegenbehauptung zu widerlegen, so hat er doch darin recht, daß die *Gesamtheit* seiner Versuche die Richtigkeit seiner Grundanschauung „mit Händen greifen läßt".

VOLTA fehlt jetzt nur noch eine quantitative, von Tierversuchen unabhängige Festlegung der Spannungsreihe, d. h., er muß die bei Berührung auftretenden Spannungen objektiv messen. Für direkte Messungen an den damaligen Elektrometern sind diese Spannungen zu klein. Sie lassen sich aber durch verschiedene Methoden bis in den Bereich der Meßbarkeit erhöhen. Das wirksamste, aber nur sehr vorsichtig zu handhabende Instrument hierfür ist der sog. Duplikator, d. h. eine kleine Influenzmaschine, welche durch eine entsprechende Zahl von Umdrehungen eine ursprünglich durch Berührung entstandene minimale Elektrizitätsmenge bis zur Meßbarkeit vervielfacht. Ein anderes Mittel ist der von VOLTA meisterhaft gehandhabte Kondensator, d. h. ein Paar möglichst ebener, verschiedenartiger Metallplatten, welche durch eine dünne Isolationsschicht in geringstem Abstand gehalten und durch Berührung ihrer Außenseiten mittels eines Drahtes auf die ihrer Verschiedenheit entsprechende Spannungsdifferenz gebracht werden. Hebt man zum Schluß die obere Platte ab, so vervielfacht sich die Spannung zwischen den Platten entsprechend der Verminderung der zunächst sehr großen Kapazität.

Unter Benutzung dieser Hilfsmittel hat VOLTA seiner Spannungsreihe eine quantitative Grundlage gegeben. Er hat dabei gleichzeitig das Grundgesetz der Spannungsreihe gefunden, nach welchem die Spannungsdifferenz zweier Metallstücke von gleicher Größe ist, einerlei, ob sie direkt oder durch Vermittlung eines dritten Metalls miteinander verbunden werden.

Fassen wir jetzt die Ergebnisse der VOLTAschen Forschungsarbeit zusammen:

1. Die Berührung zweier verschiedener, leitender Substanzen, besonders zweier Metalle, ist eine neuartige, wenn auch noch gänzlich unverstandene Quelle der Elektrizität.

2. Bei den Tierversuchen spielt die Berührung der beiden verschiedenen Metalle die aktive Rolle des Elektrizitätserzeugers, während das tierische Präparat nur als ein organisches Elektrometer wirkt.

3. Die Metalle lassen sich in eine Spannungsreihe ordnen, bei welcher die Spannungsdifferenz zweier verschiedener Metalle ihrem Abstand in der Reihe entspricht. Die Spannungsdifferenz ist dabei die gleiche, einerlei, ob die beiden Metalle direkt oder durch Vermittlung eines beliebigen dritten Metalls miteinander verbunden sind.

4. Die Spannungsreihe, in welche sich auch Kohle und einige Erze einordnen lassen, ist in ihrer letzten von VOLTA gegebenen Gestalt die folgende:

Zink,	Platin,
Stanniol,	Gold,
gewöhnliches Zinn in Platten,	Silber,
Blei,	Quecksilber,
Gelbkupfer und Bronze von verschiedener Beschaffenheit,	Reißblei,
Kupfer,	Holzkohle.

5. Die tierische Elektrizität in der alten Auffassung GALVANIs muß als erledigt angesehen werden.

Von der so gewonnenen Grunderkenntnis schreitet VOLTA jetzt weiter fort zur Entwicklung einer praktisch brauchbaren, vom Tierversuch losgelösten, mächtigen Elektrizitätsquelle, zur VOLTAschen Säule.

Die Aufgabe besteht darin, einen dauernd kreisenden Strom zu erzeugen. Dabei ergibt sich zunächst folgende Schwierigkeit. Verbindet man zwei sich berührende Metalle, z. B. Cu und Zn, auch an ihren beiden anderen

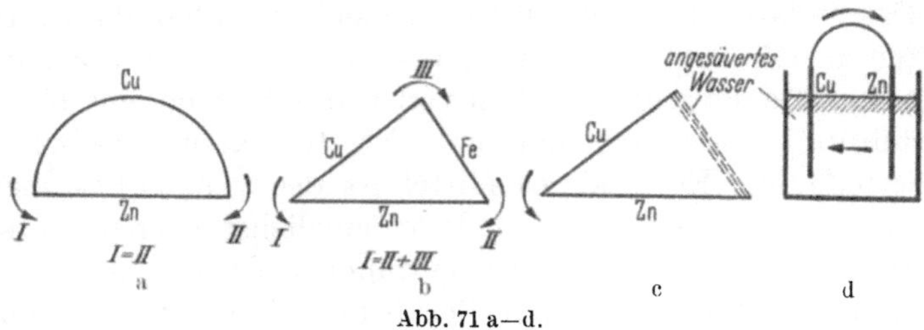

Abb. 71 a—d.

Enden miteinander, so kann die bei der Berührung auftretende elektromotorische Tendenz nicht zu einem Kreisstrom führen, weil die beiden Tendenzen an den Berührungsstellen sich das Gleichgewicht halten (Abbildung 71a). Stellt man die leitende Verbindung zwischen den anderen

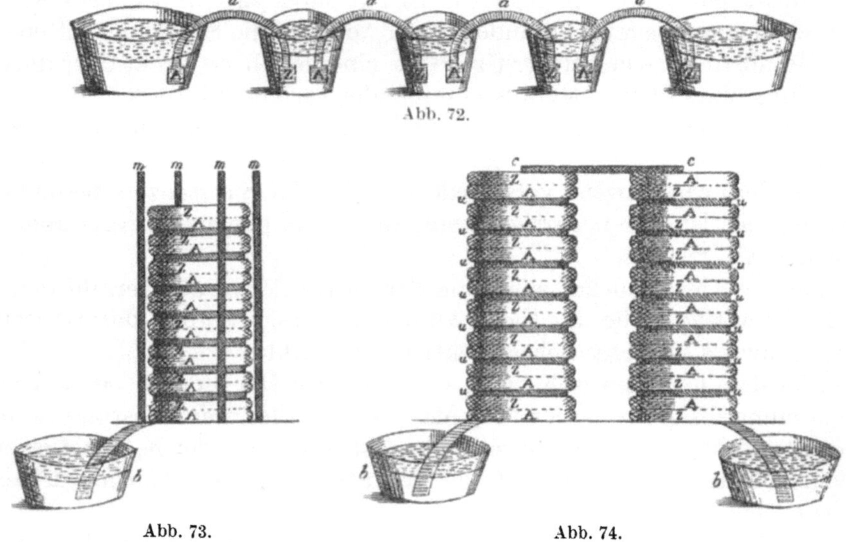

Abb. 72.

Abb. 73.

Abb. 74.

Enden zweier Metalle, wie Cu und Zn, durch ein drittes Metall, z. B. Fe, her, so kann trotzdem noch kein Strom fließen, da die Spannungsreihe ja der Gesetzmäßigkeit unterliegt, daß die elektromotorische Kraft die gleiche ist, einerlei, ob sich zwei Metalle direkt oder durch die Vermittlung eines dritten berühren. Auch auf diesem Wege kann man also nicht zu einem Kreisstrom gelangen. (Abb. 71b).

Alles dies gilt aber nur von den Stoffen, welche dem Gesetz der Spannungsreihe folgen, den Metallen. Ihnen stehen die leitenden Flüssigkeiten gegenüber, welche sich nicht in die Gesetzmäßigkeiten der Spannungsreihe einfügen. Bezeichnet man die Metalle als Leiter I. Klasse und die leitenden Flüssigkeiten als Leiter II. Klasse, so kommt man also zu dem Schluß, daß sich aus zwei Leitern I. Klasse und einem dazwischen eingeführten Leiter II. Klasse, z. B. angesäuertem Wasser (Abb. 71c), ein Kreisstrom erhalten läßt. So kommen wir zu dem Voltaschen Element in der Form der Abb. 71d.

Dieses Element ist der Baustein für eine ganze galvanische Kette, welche die Form der Abb. 72—74 annehmen kann; bei den letzteren werden die Leiter II. Klasse durch flüssigkeitsgetränkte Scheiben aus Leinen, Leder oder dergleichen gebildet.

In solcher Säule vervielfacht sich die elektromotorische Kraft entsprechend der Zahl der Elemente. So ist Volta imstande, große elektrische Spannungen zu erzielen, welche er zunächst hauptsächlich für physiologische Versuche benutzt, welche aber auch direkt an gewöhnlichen Elektrometern gemessen werden können. Volta hat mit dieser Säule der Physik ein *Forschungsmittel ersten Ranges* geliefert, auf Grund dessen sich unsere heutige Elektrizitätslehre erst entwickeln konnte.

Die Aufstellung der Spannungsreihe und die Entwicklung der Voltaschen Säule ist einer der größten Fortschritte in der Geschichte der Physik, sowohl was die subjektive Forscherleistung als auch die objektive Bedeutung betrifft. Der Weg von der *organischen* Elektrizität Galvanis in der geistreichen Auffassung des Verhältnisses Nerv-Muskel als einer durch tierische Elektrizität aufgeladenen Leydener Flasche bis zu der Auffindung einer ganz neuen *anorganischen* Elektrizitätsquelle erforderte den höchsten Grad geistiger Unabhängigkeit und experimenteller Virtuosität. Mit der Voltaschen Säule war ein so mächtiges Forschungsinstrument in die Hände der Physiker gegeben, daß die Entdeckung der chemischen, magnetischen und thermischen Wirkungen des elektrischen Stromes nur eine Frage der Zeit war und im Grunde genommen noch auf das Ruhmeskonto Voltas geschrieben werden muß. Erst die Begründung des Induktionsgesetzes durch Faraday kann als ein neuer gleichwertiger Fortschritt angesehen werden.

Die Gedankengänge Voltas haben nur einen Mangel, das ist ihr Widerspruch gegen das Energiegesetz. Dieses Gesetz beherrscht unser heutiges physikalisches Denken so vollständig, daß wir uns in die Zeit vor Robert Mayer gar nicht hineindenken können und sehr leicht den rechten Maßstab in unserem Urteil verlieren. Immerhin hatte die Erkenntnis, daß die chemischen Umsetzungen in der Säule das eigentlich Wirksame sind, durchaus in den Möglichkeiten der damaligen Zeit gelegen, wie Ritters chemische Theorie der Säule zeigt. Übrigens hat Volta die Paradoxie seines elektrischen Perpetuum mobiles in einer dunklen Vorahnung des Energiegesetzes selbst empfunden.

Die magnetische Wirkung des elektrischen Stromes (1820—1821).

OERSTED, AMPÈRE.

Die Ablenkung der Magnetnadel wurde von OERSTED 1820 entdeckt. Er sagt darüber in seinen beiden „Quartblättern“, welche er brieflich an viele Akademien und Gelehrte über seine Entdeckungen versandt hat: „Die ersten Versuche über den Gegenstand, den ich aufzuklären unternehme, sind in den Vorlesungen angestellt worden, welche ich in dem verflossenen Winter über Elektrizität, Galvanismus und Magnetismus gehalten habe.“ Es bleibt danach unbestimmt, ob die Entdeckung schon vor oder in diesen Vorlesungen gemacht worden ist, ob es sich um eine Zufalls-Entdeckung handelt oder ob der Entdecker nach derartigen Zusammenhängen gesucht hat.

Das Grundphänomen ist sehr einfach. Ein gerader, von Süden nach Norden stromdurchflossener Draht wird über eine Magnetnadel hingeführt: Der Nordpol wird nach Westen abgelenkt.

Der Strom muß dabei recht kräftig sein. OERSTED benutzte 20 VOLTAsche Zellen, deren Zinkflächen von 12 Zoll × 12 Zoll auf beiden Seiten gleichgroße Kupferflächen gegenüberstanden, und verlangte allgemein, daß die benutzten Ströme mindestens „einen Draht zum Glühen zu bringen vermögen“, ein etwas rohes Strommaß der damaligen Zeit, das aber doch einen kleinen Begriff von der Größenordnung gibt.

OERSTED variierte die Wirkungen des „elektrischen Konflikts[1]“ in verschiedenen Konfigurationen. Abb. 75 a und b sind ohne weiteres verständlich. Der Nordpol bewegt sich bei a in die Zeichenebene hinein, bei b aus

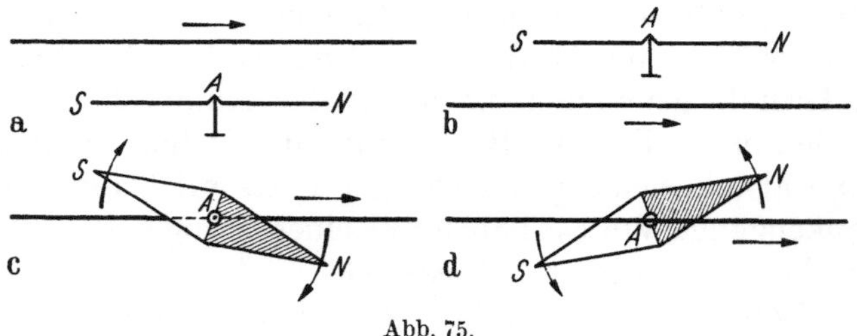

Abb. 75.

der Zeichenebene heraus. Bei c und d liegt der Leiter in der gleichen Horizontalebene *neben* der Nadel, welche zur Ermöglichung einer klaren Bewegung um die Horizontalachse A drehbar zu denken ist, entsprechend einer Inklinationsnadel; bei c liegt die Nadel für den Beschauer, der horizontal auf den Leiter sieht, vor, bei d hinter dem Leiter; bei c möchte sich N nach unten, bei d nach oben bewegen.

---

[1] So bezeichnet OERSTED stets den Ausgleichsvorgang zwischen den Elektroden der VOLTAschen Säule. Den Ausdruck „elektrischer Strom“, durch welchen eine geläufige Vorstellung mit einem tatsächlich unbekannten Vorgang verknüpft wird, vermeidet er.

OERSTED beschreibt die Vorgänge a—d im einzelnen, hat aber auch die richtige Allgemeinvorstellung. Er sagt: „Es läßt sich auch aus dem, was beobachtet wurde, schließen, daß dieser Konflikt im *Kreise* fortgehe." Was gemeint ist, macht man sich am leichtesten aus der folgenden Abb. 76 klar. l sei der Leiter, der senkrecht in die Zeichenebene hineingeht, n seien Nordpole, die man sich als die Enden senkrecht in die Zeichenebene hineingehender Magnetnadeln denken kann. Dann besteht die Wirkung des Stromes auf die Pole, OERSTEDs „elektrischer Konflikt", in einer Bewegungstendenz, wie sie durch die Pfeile angedeutet ist, d. h. einer *Kreistendenz.* OERSTED fühlt offenbar, daß hier etwas *ganz Neues* in die Physik hineintritt. Er meint: „Es müsse die Kreisbewegung, verbunden mit der fortschreitenden Bewegung nach der Länge des Leiters, eine Schneckenlinie oder Spirale beschreiben", fährt

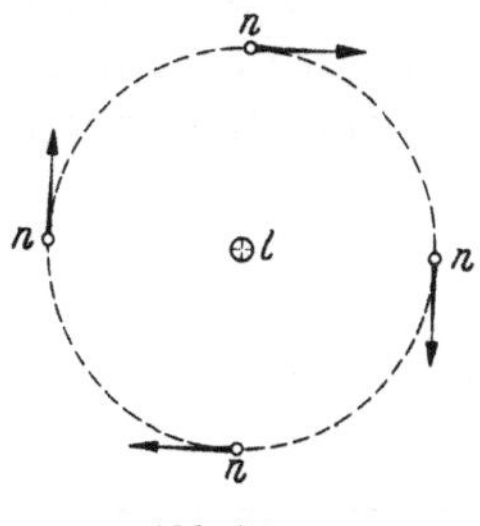

Abb. 76.

aber dann resigniert fort: „welches jedoch, wenn ich nicht irre, zur Erklärung der bisher beobachteten Erscheinungen nichts beiträgt."

Das Neue besteht darin, daß das Kraftzentrum nicht anziehend oder abstoßend auf magnetische Pole wirkt, sondern die Pole im Kreise um sich herumtreibt. Dieses Neue läßt sich auf keine schon bekannten Erfahrungen zurückführen und muß einfach als etwas Tatsächliches hingenommen werden.

OERSTED hat sich nicht damit begnügt, die jedesmaligen Bewegungsrichtungen für die verschiedenen gegenseitigen Orientierungen des Stromes und der Magnetnadel festzustellen, sondern hat sich auch ein Bild darüber gemacht, wodurch die Größe der Nadelausschläge bedingt wird. Er fand, daß die Wirkung nicht von der elektrischen „Intensität", sondern von der elektrischen „Quantität", d. h. in unserer Sprechweise, nicht von der Spannung, sondern von der Stromstärke abhängt. Er folgert dies aus den nachstehenden Beobachtungen: „Eine ununterbrochene Reihe von elektrischen Funken", die wohl als in die Nadel einschlagend zu denken sind, „bringt keine magnetisch-elektrische, sondern nur eine elektrostatische Wirkung hervor. — Eine VOLTAsche Säule aus 100 Platten von je 2 Quadratzoll wirkt nicht merklich. — Dagegen bringt *ein* VOLTAsches Element von 6 Quadratzoll eine beträchtliche Wirkung hervor. — Ein VOLTAsches Element von 100 Quadratzoll wirkt noch in 3 Fuß Entfernung deutlich auf die Nadel. — 40 derartige Elemente hintereinander geschaltet, wirken nicht stärker, sondern eher schwächer". — Nimmt man den Ausschlag der Nadel als Maß für die Stromstärke in unserem Sinne, so erklären sich diese Beobachtungen zwanglos. OERSTED hat auch ein ganz richtiges Gefühl für die Ursache, welche bei Hintereinanderschaltung die Verminderung des Ausschlages bedingt; sie liegt in einer „Verminderung der leitenden Kraft, welche der Vermehrung der Elemente des Apparates zuzuschreiben ist". Alles in allem — 5 Jahre vor der Entdeckung des OHMschen Gesetzes — eine bemerkenswerte Klarheit der Auffassung.

OERSTED verfolgt noch eine Konsequenz seiner Entdeckung, die eigentlich nach dem Prinzip von Wirkung und Gegenwirkung selbstverständlich ist, nämlich die Wirkung eines Magneten auf einen beweglich aufgehängten Stromkreis, wie er in Abb. 77 dargestellt ist. c c′d′d ist ein mit angesäuertem Wasser gefüllter Kasten aus möglichst dünnem Kupferblech von $^1/_2$ Zoll Breite, 3 Zoll Höhe und 4 Zoll Länge, welch letztere Dimension sich senkrecht in die Zeichenebene hinein erstreckt. Z Z′ ist ein dünnes Zinkblech, welches durch zwei Korke k k′ in der Mitte des Kupferkastens gehalten wird. c f f f f Z ist ein Messingdraht, der mit seinen Enden an der Kupferwand bzw. an der Zinkplatte befestigt ist und den Strom von c über f f f f nach Z leitet. b a ist ein möglichst dünner Torsionsdraht aus Messing; a c, a d sind zwei Hanffäden. Bringt man jetzt einen starken Magneten in die Nähe des beweglichen Stromkreises, so wird letzterer gedreht, was immerhin bei der absoluten Neuheit der ganzen Entdeckung OERSTED doch eine gewisse Genugtuung gewährt haben muß. Was OERSTED hierbei nicht erkannt hat, ist die Bedeutung der Fläche f f f f, durch deren Vergrößerung die Wirkung hätte stark gesteigert werden können. Andererseits erkennt OERSTED die Analogie einer Stromschleife und eines Magneten, indem er sagt: „Hier hat man also einen Apparat, dessen Enden[1] wie die Pole eines Magneten wirken". Er schwächt dann allerdings diesen Ausspruch dahin ab, „daß hier bloß die beiden Enden und nicht die Teile zwischen denselben

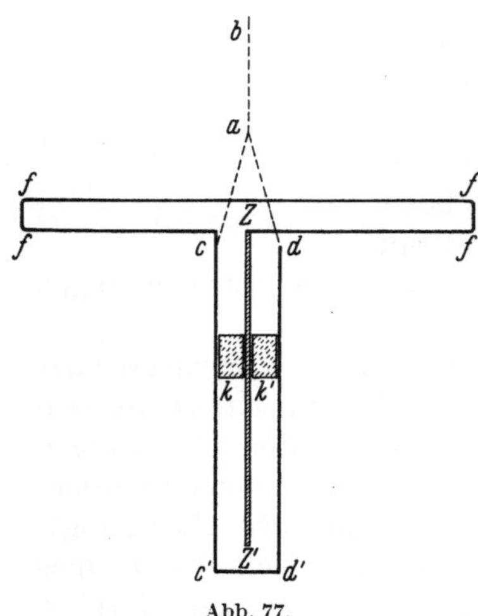

Abb. 77.

diese Analogie darbieten." Die prinzipiell von ihm erwartete Einstellung einer solchen Stromschleife im *Erdfeld* ist OERSTED experimentell wegen der ungenügenden Beweglichkeit der Anordnung nicht gelungen, z. T. auch deswegen, weil er die Bedeutung der Schleifenfläche nicht erkannt hatte.—

OERSTEDs fundamentale Entdeckung wurde von AMPÈRE weiterverfolgt und vollendet. Am 11. 9. 1820 brachte der aus der Schweiz zurückkehrende Physiker ARAGO die Nachricht von der Ablenkung der Magnetnadel durch den elektrischen Strom nach Paris, am 18. 9. kündigt AMPÈRE bereits seine Hauptentdeckung, die Wirkung zweier Ströme aufeinander, dem Institut an.

AMPÈRE hat im Laufe seiner Forschungen eine ganze Anzahl von Apparaten entwickelt. Hierbei kehren drei Bestandteile immer wieder, welche wir daher vorwegnehmen wollen.

Ein Quecksilbernapf dient zur Herstellung aller elektrischen Verbindungen, und zwar nicht nur für ruhende Leitungen, sondern vornehmlich für die Herstellung solcher Verbindungen, bei welchen der eine Teil Kipp- oder Drehbewegungen ausführen muß. In den letzteren Fällen steht eine stählerne Spitze auf dem Boden des stählernen Napfes, so daß der zugehörige Apparatteil wie die Schneide einer Waage hin- und herkippen oder

---

[1] Gemeint sind die Endflächen der Schleife, indem man der Schleife in Richtung ihrer Normalen eine gewisse Ausdehnung zuspricht.

sich um eine senkrechte Achse drehen kann, wobei sich der Schwerpunkt von selbst in die durch die Spitze gehende Vertikale einstellt (Abb. 78). Müssen zwei Apparatteile aus mechanischen oder elektrischen Gründen an der Drehung teilnehmen, so wendet man zwei senkrecht untereinander liegende Spitzen an, wobei dann nur die obere die feste Unterlage zu berühren braucht.

Ein zweiter immer wiederkehrender Bestandteil wird durch Glasrohre gebildet, welche überall als mechanische Träger oder als feste Drehachsen dienen. Sie sind an ihren Enden mit einer kleinen Armierung aus Messing versehen, an welche die Zuleitungen und die Stahlspitzen angelötet sind. Die Hin- und Herleitung des Stromes erfolgt dabei in der Weise, daß der eine Draht im Rohr durchgeführt wird, während der andere Draht das Glasrohr in Spiralen von hoher Steigung umwindet.

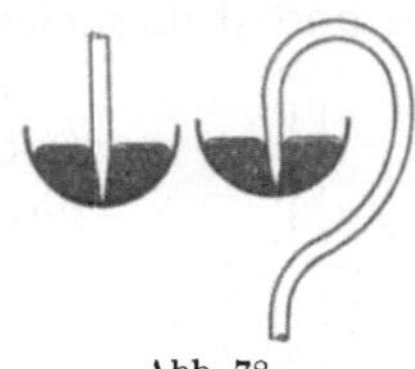

Abb. 78.

Der dritte dieser Bestandteile ist ein aus Glasscheiben zusammengekitteter viereckiger Kasten, welcher über den beweglichen Teil der Apparatur gestülpt wird, um jeden Luftzug abzuhalten. Die Apparate stehen dabei auf einer hölzernen Unterlage, durch welche die Leitungen hindurchgeführt werden.

Wir gehen jetzt die Versuche an Hand der Apparate durch. Die Ergebnisse bestehen durchweg nur in qualitativen Angaben über Richtungsänderungen oder Anziehungen oder Abstoßungen, ohne daß wirkliche Messungen durchgeführt werden. So kommt in den fast 100 Seiten umfassenden Abhandlungen AMPÈRES kein einziger Zahlenwert vor. *Eine* Apparatur (Abb. 84) ist allerdings für Messungen eingerichtet, aber nicht hierzu verwandt worden. Die Abbildungen AMPÈRES sind z. T. nur schwer verständlich, da sie mit Detail überlastet sind, ohne die Genauigkeit von Werkstattzeichnungen zu haben. Wir haben uns daher mit möglichst vereinfachten, schematischen Zeichnungen begnügt. Übrigens ist auch die textliche Darstellung

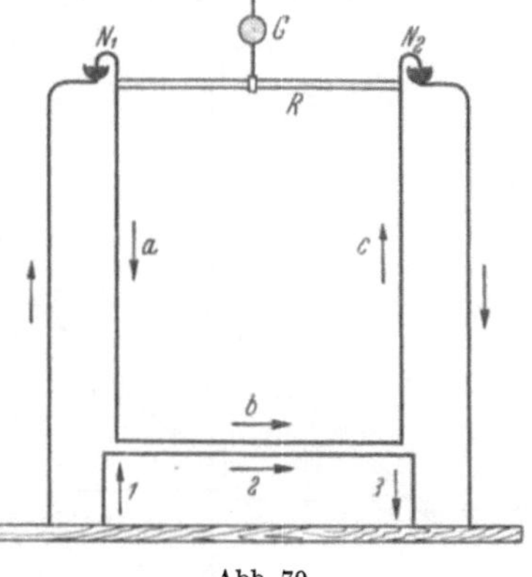

Abb. 79.

AMPÈRES nicht sehr erfreulich, worüber sich GILBERT, der diese wichtigen Arbeiten für seine Annalen übersetzt hat, immer wieder beklagt und seine Leser beschwichtigt, jedoch stets mit dem Ausdruck größter Höflichkeit gegenüber der Person AMPÈRES.

Versuch 1 (Abb. 79). a b c ist ein um zwei Stahlspitzen in den Quecksilbernäpfen $N_1 N_2$ schwingender Strombügel, R eine zur Versteifung dienende Glasröhre und G ein Gegengewicht, welches eine annähernd indifferente Gleichgewichtslage des Drahtbügels hervorrufen soll. 1 2 3 ist ein feststehender Drahtbügel, welcher der Übersichtlichkeit wegen etwas zu niedrig gezeichnet ist; die Strecken 2 und b liegen in Wirklichkeit in gleicher Höhe. Der feststehende Bügel läßt sich in Nuten senkrecht zur Zeichenebene verschieben, so daß die Entfernung zwischen 2 und b beliebig geändert werden kann. Die Ströme 1 2 3 und a b c werden in Hintereinanderschaltung von ein- und derselben starken VOLTAschen Säule (12 Plattenpaare von je 1 Quadratfuß) geliefert, nachdem es anfangs zweifelhaft gewesen war, ob die beiden Ströme nicht getrennten Elektrizitätsquellen entnommen werden *müßten*.

Resultat: Die beiden parallelen Ströme ziehen sich bei gleicher Richtung an und stoßen sich bei entgegengesetzter Richtung ab.

Abb. 80.

Dies ist die eigentliche Grundentdeckung AMPÈREs; alles weitere ist nur eine, wenn auch sehr fruchtbare Modifikation dieser wichtigen Erkenntnis.

Versuch 1a. Statt der geraden Stromführungen nimmt AMPÈRE zwei Spiralen (Abb. 80). Die erste ist beweglich aufgehängt, ähnlich wie der Drahtbügel (Abb. 79), die andere völlig gleichartige steht ihr in naher, einstellbarer Entfernung so gegenüber, daß die Flächen parallel sind und die Achsen zusammenfallen.

Resultat: Anziehung bei gleicher, Abstoßung bei ungleicher Stromrichtung.

Versuch 2. AMPÈRE konstruiert ein mechanisches System, durch welches eine Magnetnadel mit einer durch ihren Schwerpunkt gehenden Drehachse so eingestellt werden kann, daß die Achse mit der Richtung des magnetischen Erdfeldes zusammenfällt, daß die Bewegungen der Nadel daher nur in der zur Richtung der magnetischen Kraft senkrechten Ebene stattfinden können. Die Nadel ist damit der Wirkung des Erdfeldes entzogen, weswegen AMPÈRE sie als „astatisch" bezeichnet. Nahe am Drehpunkt und parallel der Drehebene der Nadel führt AMPÈRE einen geradlinigen Strom vorbei.

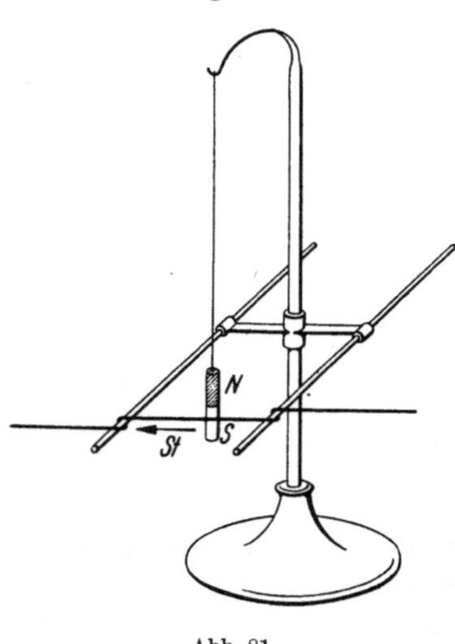

Abb. 81.

Resultat: Die Nadel, welche den Wirkungen der Schwere und des Erdmagnetismus entzogen ist, stellt sich senkrecht zum elektrischen Strom.

Dies ist eine Vereinfachung und Klärung der OERSTEDschen Entdeckung, bei welcher ja das magnetische Erdfeld komplizierend eingreift.

Versuch 3. Es soll die anziehende bzw. abstoßende Kraft eines Stromes auf einen Magneten untersucht werden. — Eine kleine Magnetnadel wird vertikal an einem Kokonfaden aufgehängt, NS der Abb. 81. An dem Magneten wird, getragen durch zwei Arme des Gestells, ein geradliniger Stromleiter St horizontal vorbeigeführt.

Resultat: Anziehung bzw. Abstoßung des Magneten je nach Richtung des Stromes.

In der heutigen Darstellungsform ergibt sich hierfür folgendes Bild (Abb. 82): St ist der senkrecht in die Zeichenebene eintretende Strom. Der Kreis ist die den Strom umschlingende Kraftlinie, welche den Nord- und den Südpol des kleinen Magneten in entgegengesetztem Sinne umtreibt, was je nach der Stromrichtung eine Abstoßung oder eine Anziehung ergibt.

Versuch 4. Es soll die richtende Kraft eines feststehenden Leiters auf einen drehbaren Leiter untersucht werden (Abb. 83). — Der Strom 1 2 3 steht fest, der Strom a b c ist mit der Achse A A drehbar[1].

Resultat: Der feste Strom übt auf den beweglichen Strom eine richtende Kraft aus, bis die beiden Ströme parallel und gleichgerichtet sind.

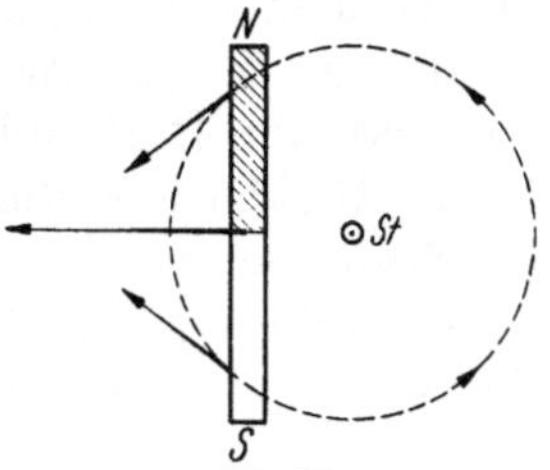

Abb. 82.

Versuch 5. Herstellung eines universellen Apparates zur *quantitativen Messung* der bei verschiedenen Konfigurationen zweier Ströme auftretenden Kräfte (Abb. 84). — Die Stromschleifen A und B sind so geschaltet, daß die Wirkungen des magnetischen Erdfeldes

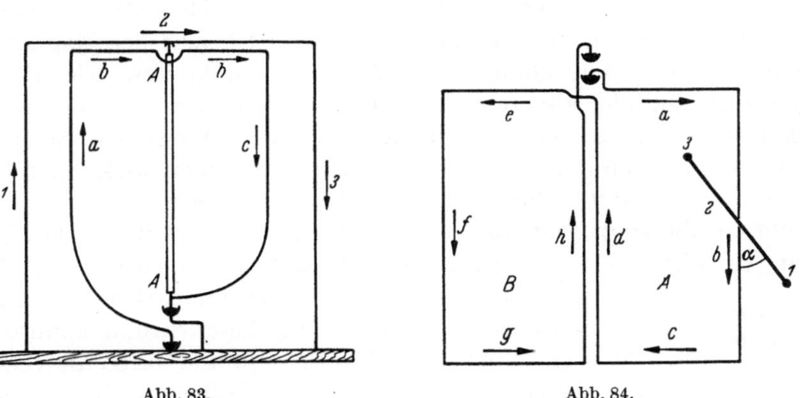

Abb. 83.　　　　　　　　　　Abb. 84.

(vgl. S. 114) sich aufheben. Sie bilden mechanisch ein Ganzes und hängen mittels eines dünnen Torsionsdrahtes an einem Drehknopf mit Teilkreis. Ein feststehender Drahtbügel kann mit seiner Querverbindung „2" der geraden Strecke b auf beliebige Entfernung und unter beliebigem Winkel α angenähert werden, wobei die Bügelteile „1" und „3" senkrecht zur Zeichenebene zu denken sind (1 2 3 nach Analogie der Abb. 83). Die hierbei auftretenden Kräfte können in der bekannten Weise durch Verdrehung des Torsionskopfes gemessen werden, welche notwendig ist, um den beweglichen Bügel wieder in seine alte Lage zu bringen.

Die zu messenden Werte sollten dazu dienen, um ein aufzustellendes Differentialgesetz zu prüfen, indem man über den ersten Stromkreis gegenüber einem Differential des zweiten Stromkreises und dann über diesen zweiten Stromkreis integriert und die so errechneten Werte mit den Beobachtungen vergleicht. AMPÈRE hatte ein Differentialgesetz aufgestellt, von

---

[1] Die Kräfte von 1 auf a und von 3 auf c wirken ebenfalls richtend. 1 und a sowie 3 und c müßten daher zur Vermeidung wesentlicher Fehlerquellen weit voneinander entfernt werden, was aber dem Wunsche widerspricht, die ganze Anordnung eng zu vereinigen.

ähnlicher Form wie das bekannte BIOT-SAVARTsche, hat diese Gleichung
in seinen experimentellen Untersuchungen aber nicht mitgeteilt, hat außerdem mit dem für quantitative Messungen durchaus geeigneten Apparat
der Abb. 84 überhaupt keine Versuche durchgeführt.

Versuch 6. Herstellung einer magnetartigen Stromspule. — Da die
elektrischen Ströme magnetische Wirkungen ausüben und empfangen, so
erhält man bei passender Gestaltung des Stromweges magnetartige Gebilde.
So wirkt eine Drahtspirale, welche auf einer Glasröhre aufgewickelt ist und
deren Rückleitung durch die Achse des Glasrohres geht, wie ein Magnet
auf Stahlmagnete, auf ähnliche Spulen und auf elektrische Ströme. Dabei
muß man unterscheiden zwischen der Wirkung von Kreisströmen, deren
Ebene streng senkrecht auf der Spulenachse steht, und der Wirkung der
achsenparallelen Komponenten, welche von der Steigung der Spiralwin-
dungen herrühren. Letztere wirken zusammen wie ein elektrischer Strom
von der Länge der Achse und werden deswegen in ihrer Wirkung durch die
oben erwähnte Rückleitung aufgehoben.

Resultat: Die elektrische Spule wirkt in jeder Beziehung wie ein Magnet.

Auf Grund dieser Erkenntnis führt AMPÈRE den Magnetismus ganz allgemein auf elektrische Ströme zurück. Die als Ursache des Magnetismus
angenommenen Ströme könnten den Magneten umkreisen, wie die Windungen einer Spirale, könnten aber auch aus Kreisströmen der kleinsten
Partikeln bestehen, so daß sich in der bekannten Weise alle Ströme im
Innern des Magneten gegenseitig aufheben und nur einen wirksamen Kreisstrom in der äußersten Schicht des Magneten übriglassen.

AMPÈRE überträgt jetzt alle diese Überlegungen auf die Erde als Magneten. Er führt den Magnetismus der Erde auf Ströme zurück, welche die

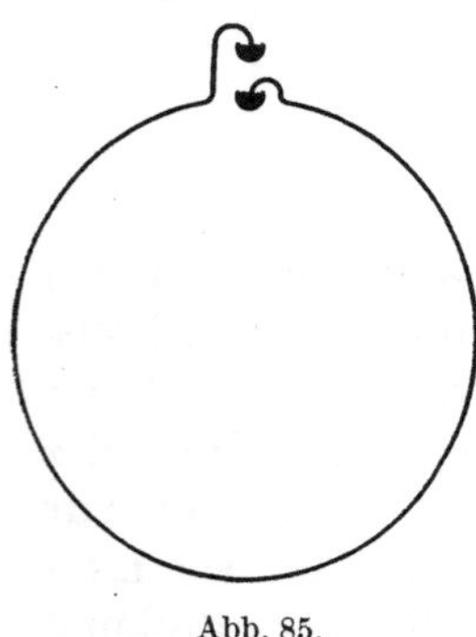

magnetische Achse der Erde, namentlich am Äquator,
umkreisen. Der Ursprung dieser Ströme könnte etwa
von „VOLTAscher" Natur sein und durch die verschiedenen Bestandteile der Erdkruste hervorgerufen
werden, welche zufällig VOLTAsche Elemente bilden.
Die Einzelspannungen würden sich dabei allerdings
zu einem großen Teil aufheben, würden aber in ihrer
Gesamtheit nach den Gesetzen der Wahrscheinlich-
keitsrechnung doch einen bestimmten Überschuß
nach einer Richtung haben müssen. Eine andere Ent-
stehungsursache könnte die periodisch wechselnde
Erwärmung jeder Erdhälfte durch die Sonne sein.

Abb. 85.

Diese Erdströme müssen auch auf die elektrischen Ströme des Labo-
ratoriums wirken. So müßte die obige „magnetische" Spirale sich wie eine
Magnetnadel in die Nord-Süd-Richtung einstellen. Ein Versuch AMPÈREs
mißlang jedoch, da die Kräfte zu gering waren und da eine Erhöhung der
Kräfte durch Vergrößerung der Windungszahl das Gebilde zu schwer
machte. AMPÈRE veränderte daher die Versuchsbedingungen durch Anwendung einer einzigen großen Schleife, in der Erkenntnis, daß es allein
auf die Größe der vom Strom umflossenen Fläche ankommt. Die Anordnung
ist in Abb. 85 dargestellt. Das Versuchsresultat entsprach der Erwartung,

d. h., eine solche Schleife stellt sich mit ihrer Achse so ein wie ein Magnet, dessen Kreisströme mit dem Schleifenstrom gleiche Richtung haben.

Dieses Ergebnis entsprach der Einstellung der Deklinationsnadel im Erdfeld. AMPÈRE führt außerdem auch den der Inklination entsprechenden Versuch mit einer großen Drahtschleife durch. Die Anordnung ist in Abb. 86 dargestellt. Das stromumflossene, ausbalancierte Rechteck ist durch eine Glasachse G G und eine leichte Holzstrebe H H versteift. Stellt man diese Drahtschleife mit ihrer Längskante in die magnetische Nord-Süd-Richtung, so stellt sie sich mit ihrer Flächennormalen in die Richtung der Inklinationsnadel.

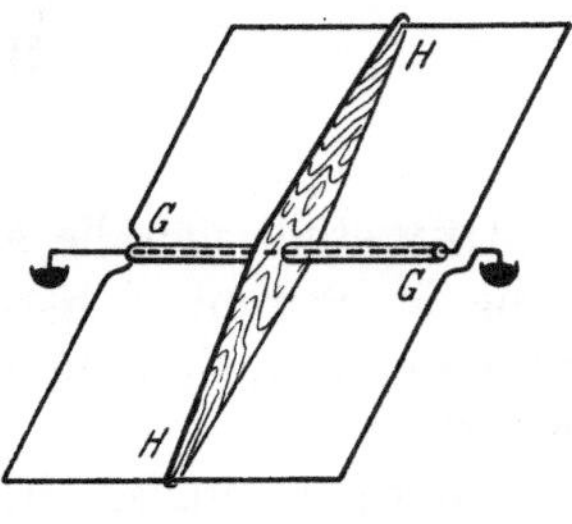

Abb. 86.

Die erdmagnetische Beeinflussung solcher Schleifen bildet eine Fehlerquelle für die früheren Versuche. AMPÈRE konstruierte daher eine Stromschleife, deren beide Teilschleifen vom Erdfeld in entgegengesetztem Sinne beeinflußt werden, was schon in Abb. 84 benutzt worden ist. In etwas anderer Anordnung ist das Prinzip dieser Schaltung noch einmal in Abb. 87 dargestellt, wobei der Abstand der Strecken a und b der Deutlichkeit wegen zu groß gezeichnet ist.

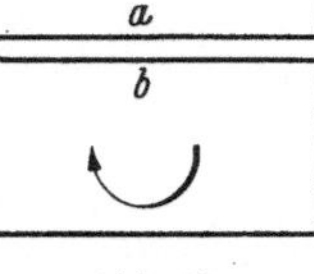

Abb. 87.

OERSTED hat eine der wichtigsten Entdeckungen der ganzen Physik gemacht, indem er die Elektrodynamik mit dem Gebiet des Magnetismus in Verbindung gebracht hat. AMPÈRE hat diese Entdeckung mit der Wirkung zweier Ströme aufeinander wesentlich erweitert und durch umfassende systematische Versuche Elektrodynamik und Magnetismus zu einer Einheit verschmolzen. Er hat außerdem den Weg geebnet zum Elektromagnetismus und zum Erdmagnetismus.

Das Ohmsche Gesetz (1826).

OHM.

OHM stellt sich die Aufgabe, den Zusammenhang der magnetischen Wirkung des Stromes („Stromstärke") mit der erregenden Wirkung der Elektrizitätsquelle („Spannung") und dem „Widerstand" des Leitungsweges zu ermitteln.

Als Spannungsquelle wurde zunächst ein VOLTASches Element benutzt. Obgleich dieses sehr großflächig gewählt war, zeigte es doch so starke Schwankungen (von OHM als „Wogen" der Elektrizität bezeichnet) und eine so starke Abhängigkeit von den vorhergehenden Stromentnahmen, daß sich keine einwandfreien Versuchsreihen erhalten ließen. OHM ging daher auf den Rat von POGGENDORFF zu Thermoelementen über. Die Versuchsanordnung ist nach der Originalabbildung in Abb. 88 wiedergegeben. Der Stromweg ist außerdem zur klareren Übersicht von mir in Abb. 89 in eine Ebene auseinandergezogen. a b b′ a′ ist ein Bügel aus Wismut, 18 cm lang und 10 cm hoch, 2 cm breit und 0,9 cm dick.

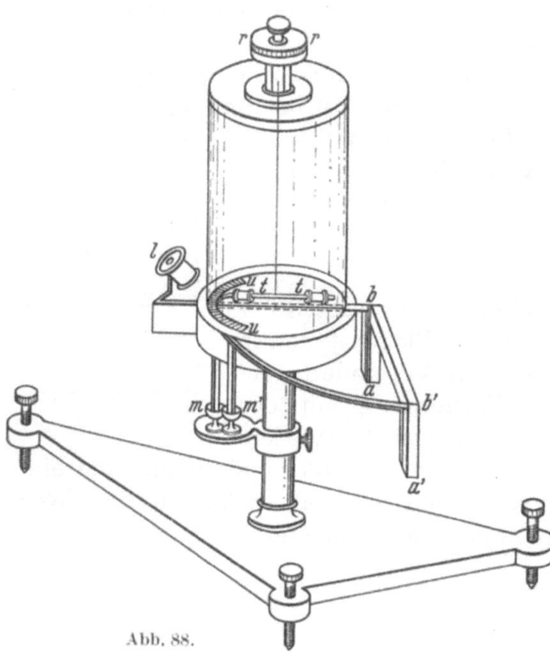

Abb. 88.

An den Enden a und a′ ist der Wismutstreifen an Kupferstreifen von 2 cm Breite und 0,2 cm Dicke mit Schrauben befestigt, im übrigen sind aber die Wismut- und Kupferstreifen durch Seidengewebe voneinander isoliert. Die Verbindungsstellen werden in einwandfreier Form durch Gefäße mit schmelzendem Eis und mit siedendem Wasser auf konstanter Temperatur gehalten.

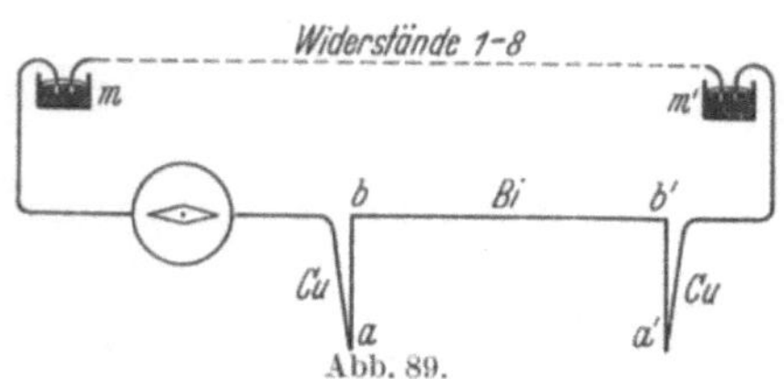

Abb. 89.

Zur Messung der Ströme dient eine Drehwaage, deren Gehäuse 16 cm hoch und 11 cm weit ist. Die Aufhängevorrichtung der Nadel ist genau zentrisch in dem Drehkopf befestigt und kann um einen an der Kreisteilung r r ablesbaren Winkel verdreht werden. Die magnetische Stahlnadel t t ist gut 5 cm lang und 1,8 mm dick. Sie spielt nicht selbst direkt über der metallischen Skala u u, sondern ein an ihrem einen Ende durch einen Elfenbeinzylinder befestigtes Messingdrähtchen (zur Vermeidung der Dämpfung, welche sonst nach der kurz vorher gemachten Entdeckung des „Rotations-Magnetismus" durch Arago zu befürchten gewesen wäre). Die Strommessung erfolgt nicht durch den Ausschlag der Nadel, sondern in der Weise, daß der durch den Strom zunächst bewirkte Ausschlag durch Drehung des Torsionskopfes um einen bestimmten Winkel X wieder auf Null gebracht wird, was mittels der Lupe l genau festgestellt werden kann. Der benötigte Torsionswinkel X ist dann ein Maß für die Stromstärke. Diese etwas umständliche Methode war absolut notwendig als die *einzige korrekte* Strommessung, welche in der damaligen Zeit überhaupt möglich war. Denn sie gibt unmittelbar die magnetische Kraft des Stromes auf die stets an der *gleichen* Stelle befindliche Nadel wieder, während die Beziehung des anfänglichen Nadelausschlages zur Stromstärke nur durch die erst 1837 von Pouillet erfundene Tangentenbussole hätte bestimmt werden können.

Als Aufhängung dient nicht ein runder Draht, sondern ein bandförmiger Goldblattstreifen, welcher bei einer Länge von 13,5 cm drei ganze Torsionsdrehungen auszuhalten vermag, ohne den Nullpunkt nach Aufhebung der Torsion irgendwie zu ändern, und welcher bei Benutzung einer Messingnadel als Schwingkörper synchron schwingt, einerlei, ob die Amplitude wenige Grade oder zwei ganze Umdrehungen beträgt. Ohm hält diese und noch andere Feinheiten bei Benutzung der Drehwaage für durchaus notwendig, nachdem andere Forscher, außer Coulomb selbst, keine einwandfreien Resultate mit ihren Drehwaagen erhalten konnten.

An den Stellen m und m', welche in der schematischen Zeichnung stark auseinander gerückt erscheinen, können 8 verschiedene, aus plattiertem Kupferdraht geschnittene, mit Nr. 1—8 bezeichnete Stücke von 7/8 Linien (= 2 mm) Dicke und respektive 2, 4, 6, 10, 18, 34, 66, 130 Zoll (= 5,4 bis 350 cm) Länge eingeschaltet werden[1]. Besonderer Wert wurde dabei auf die Güte der Kontakte gelegt, wie schon die Quecksilbernäpfe beweisen. Um stets unabhängig von der etwas verschiedenen Eintauchtiefe mit genau den gleichen Drahtlängen rechnen zu können, waren die Enden der Drähte mit einer Harzhülle umgeben, welche — senkrecht zum Draht abgefeilt — nur den blanken Endquerschnitt des Drahtes der Berührung mit dem Quecksilber aussetzten.

Nach anfänglichen Abnahmen der Stromwerte, die von Ohm nicht so recht erklärt werden konnten, wurden die Messungen konstant. Ohm erhielt z. B. folgende Versuchsreihen:

Tabelle 24. Beobachtete Werte.

Zeit der Beobachtung	Nr. der Versuchsreihe	Leiter							
		1	2	3	4	5	6	7	8
15. 1. 1826	IV	305,25	281,50	259,00	224,00	178,50	124,75	79,0	44,5
15. 1. 1826	V	305,00	282,00	258,25	223,50	178,00	124,75	78,0	44,0

[1] Das sind etwa 0,3 bis 19,5 · 10^{-3} Ω nach jetzigem Maße.

Diese Versuchsreihen sind darstellbar durch die Formel

$$X = \frac{a}{b + x}$$

wobei X die magnetische Wirkung, d. h. die Stromstärke[1], a die konstante erregende Kraft des Thermoelementes, d. h. die Spannung, b und x die Widerstände des unveränderlichen Leitungsweges m a b b' a' m' und des veränderlichen Leitungsweges über die Drahtwiderstände 1—8 bedeuten. Für die beiden Versuchsreihen erhält man $a = 6800$ und $b = 20{,}25$; die Größe b ist dabei in den gleichen Einheiten wie x, nämlich in Zoll des plattierten Cu-Drahtes gemessen zu denken, wobei ein Zoll Länge gleichzeitig die Widerstandseinheit abgibt. Daraus ergeben sich folgende Zahlenwerte, welche mit den gemessenen Werten gut übereinstimmen, die obige Gleichung also als richtig bestätigen.

Tabelle 25. *Berechnete Werte.*

Zeit der Beobachtung	Nr. der Versuchsreihe	Leiter							
		1	2	3	4	5	6	7	8
15. 1. 1826	IV und V	305,5	280,50	259,00	224,75	177,75	125,25	79,00	45,00

Zur weiteren Prüfung der gefundenen Gleichung ersetzt OHM die bisher benutzten Widerstände aus starkem Kupferdraht durch dünnere und weniger gut leitende Messingdrähte und berechnet hierbei aus allen Einzelversuchen, daß 1 Zoll Messingdraht 20,5 Zoll Kupferdraht entspricht. Schaltet er dann 23 Fuß ($= 23 \cdot 12$ Zoll) Messingdraht ein, so drückt er die magnetische Wirkung auf den Wert $X = 1{,}25$ herab, welcher obiger Formel entspricht, wenn als Widerstand des langen Messingdrahtes $23 \cdot 12 \cdot 20{,}5$ für x eingesetzt wird. Das Gesetz ist also auch bei wesentlich höheren Widerständen gültig. — Ebenso bleibt das Gesetz gültig, wenn die erregende Kraft stark geändert wird. OHM bringt die warme Verbindungsstelle des Thermoelementes statt auf 100° C auf Zimmertemperatur von 9,5° C (!) und erhält magnetische Wirkungen, welche nur etwa $^1/_{10}$ der obigen Werte betragen, sich aber trotzdem völlig in die obige Formel einfügen.

An diese Versuchsreihe knüpft OHM noch die Feststellung, daß der Wert von b (also der innere Widerstand) unabhängig von der erregenden Kraft a (der Spannung) und diese der Temperaturdifferenz an den „Erregungsstellen" proportional sein müsse. — Alles in allem konnte OHM so den von ihm gefundenen Zusammenhang als ein in weiten Grenzen gültiges Naturgesetz aufstellen.

Wie völlig dieses Gesetz alle Zusammenhänge der magnetischen Wirkung des Stromes mit der erregenden Kraft des Elementes und dem inneren und äußeren Widerstand beherrscht, erläutert OHM selbst an einigen Beispielen: m hintereinander geschaltete Elemente von der jeweils erregenden Einzelkraft a und dem jeweiligen inneren Einzelwiderstand b liefern bei Schließung durch den Widerstand x eine magnetische Wirkung des Stromes

$$X = \frac{a \cdot m}{b \cdot m + x} \cdot$$

---

[1] Gemessen in $^1/_{100}$ einer vollen Umdrehung des Torsionskopfes.

Hieraus ergeben sich die bekannten Konsequenzen, je nachdem x gegenüber $b \cdot m$ groß oder klein ist. — Ganz analog kann Ohm zeigen, daß die Wirkung eines Multiplikators durchaus nicht immer mit der Zahl seiner Windungen ansteigt, daß vielmehr bei Verwendung von Thermoelementen, d. h. Stromquellen von sehr geringem inneren Widerstand, *eine* Windung wirksamer sein kann als 60 Windungen.

Schließlich stellt Ohm auch fest, daß der Widerstand eines Drahtes nicht nur der Länge direkt, sondern auch dem Querschnitt indirekt proportional ist und daß jedem Metall ein spezifischer Widerstand zugehört[1]. In letzterer Beziehung widersprechen seine Ergebnisse allerdings recht stark den heutigen Zahlenwerten. Die Differenzen beruhen vermutlich darauf, daß Ohm keine ganz reinen Materialien benutzte, ohne zu wissen, daß schon geringe Verunreinigungen einen wesentlichen Einfluß haben. Ohm selbst hatte übrigens gehofft, auf diese Messungen später noch einmal mit einwandfreieren Metallproben zurückkommen zu können.

Das Ohmsche Gesetz ist so einfach, daß wir es fast als eine Selbstverständlichkeit empfinden. Jeder geschulte Physiker würde in der Lage sein, mit den heutigen Mitteln die Arbeiten von Ohm in wenigen Stunden nachzumachen, was bei anderen Grundversuchen, z. B. dem Grundversuch Coulombs, durchaus nicht der Fall ist. Die große Leistung Ohms liegt, abgesehen von der meisterhaften Überwindung aller experimentellen Schwierigkeiten, in der Klarheit seiner Begriffe, welche erst viel später zum selbstverständlichen Gemeingut geworden sind. Wie weit Ohm tatsächlich seiner Zeit voraus war, erkennt man am besten daran, daß nur einige Zeitgenossen ihn verstanden haben und daß seine Leistung erst viele Jahre später voll gewürdigt worden ist.

---

[1] Auch bestätigt er qualitativ durch direkte Messungen die Feststellung Davys, daß der Widerstand eines metallischen Leiters durch Temperaturerhöhung vergrößert und durch Abkühlung verringert wird.

Das Joulesche Gesetz (1841).

Joule.

Nach Joules Überzeugung „gibt es wenige Tatsachen in der Physik, die von größerem Interesse sind als diejenigen, welche eine Verbindung zwischen der Wärme und der Elektrizität herstellen", da es sich hierbei um die großen Urkräfte (the grand agents) der Natur handelt. Joule stellte sich daher die Aufgabe, diesen Zusammenhang experimentell aufzuklären.

Er untersuchte zu diesem Zweck in erster Linie die Wärmeentwicklung durch den elektrischen Strom in metallischen Leitern. Hierfür mußte er drei Größen bestimmen: Die Stromstärke, den Widerstand und die erzeugte Wärmemenge.

Die Stromstärke. Zur laufenden Messung benutzte Joule den Ausschlag einer Magnetnadel in einer weiten, rechteckigen Drahtschleife von 12 × 6 Zoll, einer Art Tangentenbussole, da auch hier die Tangenten der Winkel in erster Linie für die Stromstärke maßgebend sind. Er begnügte sich aber nicht mit der Messung der Ausschläge, sondern legte im Anschluß an Faraday eine ganz klare elektrolytisch definierte Stromeinheit zugrunde: Die Stärke 1 soll derjenige Strom haben, welcher in einer Stunde 9 grain Wasser zersetzt, also 1 grain Wasserstoff erzeugt. Die Eichung ergibt, daß z. B. 33,5° Ausschlag einer derartigen Einheit entspricht. Diese von Joule mit „Grad" bezeichnete Einheit entspricht übrigens, wie sich leicht berechnen läßt, 1,74 Amp. — Als Stromquelle wurden die Elemente der damaligen Zeit benutzt, wobei das Daniellsche Element sich als das beste bewährte.

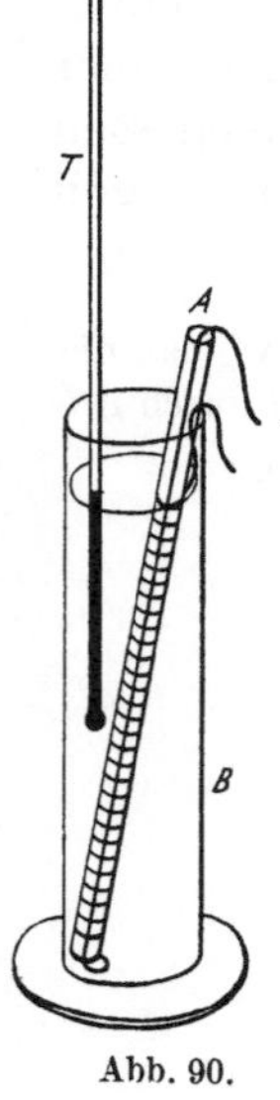

Der Widerstand. Hier genügten Joule die Widerstands-*Verhältnisse* zwischen den von ihm benutzten Drähten, z. B. in der Form, daß 3 Fuß einer dünneren Drahtsorte (Dicke $^1/_{50}$ Zoll) den gleichen Widerstand wie 8 Fuß einer dickeren Drahtsorte (Dicke $^1/_{28}$ Zoll) haben. (Bei seinen späteren Versuchen über die Wärmeerzeugung in Elektrolyten legte er als willkürliche Einheit den Widerstand eines Kupferdrahtes von 10 Fuß Länge und 0,024 Zoll Dicke zugrunde.)

Abb. 90.

Die erzeugte Wärmemenge. Die benutzten Drähte, z. B. ein Kupferdraht von 2 Yards Länge und $^1/_{28}$ Zoll Dicke, werden als Spiralen auf ein Glasrohr gewickelt. Das obere Ende der Spirale kann unmittelbar angeschlossen werden, das untere Ende wird durch das Innere des Glasrohres nach oben geführt. Die ganze Anordnung ist in Abb. 90 dargestellt. A ist das Glasrohr mit der Drahtspirale, T ein Fahrenheit-Thermometer, an welchem $1/10°$ noch unterschieden werden kann, und B das Kalorimetergefäß mit $1/2$—1 Liter Wasser als Inhalt.

Die Anordnung des Heizdrahtes ist für die schnelle Abgabe der erzeugten Wärme recht günstig, wobei der Einwand, daß ein merklicher Teil des Stromes vielleicht durch das Wasser hindurchgehen könne, durch das Nichtauftreten von Gasblasen beseitigt wird. Dagegen ist das Kalorimeter in seiner gänzlichen Ungeschütztheit gegen äußere Temperatureinflüsse denkbar primitiv. Solchen äußeren Einflüssen soll in nicht ganz verständlicher Weise dadurch Rechnung getragen werden, daß zu Beginn jedes Versuches das Temperaturgleichgewicht zwischen dem Kalorimeter und der Umgebung abgewartet wird.

Die Meßergebnisse. Zunächst prüft Joule die damals schon bekannte Erfahrung, daß die erzeugten Wärmemengen den Widerständen der Heizdrähte proportional sind, durch folgende Versuche: Zwei Drahtspiralen, welche einzeln in je ein Kalorimeter mit 9 Unzen Wasser eingebracht sind, werden hintereinander geschaltet und eine Stunde lang von einem Strom durchflossen, dessen Größe nicht genau bestimmt zu werden braucht, da sie aus der Rechnung herausfällt. Verglichen wird lediglich das Verhältnis der Wärmemengen mit dem Verhältnis der Widerstände. Die Ergebnisse Joules sind von mir in der Tab. 26 zusammengestellt (R Widerstand, $\varDelta t$ Temperaturerhöhung).

Tabelle 26.

	Spirale 1	Spirale 2	$R_1 : R_2$	$\varDelta t_1 : \varDelta t_2$ (°F)	Versuchs-Bedingungen
Material	Cu	Cu			Wassermenge 9 Unzen
Länge (Yards) . .	2	2	3,4 : 1,27	3,4° : 1,3°	Stromstärke 1,1
Dicke (Zoll)	$\dfrac{1''}{50}$	$\dfrac{1''}{28}$			Zeitdauer 1h
Material	Cu	Fe			Wassermenge $1/2$ Pfund
Länge (Yards) . .	2	2	5,51 : 6	5,5° : 6°	Stromstärke 1,25
Dicke (Zoll) . . .	$\dfrac{1''}{50}$	$\dfrac{1''}{27}$			Zeitdauer 1h
Material	Cu	Hg[1]			Wassermenge $1/2$ Pfund
Länge	11,25′	22,75″	4,4 : 3	4,4° : 2,9°	Stromstärke ?
Dicke (Zoll) . . .	$\dfrac{1''}{50}$	0,065″			Zeitdauer 1h

Berechnet man die Größe der Widerstände nach heutigen Einheiten, so liegen diese bei einigen Zehntel Ohm.

Als Gesamtresultat ergibt sich: Unter sonst gleichen Bedingungen ist die erzeugte Wärmemenge lediglich den Widerständen proportional, unabhängig von dem Material, der Länge und der Dicke des Drahtes im einzelnen.

Joule wandte sich nach Lösung dieser ersten Frage zu der Abhängigkeit der erzeugten Wärme von der Stromstärke. Er behielt die Kupferspirale von

---

[1] Das Quecksilber befand sich in einer gebogenen Glasröhre der angegebenen Maße.

11,25 Fuß Länge und $^1/_{50}$ Zoll Dicke bei, die er für den letzten Versuch der Tab. 26 benutzt hatte, und stellte für verschiedene Stromstärken die Wärmemengen fest, welche in der Wassermenge von $^1/_2$ Pfund und in dem Zeitraum von einer Stunde erzeugt wurden. Die Ergebnisse sind in einer Tabelle nach dem Vorgang von JOULE zusammengestellt, die in der Form aber etwas unserer Darstellungsweise angepaßt ist; insbesondere ist die Prüfung auf die Richtigkeit des hypothetischen Ansatzes $W = \text{const} \cdot J^2 \cdot R \cdot \tau$ in der jetzt üblichen Art $\frac{W}{J^2} = \text{constans}$ vorgenommen (W Wärmemenge, J Stromstärke, R Widerstand, τ Versuchsdauer).

Tabelle 27.

Ausschläge der Magnetnadel in Graden	Stromstärke J in der JOULEschen Einheit	J^2	Wärmemenge W, prop. $\varDelta\, t$ (°F)	$W/J^2 \cdot 100$	Zeit
$31^1/_2$	0,92	0,846	3	355	
55	2,35	5,52	19,4	352	$^1/_2$ Stunde
$57^2/_3$	2,61	6,81	23	338	
$58^1/_2$	2,73	7,45	25	336	
16	0,43	0,185	1,2	649	
$31^1/_2$	0,92	0,846	4,7	556	1 Stunde
$58^1/_2$	2,73	7,45	39,6	532	

Die ersten 4 Versuche zeigen eine leidliche Konstanz, jedoch einen merklichen Gang. Letzterer erklärt sich dadurch, daß die gemessene Temperaturerhöhung um so mehr durch Wärmeverlust nach außen herabgedrückt wird, je größer sie selber ist. In derselben Weise erklärt sich der Gang von $\frac{W}{J^2}$ in der zweiten Versuchsgruppe. Der gleiche Einfluß zeigt sich auch in *der* Form, daß die Werte der zweiten Gruppe nicht, wie es nach dem Verhältnis der Zeiträume sein sollte, doppelt so hoch wie die entsprechenden Werte der ersten Gruppe sind. JOULE sagt selbst, daß bei Verwendung größerer Wassermengen dieser Fehler herabgedrückt wird. Auch in der Nichtberücksichtigung der Temperaturabhängigkeit der Widerstände liegt noch eine merkliche Fehlerquelle.

Alles in allem ist die Bestätigung der aufgestellten Beziehung zwischen Stromstärke und erzeugter Wärmemenge nicht allzu gut, aber doch groß genug gewesen, um das JOULEsche Gesetz zur Anerkennung zu bringen. Diese Anerkennung beruht allerdings auf die Dauer zum größeren Teil darauf, daß eine einfache Umformung der Gleichung nach dem OHMschen Gesetz, welches übrigens auch JOULE geläufig war, eine energetische Selbstverständlichkeit ergibt:

$$W = J^2 \cdot R \cdot \tau = J \cdot R \cdot J \cdot \tau = U \cdot Q,$$

d. h. Wärmemenge = Potentialdifferenz · Elektrizitätsmenge, in unseren jetzigen Einheiten Joule = Volt · Coulomb. JOULE hat solche Überlegungen nicht durchgeführt, obgleich er an einer Stelle, wo er die quadratische Abhängigkeit von der Stromstärke als das zu Erwartende hinstellte, ähnliches geahnt haben könnte.

Joule versuchte auch, das Gesetz auf Elektrolyte auszudehnen. Hier sind die Schwierigkeiten wesentlich größer als bei metallischen Leitern, da ja auch die Polarisationsspannungen und die chemischen Energieverhältnisse berücksichtigt werden müssen. Immerhin kam er bei der Benutzung einer elektrolytischen Zelle $Cu - Cu\,SO_4 - Cu$, bei welcher der Strom, abgesehen von der Erwärmung, lediglich das Kupfer von der einen Elektrode zur anderen transportiert, zu einer guten Übereinstimmung seines Versuchsresultates ($\Delta t = 5{,}8°$ F) mit seinem auf Grund des Gesetzes berechneten Resultat ($\Delta t = 5{,}88°$ F).

Das Joulesche Gesetz gehört zu den wichtigsten Grundlagen der ganzen Physik. Die Joulesche Leistung läßt sich am besten als die Jugendleistung eines 22jährigen Talentes charakterisieren: Die klare Erkenntnis der Grundfrage in ihrer theoretischen und experimentellen Bedeutung und die anfängerhafte praktische Durchführung stehen nebeneinander.

Die Gesetze der Elektrolyse (1833—1887).

FARADAY, HITTORF, KOHLRAUSCH, VAN'T HOFF.

FARADAY hat der Erforschung der elektro-chemischen Gesetzmäßigkeiten mehr als sechs Reihen seiner „Experimental-Untersuchungen über Elektrizität" gewidmet. Da für ihn Physik und Chemie noch eine natürliche Einheit bildeten, so ging seine Forschungstätigkeit sehr weit auch ins chemische Detail. Es waren zunächst nur qualitative Einzelversuche, mit denen er, noch ohne bestimmten Plan, das große Gebiet aufzuschließen versuchte.

Allmählich beginnt sich aber das Dunkel zu lichten. FARADAY erkennt erstens, daß die verschiedenen Auffassungen der Physiker z. T. durch den verschiedenen Sprachgebrauch bedingt sind, und führt die damals neue Nomenklatur ein: Elektrolyse, Elektrolyt, elektrolysieren, Elektrode, Anode, Kathode, Anion, Kation, Ionen. FARADAY überschätzt den Wert dieser Definitionen nicht, da er vollkommen überzeugt ist, „daß Name und Wissenschaft zweierlei ist", ist sich aber auch klar darüber, daß viele Schwierigkeiten durch solche Formalitäten beseitigt werden können. Jedenfalls bedeutet diese bewußte Sprachschöpfung FARADAYs einen großen Fortschritt für die damalige Zeit und ein glückliches Schema für die spätere Forschung.

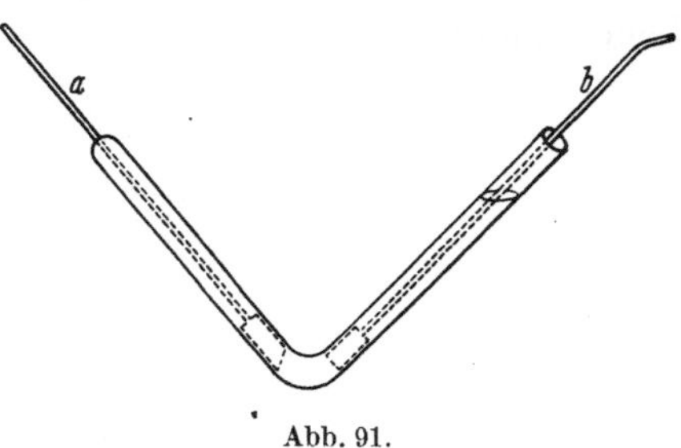

Abb. 91.

FARADAY zieht dann instinktiv zwei quantitative Folgerungen aus der Gesamtheit seiner Versuche, ohne daß er sagen kann, was ihn *zwingend* hierzu führt. Er formuliert die erste Folgerung dahin, „daß in gewissen Fällen die Zersetzung proportional ist der Quantität der durchgehenden Elektrizität, welches auch ihre Intensität und ihr Ursprung sein mag, und daß dasselbe wahrscheinlich in allen Fällen gilt, selbst wenn man einerseits größte Allgemeinheit und andererseits große Genauigkeit des Ausdrucks verlangt".

FARADAY beweist die Allgemeingültigkeit und die Exaktheit dieses Gesetzes in einer indirekten Form: Er entwickelt auf Grund des noch ganz unbewiesenen Gesetzes ein grundsätzliches Meßinstrument für den elektrischen Strom, stellt die Zuverlässigkeit dieses Instrumentes fest, beweist damit die Voraussetzungen, auf denen das Instrument beruht, und damit auch das erste FARADAYsche Gesetz.

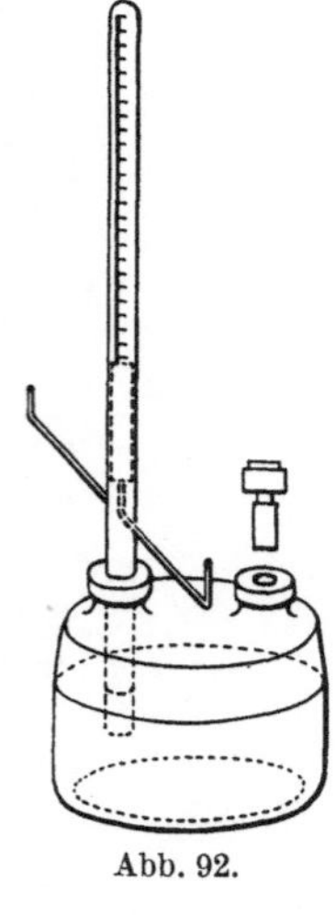

Abb. 92.

Das Instrument ist das von FARADAY so genannte „Voltameter", d. h. ein Wasserzersetzungsapparat zur Messung der entwickelten Gase. Das

Instrument kann verschiedene Formen annehmen, wovon zwei nach der Originalzeichnung dargestellt sind. In Abb. 91 werden Wasserstoff und Sauerstoff getrennt gemessen, in Abb. 92 gemeinsam als Knallgas; hier stehen sich die beiden Platinelektroden unmittelbar gegenüber.

Die Prüfung erstreckt sich in zwei Richtungen. Es fragt sich erstens, ob die abgeschiedene Gasmenge exakt bestimmt werden kann, und zweitens, ob das Meßprinzip als solches richtig ist, d. h., ob die abgeschiedene Gasmenge wirklich streng proportional dem Produkt aus Stromstärke und Zeit ist.

Das Gasvolumen muß zunächst einmal auf den normalen Zustand von 760 mm Druck und 0° C Temperatur unter Berücksichtigung des Feuchtigkeitsgehaltes umgerechnet werden und wird außerdem durch die Absorption des Sauerstoffs im Wasser beeinflußt. Die letztere Fehlerquelle kann aber dadurch beseitigt werden, daß man allein das abgeschiedene Wasserstoffvolumen zu den Messungen benutzt. Jedenfalls kann also die Volumenmessung mit hinreichender Zuverlässigkeit durchgeführt werden.

Nun konnte FARADAY an die Prüfung des Meßprinzips herangehen. Er stellte fest, daß die abgeschiedene Gasmenge von sekundären Bedingungen, wie der Größe der Elektroden und der Konzentration des Lösungsmittels, unabhängig ist, und prüft dann weiter, ob die Proportionalität des Gasvolumens mit der durchgeflossenen Elektrizitätsmenge nicht vielleicht durch die Stromstärke beeinflußt werden kann. Von den zu diesem Zweck angestellten Versuchen scheint mir der folgende der einfachste und beweiskräftigste zu sein. FARADAY läßt den Strom sich in zwei Wege verzweigen und mißt die durchgeflossene Elektrizitätsmenge erstens durch ein Voltameter im Hauptstrom und zweitens durch je ein Voltameter in jedem Teilstrom. Die Gleichheit der Gasmenge im ersten Voltameter mit der Summe der Gasmengen in den beiden Zweig-Voltametern beweist die Unabhängigkeit der Messung von der Stromstärke.

So hat FARADAY ganz allgemein die Brauchbarkeit des Voltameters für die Messung von Elektrizitätsmengen und gleichzeitig damit die Gültigkeit seines ersten elektro-chemischen Gesetzes bewiesen: Bei ein und demselben Elektrolyten ist die abgeschiedene Gasmenge der durchgeflossenen Elektrizitätsmenge streng proportional. Er gründet hierauf eine absolute Strommessung, indem er als Stromeinheit denjenigen Strom definiert, welcher pro Zeiteinheit 1 Kubikzoll Knallgas erzeugt.

Die zweite quantitative Folgerung glaubt FARADAY in folgender Form aussprechen zu dürfen: „Für eine konstante Quantität von Elektrizität ist bei jedem der Zersetzung unterliegenden Leiter, bestehe er aus Wasser, Salzlösungen, Säuren, geschmolzenen Körpern usw., auch der Betrag der elektrochemischen Aktion eine konstante Größe, d. h. stets äquivalent einem als normal angenommenen, auf gewöhnlicher chemischer Affinität beruhenden chemischen Effekt", oder in jetziger Sprechweise: Ein und derselbe Strom von ein und derselben Zeitdauer scheidet in verschiedenen Elektrolyten chemische Äquivalentgewichte ab.

FARADAY liefert für dieses Gesetz eine ganze Reihe von Beweisen. Zunächst stellt er fest, daß Salzsäure und Jodwasserstoff-Säure die gleiche Wasserstoffmenge ergeben wie das mit Schwefelsäure angesäuerte Wasser.

Dann wendet er sich aber zu wesentlich anderen Elektrolyten. Zuerst zum Zinn-Chlorür. Ein Glasröhrchen R (Abb. 93) ist zur Hälfte mit dem frisch geschmolzenen Salz gefüllt. Von oben taucht ein Platindraht P in die Schmelze ein, während von unten ein genau gewogener Platindraht P′ in

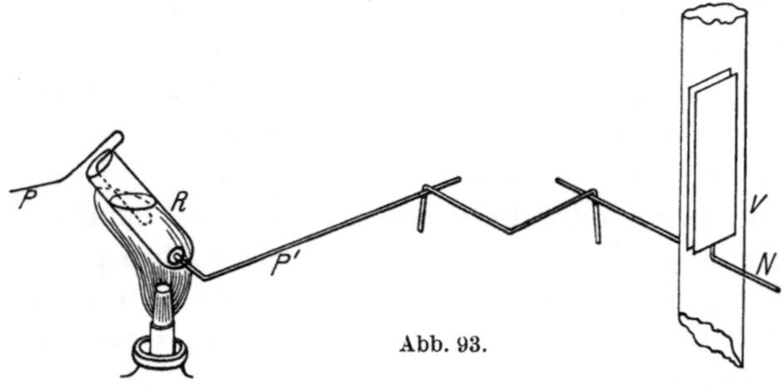

Abb. 93.

das Glasröhrchen eingeschmolzen ist. Das Ganze wird eine Zeitlang zusammen mit dem Voltameter V an den Punkten P und N in den Stromkreis einer Batterie eingeschaltet. Die abgeschiedene Zinnmenge ergab sich zu 3,2 Gran, das abgeschiedene Knallgas zu 3,85 Kubikzoll = 0,49742 Gran. FARADAY fand also das Äquivalentgewicht des Zinns aus der Proportionalität $X: 9 = 3,2 : 0,49742$ zu 57,9 und als Mittel aus 4 stark variierten Versuchen zu 58,53, während nach damaligen Messungen das chemische Äquivalent des Zinns 58 (heutiger Wert 59,35) betrug. FARADAY konnte also dieses Resultat als einen direkten Beweis des obigen Gesetzes ansehen.

Wir stellen die in ähnlicher Art erhaltenen Resultate FARADAYs in einer kleinen Tabelle zusammen:

Tabelle 28.

Zersetzte Substanz	Abgeschiedenes Element	Äquivalent-Gewicht	
		physikalisch	chemisch
Zinn-Chlorür .	Sn	58,53	57,9
Blei-Chlorid .		100,85	
Blei-Oxyd . .	Pb	93,17[1]	103,5
Blei-Borat . .		101,29	
Blei-Jodid . .		89,04[1]	

Weitere Beweise wurden durch Hintereinanderschaltung von Zinn-Chlorür, Blei-Chlorid und Wasser erhalten. Die abgeschiedenen Mengen Zinn, Blei, Chlor, Sauerstoff und Wasserstoff standen nämlich sämtlich in dem vom Gesetz geforderten Äquivalentverhältnis. Auch sonstige Versuche dieser Art hatten das gleiche Resultat, jedenfalls ergab sich nirgends ein Widerspruch gegen das Gesetz; dabei blieben die Verhältniszahlen die gleichen, einerlei, von welchem Partner sich das Element hatte trennen müssen.

FARADAY dehnte seine Überlegungen auch auf die Vorgänge in der VOLTAschen Säule aus, welche mit einer Zersetzungszelle verbunden ist. Er erklärt den viel umstrittenen Vorgang der Elektrizitätserzeugung in der VOLTAschen Säule mit den Worten: „In der Zersetzungszelle treiben wir den Strom hindurch, aber er ist, wie es scheint, notwendig von Zersetzung begleitet; in der Säule veranlassen wir Zersetzungen durch gewöhnliche chemische Aktionen (die jedoch selbst elektrischer Natur sind) und haben als Folge den elektrischen Strom; und wie in dem ersteren Falle die von dem Strom abhängige Zersetzung eine bestimmte ist, so ist auch der in letzterem in Gemeinschaft mit der Zersetzung auftretende Strom bestimmt." Die

---

[1] Die Abweichungen werden durch mehr oder minder starke Sekundäreffekte erklärt.

chemische Umsetzung in der VOLTAschen Säule erzeugt einen elektrischen Strom von solcher Stärke, daß er seinerseits gerade imstande ist, außerhalb der Säule eine chemische Umsetzung zu bewirken, welche derjenigen äquivalent ist, durch die er selbst entstanden war. Damit war zum erstenmal ein *quantitatives* Bild von den Vorgängen in der VOLTAschen Säule gegeben, welches — im Gegensatz zur VOLTAschen Kontakttheorie — im Einklang mit dem Energiegesetz steht.

Durch die beiden FARADAYschen Gesetze hatten die Erscheinungen der Elektrolyse eine quantitative Basis erhalten, es fehlte aber noch das Verständnis des ganzen mechanisch-elektrischen Vorgangs. Den Ausgangspunkt der weiteren Erforschung bildeten die Konzentrationsänderungen in den an die Elektroden grenzenden Räumen. DANIELL, der Schöpfer des ersten konstanten Elements, hatte erkannt, daß es sich hier *nicht* um einen belanglosen Nebeneffekt handele, ohne daß es ihm jedoch gelang, die tiefere Bedeutung dieses Vorganges aufzuklären. Erst HITTORF ging dieser Erscheinung auf den Grund und machte sie zum Ausgangspunkt weiterer Erkenntnisse.

Eine Konzentrationsänderung an den Elektroden kann nur eintreten, wenn die Substanzen in dem Elektrolyten unter dem Einfluß der angelegten Spannung wandern. HITTORF nahm an, daß die gelösten Moleküle aus je einem negativen Anion und einem positiven Kation bestehen, also Dipole sind. Diese Dipole liegen zunächst regellos durcheinander. Wird jetzt ein elektrisches Feld an die Elektroden gelegt, so werden die Dipole gerichtet, wie Reihe a der Abb. 94 zeigt, welche im wesentlichen der Originalzeichnung entspricht.

Die so gerichteten Dipole reißen unter dem Einfluß des Feldes auseinander. Die positiven Ionen, die schwarzen Hälften, wandern nach rechts, die negativen weißen Ionen nach links. Die Ionen am äußersten rechten und am äußersten linken Ende sind ganz frei geworden, die übrigen Ionen treffen mit je einem

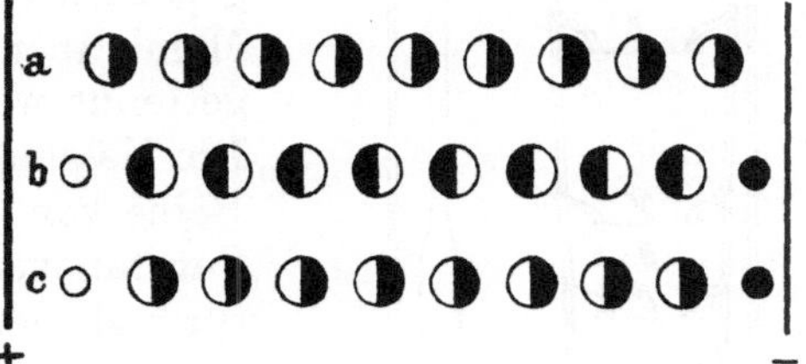

Abb. 94.

entgegenkommenden Partner aus den Nachbarmolekülen zusammen und vereinigen sich zu neuen Dipolen (Reihe b). Diese neuen Dipole werden durch das Feld wieder um 180° gedreht. Als Endergebnis haben wir die Reihe c: Die Dipole erscheinen in gleicher Lage wie in a, nur um ein Molekül vermindert; dafür tritt an den Enden der Reihe je ein freies positives und ein freies negatives Ion auf, welches zu der Elektrode umgekehrten Vorzeichens wandert. Jetzt kann sich das Spiel von neuem wiederholen.

Die Konzentrationsänderung an den Elektroden ist abhängig von den Wanderungsgeschwindigkeiten v_k und v_a der Kationen und der Anionen. HITTORF stellt im Original den Fall $v_k = v_a$ dar, entsprechend unserer Abb. 95. Letztere ist mit Rücksicht auf die weitere Darstellung noch etwas vervollständigt durch Einzeichnung der beiden Elektroden und zweier durchlässiger Membranen $M_1 M_2$, so daß der ganze Raum in 3 Teile I, II, III

geteilt wird. Raum I verliert hiernach zwei Moleküle, Raum II behält seine
Konzentration, Raum III verliert ebenfalls zwei Moleküle, während die frei

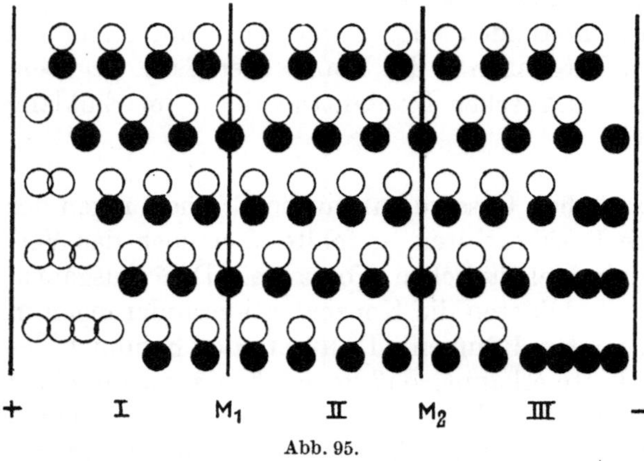

Abb. 95.

gewordenen Ionen an ihre
Elektroden gehen. Wie
man sieht, ist der Verlust
D_a in I, d. h. der Verlust
an der Anode, der Größe
v_k, der Verlust D_k in III
der Größe v_a proportional, so daß ganz allgemein
die Gleichung gilt[1]

$$D_a : D_k = v_k : v_a.$$

Die experimentelle
Aufgabe besteht also
darin, die Substanzver-
luste in den Räumen an

den Elektroden festzustellen, um die gesuchten Wanderungsgeschwindigkeiten zu erhalten. Diese Messungen sind grundsätzlich ganz einfach, experimentell gesehen aber recht schwierig, da viele
Vorsichtsmaßregeln beobachtet werden müssen.

Hittorf hat eine ganze Reihe von Versuchs-
anordnungen angegeben, von denen wir eine in
Abb. 96 darstellen. Ein Glasgefäß G, welches zur
Verhinderung von Verdunstungen unter eine
Glocke gestellt ist, besteht aus den ineinander
gepaßten Einzelgefäßen A, B, C, D, welche durch
Membranen β, γ, δ aus Tierdarm voneinander
getrennt werden. α und ε sind die Elektroden.
Die Messung besteht nun — bei Beachtung einer
Reihe von Vorsichtsmaßregeln — darin, daß die
Substanzverluste in A und D gegenüber der ur-
sprünglichen Salzkonzentration bestimmt werden.

Nach dieser Methode konnte Hittorf also
das Verhältnis der Wanderungsgeschwindigkeiten
v_k/v_a bestimmen[2]. Das war ein großer Fortschritt,
ließ aber den Wert der Absolut-Geschwindigkeiten
noch unbestimmt. Neben v_k/v_a mußte also noch
eine zweite Kombination der beiden Wanderungsgeschwindigkeiten bestimmt werden.

Dies gelang Kohlrausch durch Messung des
Äquivalent-Leitvermögens λ_∞ für größte Verdünnung. Er hatte mittels Wechselstrom, um Pola-

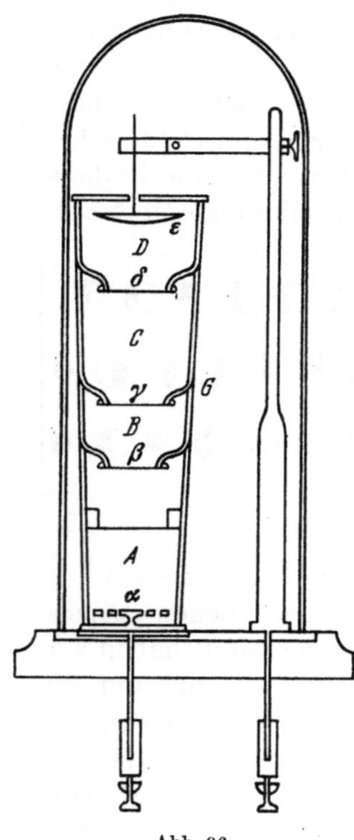

Abb. 96.

---

[1] Ich habe mich an die Original-Darstellung gehalten, obwohl die heute üblichen Dar-
stellungsformen dem Verständnis mehr entgegenkommen.

[2] Die Hittorfschen „Überführungszahlen" habe ich weggelassen, da sie nach meiner
Ansicht das ganze Problem nur unnötig komplizieren, während sich das Verhältnis der allgemein gesuchten Wanderungsgeschwindigkeiten unmittelbar aus dem Verhältnis der Sub-
stanz-Verluste in den Elektrodenräumen ergibt.

risation und Zersetzung zu vermeiden, das Leitvermögen im Elektrolyten gemessen und auf die in der Volumeneinheit gelösten Äquivalente bezogen, um der verwendeten Konzentration Rechnung zu tragen. Es zeigte sich, daß das so bestimmte λ mit wachsender Verdünnung immer mehr anstieg, um schließlich in λ_∞ einen maximalen Grenzwert zu erreichen, welcher daran zu erkennen ist, daß er durch weitere Verdünnung nicht weiter gesteigert werden kann. Dieses λ_∞ hat die grundsätzliche Bedeutung, daß es erst dann gilt, wenn die ganze gelöste Substanz dissoziiert, d. h. in Ionen zerfallen ist. Ist jetzt n die Anzahl der Ionenpaare im Kubikzentimeter, welche aus der Konzentration berechnet werden kann, e die Elementarladung des einzelnen Ions, Q der Querschnitt und s die Länge des die Lösung enthaltenden Glasrohres, U die angelegte Potentialdifferenz, $\dot{v}_k$ und $\dot{v}_a$ die Wanderungsgeschwindigkeiten für das Potentialgefälle $1\,\dfrac{\text{Volt}}{\text{cm}}$ und R der zugehörige Widerstand, so ist der Strom J bei der für λ_∞ gültigen Verdünnung

$$J = n \cdot e \cdot Q \,(\dot{v}_k + \dot{v}_a)\,\frac{U}{s};$$

andererseits ist

$$J = \frac{U}{R} = U \cdot \lambda_\infty\,,$$

so daß

$$\lambda_\infty = \frac{n \cdot e \cdot Q \,(\dot{v}_k + \dot{v}_a)}{s}\,.$$

Daraus folgt also der Wert von $\dot{v}_k + \dot{v}_a$. Da schon das Verhältnis v_k/v_a für einen Einzelversuch und damit auch $\dot{v}_k/\dot{v}_a$ allgemein bekannt ist, so können jetzt die Wanderungsgeschwindigkeiten $\dot{v}_k$ und $\dot{v}_a$ einzeln berechnet werden. Sie erweisen sich als charakteristische Konstanten jedes einzelnen Ions, da zwar die treibende Kraft für alle Ionenarten dieselbe ist, die Reibung aber von Ionenart zu Ionenart andere Werte annimmt. $\dot{v}_k$ und $\dot{v}_a$ sind vom Partner unabhängige Konstanten. —

Es bleibt jetzt noch die Frage zu klären, ob die Moleküle schon von vornherein in Ionen getrennt waren oder erst durch die angelegte Spannung bzw. den entstandenen Strom getrennt werden. HITTORF hatte noch den letzteren Standpunkt vertreten, während schon die obige Auffassung von λ_∞ der spontanen Dissoziation entspricht. Gegen HITTORF sprach die Tatsache, daß es keinen Schwellenwert des Stromes gibt, daß also schon der allerkleinste Strom die Ionen an die Elektroden führt.

Entscheidend für die Ursprünglichkeit der Dissoziation waren jedoch erst die Feststellungen von VAN'T HOFF. Es ist nämlich möglich, die in der Lösung befindlichen Teilchenzahlen auf nicht-elektrischem Wege zu bestimmen, durch Vorgänge, welche lediglich von der Teilchenzahl im Kubikzentimeter, nicht aber von der Natur der Teilchen abhängen. Das sind der osmotische Druck sowie die Gefrierpunktserniedrigung und die Siedepunktserhöhung. Wendet man diese Bestimmungsstücke auf einen Elektrolyten an, so findet man die Teilchenzahl größer, als der gelösten Molekülzahl entspricht, d. h., ein Teil der Moleküle muß dissoziiert sein. Der Dissoziationsgrad α, d. h. das Verhältnis der dissoziierten zur Gesamtzahl der gelösten

Moleküle, läßt sich aus dem Äquivalentleitvermögen λ bestimmen als $\alpha = \dfrac{\lambda}{\lambda_\infty}$.

Berechnet man α andererseits z. B. aus der Gefrierpunktserniedrigung, so würde eine Übereinstimmung die obigen Überlegungen bestätigen. Wir geben im folgenden einen kleinen Auszug aus einer umfangreichen, von Arrhenius veröffentlichten Tabelle, in der diese beiden Werte einander gegenübergestellt werden[1]. Wie man sieht, ist in der Tat die geforderte Übereinstimmung recht befriedigend, so daß damit ein gewisser Schlußstein in der Entwicklung dieses Gebietes gesetzt ist.

Tabelle 29.

Substanz	Dissoziationsgrad α, berechnet aus	
	dem Äquivalent-Leitvermögen	der Gefrierpunkts-erniedrigung
KOH . .	0,93	0,91
NaOH . .	0,88	0,96
NH_3 . . .	0,01	0,03
HNO_3 . .	0,92	0,94
HCl . . .	0,90	0,98
CH_3COOH	0,01	0,03
KCl . . .	0,86	0,82
KBr . . .	0,92	0,90
Na_2CO_3. .	0,61	0,59

Faraday, Hittorf, Kohlrausch und van't Hoff haben ein ganzes Gebiet der Elektrizitätslehre, welches mit der großen Mannigfaltigkeit seiner Erscheinungen schwer zugänglich erschien, so in Weite und Tiefe aufgeklärt, daß es kein anderes Gebiet gibt, dessen mechanisch-elektrischen Mechanismus wir in diesem Maße anschaulich und quantitativ beherrschen. Sie haben damit zugleich eine neue Grundlage für die ganze Chemie geschaffen.

---

[1] Arrhenius vergleicht in seiner Tabelle nicht die α-Werte, sondern die van't Hoffschen Koeffizienten $i = 1 + (k - 1)\,\alpha$, wo k die Anzahl Ionen darstellt, in die ein Molekül dissoziiert. Der Einfachheit halber sind hier jedoch die α-Werte selbst einander gegenübergestellt.

Induktion und Selbstinduktion (1831—1834).

Faraday.

Wir haben zwei Darstellungen Faradays über seine größte Entdeckung, die eine in seinen „Experimental-Untersuchungen über Elektrizität", wie sie auch in Ostwalds Klassiker aufgenommen sind, die andere in seinen 1932 im Druck erschienenen Tagebüchern. Die erstere ist ein in sich geschlossenes pädagogisches Ganzes, welches den Leser von den einfachsten Fällen systematisch zum Verständnis immer komplizierterer Erscheinungen führen soll, die andere gibt den wirklichen Gang der Entdeckungen in ihrer chronologischen Folge wieder. Die erstere geht von der Wirkung eines langen Drahtes auf einen Paralleldraht aus, welche zwar sehr einfach ist, aber so schwach, daß sie auf diesem Wege niemals hätte entdeckt werden können, die andere hat zum Ausgangspunkt die erste positive Induktionswirkung, welche in der Form des Transformators gefunden wurde und einen komplizierten, aber sehr kräftigen Effekt gab. Von hier aus gelangte Faraday experimentell zu seinen weiteren Ergebnissen und schließlich auch zu der Induktionswirkung zwischen parallelen Drähten ohne Mitwirkung von Eisen. Diesen Effekt wählte er dann wegen seiner Einfachheit zum Ausgangspunkt seiner *pädagogischen* Darstellung, ging also hier den umgekehrten Weg wie in der Wirklichkeit.

Faraday ließ sich zunächst durch eine lose elektrostatische Analogie in seinem überaus flotten, ganz vorurteilslosen Experimentieren leiten. Seine erste Arbeitshypothese lautete: Man kann erwarten, daß ein Strom in einem benachbarten stromlosen Leiter auch einen Strom erzeugt, ähnlich wie eine geladene Platte in einer benachbarten ungeladenen Platte durch Influenz Ladungserscheinungen hervorbringt.

Um dies zu erproben, legte Faraday zwei lange isolierte Drähte in der Form nebeneinander, daß er sie — des geringeren Raumbedarfs wegen — zusammen auf eine Papprolle wickelte, und schickte durch den einen Draht einen möglichst kräftigen Strom, während der andere Draht mit einem Galvanometer verbunden war. Faraday hatte also von vornherein instinktiv die richtige Versuchsanordnung gewählt. Die Eintragung in sein Tagebuch, wie immer in telegrammartiger Form, über einen solchen Versuch (vom 28. 11. 1825) lautet: „Versuche über Induktion durch den Verbindungsdraht einer Voltaschen Batterie. Vier Tröge, jeder zu 10 Plattenpaaren, werden zu einer Batterie nebeneinander geschaltet. Versuch I. Die Pole werden durch einen etwa 4 Fuß langen Draht verbunden, zu dem parallel ein ähnlicher Draht läuft, der von ihm nur durch 2 Papierdicken getrennt ist. Die Enden des letzteren Drahtes, verbunden mit einem Galvanometer, zeigten keinen Effekt".

Dieser Versuch war der Form nach richtig angelegt, gab aber deswegen keine Wirkung, weil die Drähte viel zu kurz waren, und außerdem vielleicht auch deswegen, weil FARADAY sich auf einen Dauerstrom, nicht aber auf momentane Stromimpulse bei dem Schließen und dem Öffnen des Primärstromes, eingestellt hatte.

FARADAY ersetzte jetzt die erste Arbeitshypothese durch einen neuen Gedanken, wie denn überhaupt seine Stärke in der Aufstellung immer neuer Arbeitshypothesen bestand, die er im allgemeinen nicht allzu ernst nahm, sondern nur zur logischen Planung seiner experimentellen Anordnungen verwandte und je nach dem Ausfall seiner Versuche weiter benutzte

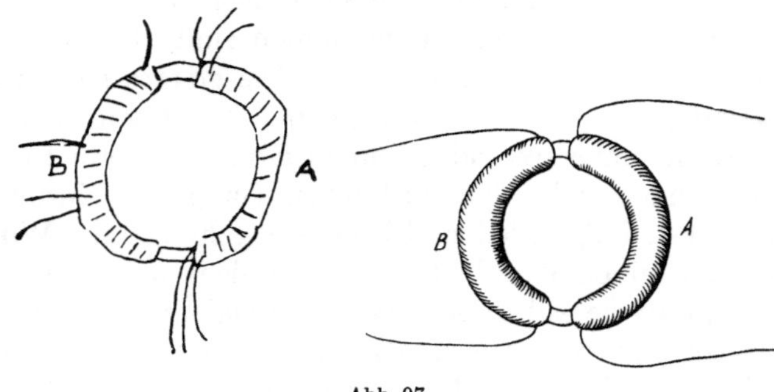

Abb. 97.

oder durch neue Annahmen ersetzte. Sein ständig wiederkehrender Ausspruch lautet: „Es könnte vielleicht so sein; versuch es (try it)".

Der neue Gedanke war folgender: Ebenso wie Magnetismus durch den elektrischen Strom erzeugt wird, müßte analog elektrischer Strom durch Magnetismus erzeugt werden können. Auf diesem Wege kam er zu der Anordnung der Abb. 97[1].

Wir wollen den betreffenden kleinen Abschnitt seines Tagebuches zitieren, da es sich hier um einen Versuch handelt, der an Bedeutung der Erschließung der Elektrodynamik durch VOLTA gleichkommt.

„29. August 1831.

1. — — — — — —

2. Ich hatte einen Ring aus weichem Rundeisen von $^7/_8$ Zoll Dicke und 6 Zoll äußerem Durchmesser, um dessen eine Hälfte ich viele Windungen Kupferdraht wickelte, die durch Zwirn und Kaliko voneinander isoliert waren. Es waren drei Drahtenden von je etwa 24 Fuß Länge, die zu einem Draht verbunden oder als getrennte Stücke benutzt werden konnten. Versuche mit einer Batterie zeigten, daß jeder Draht vom anderen isoliert war. Ich werde diese Seite des Ringes A nennen. Auf die andere Seite, durch einen Zwischenraum getrennt, wurden zwei Enden Draht, deren Länge zusammen etwa 60 Fuß betrug, im gleichen Sinne wie zuvor gewickelt; diese Seite sei B.

3. Ich lud eine Batterie von 10 Paar Platten, jede 4 Zoll im Quadrat. Die Windungen auf der B-Seite wurden zu einer Spule zusammengeschlossen

---

[1] Bei den folgenden Abbildungen 97, 99, 100, 101 sind die ursprünglichen Zeichnungen des Tagebuches und die der späteren Veröffentlichung nebeneinander gesetzt worden.

und ihre Enden durch einen Kupferdraht verbunden, der über eine 3 Fuß
vom Eisenring entfernte Magnetnadel führte. Dann verband ich die Enden
eines der Teile der A-Seite mit der Batterie; sofort zeigte sich eine merkliche Wirkung auf die Nadel. Sie oszillierte und kehrte schließlich in ihre

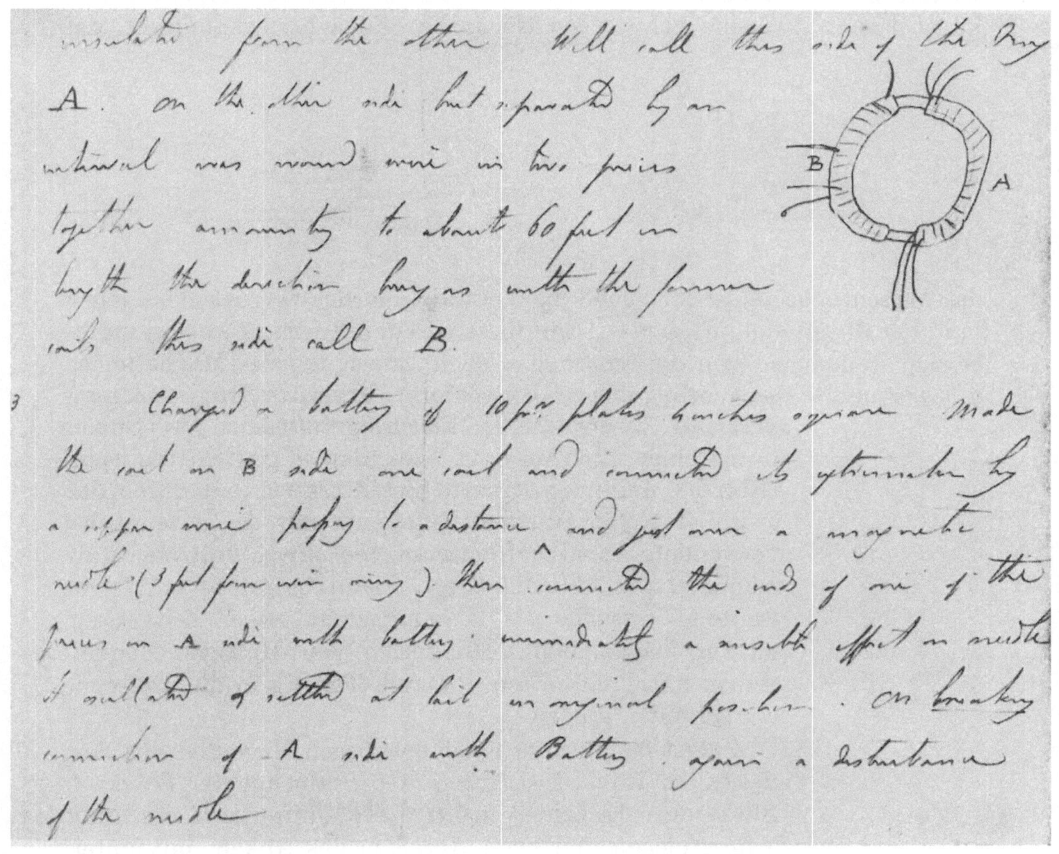

.bb. 98.

ursprüngliche Lage zurück. Beim Trennen der Verbindung der A-Seite von
der Batterie wieder eine Beunruhigung der Nadel".

Ein Faksimilie dieser wichtigen Tagebuchstelle ist hier wiedergegeben,
um dem Leser einen Eindruck von der FARADAYschen Arbeitsweise zu
vermitteln (Abb. 98).

Die Wirkung bestand, genauer gesagt, in folgendem: Wird der Stromkreis des Primärdrahtes[1] geschlossen, so wird ein Strom*stoß* im Sekundärdraht erzeugt und zwar von entgegengesetzter Richtung wie der Primärstrom; wird der Primärstromkreis geöffnet, so entsteht wieder ein Strom-
stoß, und zwar von gleicher Richtung wie der Primärstrom; während des
konstanten Fließens des Primärstroms geschieht dagegen im Sekundärdraht

---

[1] „Primärdraht" und „Sekundärdraht" sind heutige, recht praktische Bezeichnungen,
welche FARADAY ebenfalls, aber nur gelegentlich in ähnlicher Form, benutzt.

nichts. — Was muß FARADAY alles im Kopf und mit seinen Händen probiert
haben, um schließlich mit der komplizierten Anordnung unseres heutigen
Transformators die erste Induktionserscheinung nachweisen zu können!

Damit ist der historische Grundversuch der Induktion gegeben, alles
weitere bot für einen Forscher von der Phantasie und der Experimentierkunst FARADAYs keine Schwierigkeiten mehr. Zunächst erkannte er, daß

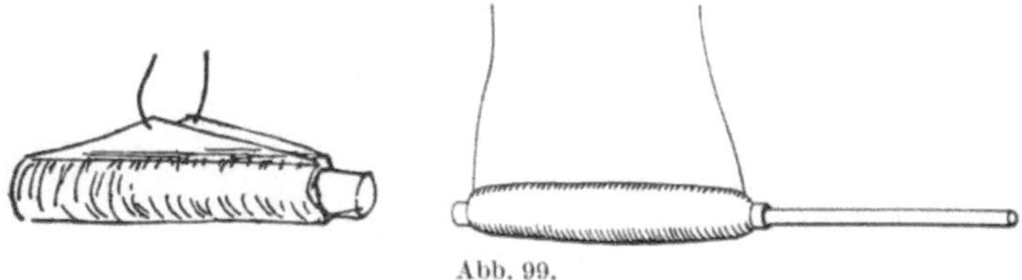

Abb. 99.

das Wesentliche seiner Versuche die Veränderung des Magnetfeldes innerhalb der Drahtwindungen war. Um diesen Gedanken zu erproben, mußte
er sich freimachen von der ersten speziellen Erzeugung des Magnetfeldes,
d. h., er mußte die so erfolgreiche, aber schlecht variierbare Ringanordnung

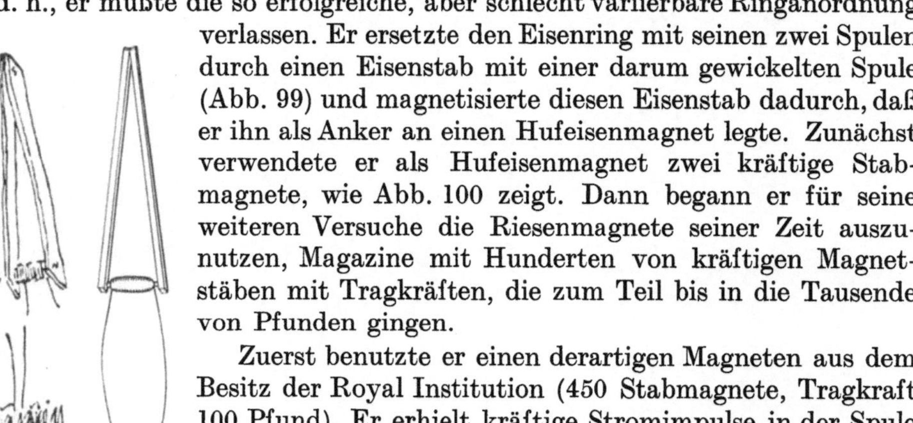

verlassen. Er ersetzte den Eisenring mit seinen zwei Spulen
durch einen Eisenstab mit einer darum gewickelten Spule
(Abb. 99) und magnetisierte diesen Eisenstab dadurch, daß
er ihn als Anker an einen Hufeisenmagnet legte. Zunächst
verwendete er als Hufeisenmagnet zwei kräftige Stabmagnete, wie Abb. 100 zeigt. Dann begann er für seine
weiteren Versuche die Riesenmagnete seiner Zeit auszu-
nutzen, Magazine mit Hunderten von kräftigen Magnet-
stäben mit Tragkräften, die zum Teil bis in die Tausende
von Pfunden gingen.

Zuerst benutzte er einen derartigen Magneten aus dem
Besitz der Royal Institution (450 Stabmagnete, Tragkraft
100 Pfund). Er erhielt kräftige Stromimpulse in der Spule
beim Anlegen und beim Abreißen des Ankers mit untereinander entgegengesetzten Richtungen, aber wieder nicht
den geringsten Effekt im Ruhezustand. Die beiden Im-
pulse waren von etwas verschiedener Dauer, wurden aber
gleich groß, als der Anker schlagartig abgerissen wurde.

Abb. 100.

Die Effekte waren so groß, daß die Berührung des
Ankers mit den Polen durch eine bloße Annäherung und
das Abreißen des Ankers durch eine bloße Entfernung ersetzt werden
konnten; der Effekt nahm mit wachsender Entfernung ab, behielt aber
den gleichen Charakter.

Damit war auch die Möglichkeit gegeben, die Magnete durch strom-
durchflossene Spulen zu ersetzen, die ja nach außen ganz wie Magnete
wirken. FARADAY nennt solche Stromspulen häufig Elektromagnete, obgleich sie kein Eisen enthalten, während er Spulen mit Eisenkern ausdrücklich als „*ferrugious* electromagnets" bezeichnet. Auf diesem Wege erkannte
er, daß das Eisen auch entbehrt werden kann, und kam schließlich zu

der Induktion eines stromdurchflossenen Drahtes auf den Nachbardraht. Wegen der erheblichen Reduktion der Effekte müssen dabei die Drähte außerordentlich lang gemacht werden, was die Wirkungslosigkeit der ersten, an sich richtigen Anordnung erklärt. Außerdem wußte er jetzt auch, daß er keinen Dauerstrom, sondern nur Stromimpulse zu erwarten hatte. Damit war FARADAY wieder am Anfangspunkt seines Forschungsweges angelangt, nämlich bei den einfachen parallelen Drähten, die nur deswegen Spulenform gehabt hatten, um sie in kleinem Raum unterzubringen.

Das letzte Ziel FARADAYs war es, alle diese mannigfaltigen Erscheinungen in einem „Gesetz" zusammenzufassen. Er fühlte, daß dieses Gesetz eine ganz einfache Form haben mußte, empfand es aber als sehr schwer, ihm einen klaren sprachlichen Ausdruck zu geben. Tatsächlich ist das, was er als Darstellung des „Gesetzes" bezeichnet, eine dreiviertel Seiten lange, nicht übermäßig klare Aneinanderreihung von Einzelheiten. Dies ist sehr merkwürdig gerade für FARADAY und um so merkwürdiger, als er das eigentlich Maßgebende ganz klar erkannt hatte, nämlich die relative Bewegung des Leiters zu den „Magnetical Curves", den „Kraftlinien". Die von FARADAY gefundene, aber nicht ausgesprochene Form des Gesetzes müßte etwa lauten: „Die Stärke des in einem Leiter erzeugten Stromes[1] ist proportional der Anzahl der Kraftlinien, die der Leiter in der Zeiteinheit schneidet". Auch die komplizierten Vorschriften FARADAYs, die *Richtung* der induzierten Ströme zu bestimmen, lassen sich durch eine wesentlich einfachere Regel ersetzen. LENZ hat dies 1834 bekanntlich in eine Form gebracht, welche nicht nur die Richtung der induzierten Ströme allgemein angibt, sondern auch die Energiequelle ihrer Entstehung hervortreten läßt: „Der Induktionsstrom ist stets so gerichtet, daß er die ihn erzeugende Bewegung zu hemmen sucht".

Dieser ganze Forschungskomplex mit seinen prinzipiellen Variationen und mit seinem abschließenden Gesetz ist in unserem Zusammenhange als eine Einheit, als *der Grundversuch* der Induktion aufzufassen.

Nachdem es FARADAY so gelungen war, auf diesem neuen Wege einen elektrischen Strom zu erzeugen, stellt er sich kritisch die Frage, ob diese Elektrizitätsbewegungen auch wirklich von gleicher Art sind wie die Ströme einer VOLTAschen Säule. Er versucht immer wieder, die verschiedenen typischen Wirkungen der „Ströme" nachzuweisen. Die *magnetische* Wirkung war nicht nur durch den Ausschlag des Galvanometers festgestellt worden, sondern auch durch die Magnetisierung kleiner Nadeln mittels einer engen, in den Sekundärkreis eingeschalteten Spule. Die *chemische* Wirkung konnte nicht nachgewiesen werden, weil die Elektrizitätsmengen zu gering waren, obgleich die beiden entgegengesetzten Stromimpulse voneinander getrennt wurden. Dagegen gelang es — nach anfänglichen Fehlversuchen —, *physiologisch* auf die Nerven des Auges und auf das bekannte Froschpräparat GALVANIs einzuwirken. Die *Wärmewirkung* wurde ebenfalls schließlich bei der Benutzung der Riesenmagnete in kleinen Lichterscheinungen an den

---

[1] Was zunächst erzeugt wird, ist eigentlich eine *Spannung,* ohne daß FARADAY dies bei seinen Induktionsversuchen unterscheidet; der *Strom* richtet sich nach dem OHMschen Gesetz.

sich nur eben berührenden Enden des Sekundärdrahtes gefunden, besonders
wenn die Drähte in Stücken von Retortenkohle endeten. Es sei hier erwähnt,
daß die Frage der Identität der auf verschiedenem Wege erzeugten Elektrizitätsmengen FARADAY auch sonst als selbständiges Problem lebhaft
beschäftigt hat, wobei ihm aus historischen Gründen die durch Reibung
erzeugte Elektrizität als die „natürliche" erschien.

Zu einer grundsätzlichen, recht wichtigen Erweiterung der Induktionserscheinungen kam FARADAY durch das Eingehen auf die ARAGOsche Entdeckung des Rotationsmagnetismus. Es handelt sich hier bekanntlich um
die Mitnahme einer Magnetnadel durch eine unter ihr schnell rotierende

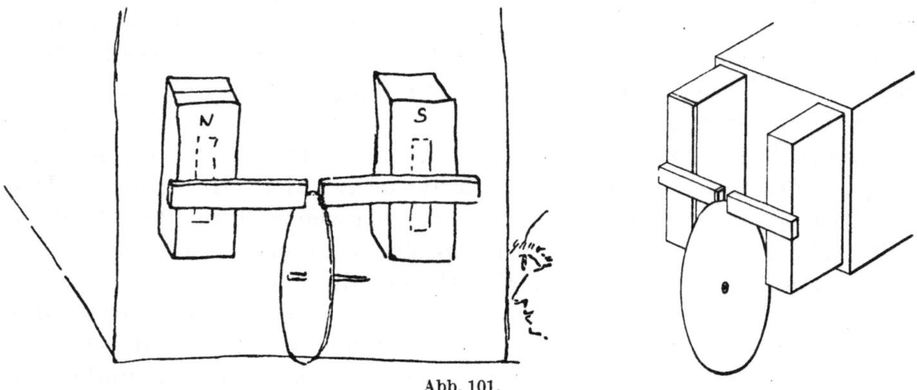

Abb. 101.

Kupferscheibe. Es gelang FARADAY leicht, diese Erscheinung auf die Induktionswirkungen der Magnetnadel auf die relativ zu ihr bewegte Kupfer-
masse zurückzuführen. Damit eröffnete sich das ganze Gebiet der *Wirbelströme*. Besonders schön ist die Vereinfachung dieser ganzen Überlegungen
durch folgende klassische Anordnung (Abb. 101).

Eine runde Kupferscheibe, welche mehr oder minder tief zwischen die
Polschuhe eines starken Magneten eintauchen kann, wird in schnelle Rotation versetzt. Der hierdurch in der Kupferscheibe induzierte Strom wird
durch Schleiffedern (in der Abbildung nicht gezeichnet) von der Scheiben-
achse und dem Scheibenrande, welche beide zur Verbesserung des Kon-
taktes amalgamiert sind, abgenommen und zu einem empfindlichen Galvanometer (astatisches Nadelpaar, Schutz gegen Luftbewegung durch Glasglocke) hingeleitet. Bei schneller Drehung ergab sich ein *Dauer*ausschlag der
Nadeln bis zu 90°.

Diese Erzeugung eines elektrischen Stromes in einem metallischen Kon-
tinuum hat ebenfalls den Charakter eines Grundversuchs insofern, als damit
zum ersten Mal ein *kontinuierlicher Strom* durch Magnetinduktion erzeugt
worden ist. Technisch gesehen haben wir hier die erste Dynamomaschine
vor uns.

Eine andere, grundsätzliche Erweiterung der Induktionserscheinungen
ist die von FARADAY entdeckte und aufgeklärte *Selbstinduktion*. Es handelt
sich hier um eine ganz neuartige Erscheinung, die FARADAY selbst als „sehr

merkwürdig" bezeichnet. Den Ausgangspunkt bildete die folgende Beobachtung, auf welche FARADAY durch den Physiker JENKINS aufmerksam gemacht worden war: Schließt man an eine Stromquelle die Spule eines Elektromagneten mit Eisenkern, so erhält man beim Öffnen des Stromkreises einen kräftigen Schlag bzw. einen hellen Funken. FARADAY sah hierin eine Wirkung des Stromes auf sich selbst, grob darstellbar in der Art, daß jede Faser des Leiters auf ihre Nachbarfaser oder jede Windung auf ihre Nachbarwindung die gewöhnliche Induktionswirkung ausübt, mit dem Ergebnis, daß bei der Schließung der eingeschaltete Strom infolge des induzierten Gegenstromes nur verlangsamt ansteigen kann und daß der Strom bei der Öffnung noch länger zu fließen fortfährt. Die Wirkung ist um so stärker, je mehr man vom geraden Draht über eine Luftspule zu einer Spule mit einem Eisenkern übergeht, und sinkt nahezu auf Null, wenn der Draht bifilar geführt wird. Zunächst begnügte sich FARADAY mit qualitativen Schlüssen, da der Selbstinduktionsstrom nur schwer von dem Batteriestrom getrennt werden konnte; bald aber gelang es ihm, den bei der Stromöffnung entstehenden „Extrastrom" und sogar den beim Stromschluß entstehenden Gegenstrom dem Experiment durch nachstehende Versuchsanordnung zugänglich zu machen (Abb. 102).

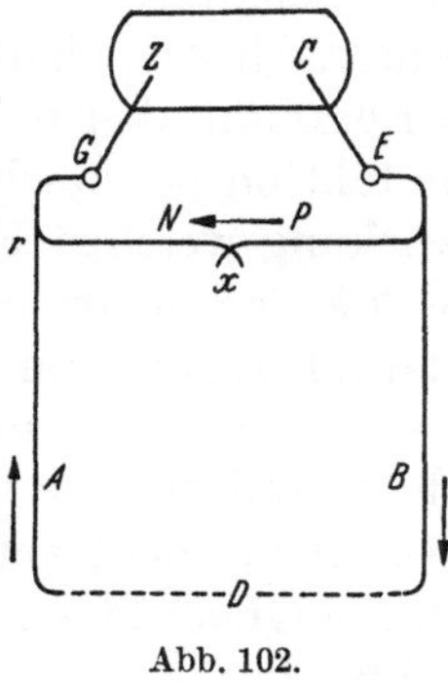

Abb. 102.

Von C und Z, dem Kupfer- und dem Zinkpol einer VOLTAschen Batterie, führen die Leitungen zunächst zu den Quecksilbernäpfen E und G. Von E geht der Strom über B zu dem Leiter D, dessen Selbstinduktion untersucht werden soll, einem langen Draht, einer leeren oder einer mit Eisen gefüllten Spirale, und von dort über A und r nach G zurück. Bei r ist eine Querverbindung PN zwischengefügt. An der Stoßstelle x kann eine lose Berührungsstelle, ein dünner Platindraht, ein Galvanometer oder eine chemische Zersetzungszelle eingeschaltet werden.

Nachweis der Selbstinduktion bei der *Stromöffnung*:

An der Stelle x besteht lose Berührung: bei der Stromöffnung am Quecksilbernapf E entsteht bei x, nicht bei E, ein kräftiger Funke.

An der Stelle x wird ein dünner Platindraht eingeschaltet: Bei der Stromöffnung kommt der Draht zum Glühen oder Durchschmelzen.

An der Stelle x wird eine chemische Zersetzungszelle — mit Jod-Kalium-Lösung getränktes Papier — eingeschaltet: Während der Dauerstrom fast völlig den Weg BDA geht, fließt im Augenblick der Stromöffnung bei E ein kräftiger Extrastrom durch x, welcher seine Stärke und seine Richtung durch entsprechende Zersetzung des Jod-Kaliums dokumentiert.

An der Stelle x wird ein Galvanometer eingeschaltet, dessen Nadel durch Anschlagstifte gehindert wird, im Sinne des Dauerstromes aus der Nullage auszuschlagen, während der dem entgegengesetzten Stromsinne entsprechende Ausschlag ungehindert bleibt. Jetzt wird der Kontakt bei G unterbrochen, der Extrastrom entlädt sich durch den Querdraht im Sinne $\overrightarrow{NP}$ und ruft einen kräftigen Ausschlag am Galvanometer hervor.

Nachweis der Selbstinduktion beim *Stromschluß*:

An der Stelle x wird ein Platindraht eingeschaltet, welcher so bemessen ist, daß er durch den Dauerstrom gerade eben noch nicht zum Glühen gebracht wird. Wird jetzt der Strom bei E geschlossen, so wird in D ein entgegengesetzter Strom „selbstinduziert", was nach FARADAY so wirkt, als ob der Widerstand von D verstärkt würde[1]. Infolgedessen fließt jetzt ein größerer Anteil des Gesamtstromes durch PN und bringt den Platindraht zum Glühen.

FARADAY versucht die Selbstinduktion als eine Trägheit des elektrischen Stromes zu deuten, wie etwa das Wasser in einem Rohr einem plötzlich eingeschalteten Druckunterschiede einen Trägheitswiderstand entgegensetzt und nach Ausschaltung des Druckunterschiedes zunächst noch weiterfließt. Er erkennt aber bald, daß die Ursache doch tiefer liegen muß, da die Selbstinduktion ja entscheidend von der Form des Stromweges und von der Mitwirkung weichen Eisens abhängt. Er kommt an einer Stelle der richtigen Erklärung schon sehr nahe, als er die verstärkende Wirkung des Eisens darauf zurückführt, daß das durch den Dauerstrom magnetisierte Eisen bei der Stromunterbrechung seinen Magnetismus verliert und dadurch induzierend auf die umgebende Drahtspirale wirkt. Den letzten Schritt hat FARADAY nicht getan, d. h., er hat nicht erkannt, daß die zur Erzeugung des Magnetfeldes aufzuwendende Energie und die beim Abbau des Magnetfeldes frei werdende Energie die eigentliche Ursache der Selbstinduktion sind, da ihm unsere heutigen energetischen Auffassungen noch fernlagen.

Die Entdeckung der Induktion durch FARADAY muß als eine der größten experimentellen Leistungen angesehen werden, welche die Menschheit bisher vollbracht hat. Ohne jeden Anhaltspunkt hat FARADAY ein ganz neues Gebiet der Physik erschlossen, allein getragen von dem festen *Glauben*, daß einer Erzeugung des Magnetismus durch elektrischen Strom auch eine Erzeugung des elektrischen Stromes durch Magnetismus entsprechen *müsse*. Die Entdeckung der Induktion ist daher in erster Linie das Ergebnis eines festen Willens gewesen. Charakteristisch für die Denkart FARADAYs ist dabei die Anekdote, daß er ständig ein mit Kupferdraht umwickeltes Eisenstück in der Westentasche getragen habe, um sich in jedem Augenblick trotz seines notorisch schlechten Gedächtnisses an dies große Problem zu erinnern. — Höchste Bewunderung verdient ferner die schnelle Erschließung des ganzen Gebietes, nachdem einmal der erste Zugang gefunden war, und besonders die tiefgreifende Erweiterung der Induktionserscheinungen auf die metallischen Kontinua und auf die Selbstinduktion im eigenen Stromleiter.

---

[1] Wir würden heute sagen, daß eine elektromotorische Gegenkraft im Augenblick des Stromschlusses in D induziert wird.

Das absolute Maßsystem (1832—1856).

Gauss, Weber.

Schon vor Gauss waren, z. B. von Alexander v. Humboldt, relative Messungen der magnetischen Horizontalintensität H durch Bestimmung der Schwingungsdauer τ einer Magnetnadel durchgeführt worden nach der Gleichung

$$\tau = 2\,\pi \,\sqrt{\frac{\Theta}{M \cdot H}}\,, \tag{1}$$

worin Θ das Trägheitsmoment und M das magnetische Moment der Nadel bedeutet, während H die gesuchte Horizontalkomponente des magnetischen Erdfeldes ist, d. h. die Kraft, welche im magnetischen Erdfeld in horizontaler Richtung auf den Einheitspol ausgeübt wird. Auf diese Weise hatte Humboldt aus der Abnahme von τ auf die Zunahme von H nach den Polen hin geschlossen. Im allgemeinen blieb es aber stets unbestimmt, ob H oder M sich bei einer Änderung von τ geändert hatte.

Poisson hatte deswegen den Vorschlag gemacht, zur Entscheidung dieser Frage eine Hilfsnadel mit dem magnetischen Moment M' zu benutzen, was zunächst als eine Vermehrung der Unbekannten erscheint. Diese Hilfsnadel sollte einmal unter dem Einfluß des Erdfeldes H allein, ein zweites Mal unter dem Einfluß des Erdfeldes *und* der Hauptnadel schwingen, welche zu diesem Zweck in einiger Entfernung in Richtung der Hilfsnadel hingelegt wurde, z. B. so, daß die Richtkraft auf M' sich erhöhte. Das gab dann zwei neue Gleichungen, aus denen sich $\dfrac{M}{H}$ berechnen ließ. Dabei fällt M' heraus! In Verbindung mit Gleichung (1) konnten so H und M einzeln bestimmt werden. Das Verfahren war in Ordnung, aber etwas schwerfällig.

Gauss fand also die Einführung einer Hilfsnadel schon vor, vereinfachte die Methode aber bedeutend, indem er die Hauptnadel *statisch* auf die Hilfsnadel in einfachsten räumlichen Konfigurationen wirken ließ. Ein Fall dieser Art, die sog. I. Hauptlage, ist in Abb. 103 dargestellt. Man erhält dann unter mehrfacher Benutzung des Coulombschen Gesetzes folgende Gleichung zwischen dem Drehmoment der Hauptnadel und dem Drehmoment des Erdfeldes auf die Hilfsnadel:

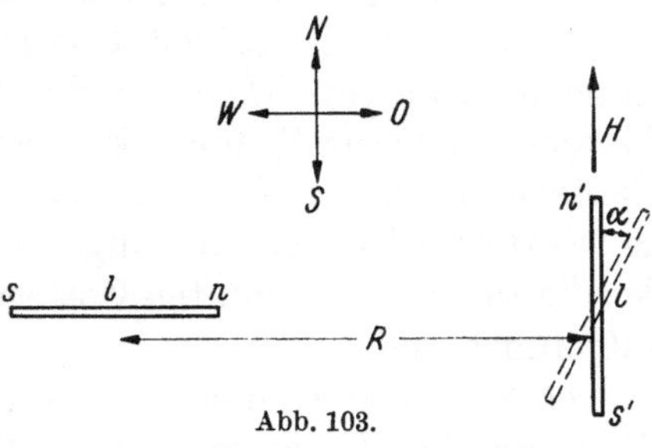

Abb. 103.

$$2\,M\,M' \cos\alpha \,\frac{R}{\left(R^2 - \dfrac{l^2}{4}\right)^2} = H\,M' \sin\alpha$$

$$\frac{M}{H} = \frac{1}{2} \cdot \frac{\left(R^2 - \dfrac{l^2}{4}\right)^2}{R} \cdot \operatorname{tg}\alpha \tag{2}$$

M' ist herausgefallen, da eine Verdoppelung von M' beide Drehmomente verdoppeln würde. Jetzt hat man also 2 Gleichungen für H und M, so daß man beide Werte einzeln berechnen kann. Vernachlässigt man $\frac{l^2}{4}$ gegen R^2, so wird der Faktor von tg α gleich $\frac{1}{2} R^3$. GAUSS will jedoch genauer arbeiten. *Experimentell* vervollständigt er den obigen Versuch, den wir jetzt mit 1 bezeichnen wollen, dahin, daß er in einem Versuch 2 die Hauptnadel auf die Ostseite (Abb. 103) legt und in weiteren Versuchen 3 und 4 für beide Anordnungen die Pole der Hauptnadel vertauscht. Erst aus diesen 4 Versuchen gewinnt er seinen Mittelwert für α. *Mathematisch* entwickelt er den Ausdruck für tg α in eine Potenzreihe

$$\text{tg } \alpha = a \cdot R^{-3} + b R^{-5} + c R^{-7} + \cdots\cdots$$

Für die Auswertung benutzt er außer dem Gliede R^{-3} auch das Glied R^{-5}, während R^{-7} schon innerhalb der Meßfehlergrenze liegt. (Die Glieder mit geraden Exponenten von R sind durch die Kombination der obigen 4 Versuche zum Fortfall gebracht worden.)

GAUSS gibt dieser Potenzreihe noch eine allgemeinere Bedeutung, indem er an die Stelle der zahlenmäßigen Exponenten $-3, -5, -7$ die allgemeinen Exponenten $-(n+1), -(n+3), -(n+5)$ setzt, worin n den Exponenten der Entfernung im COULOMBschen Gesetz bedeutet. Dabei war n in unserer bisherigen Rechnung nach COULOMB gleich 2 gesetzt worden. GAUSS kann jetzt durch den Vergleich seiner Versuchsergebnisse mit den Berechnungen nach dieser Reihe feststellen, wie groß n tatsächlich ist (vgl. die folgende Tabelle 30).

Experimentell machte GAUSS noch folgende Fortschritte:

1. Bestimmung des Trägheitsmomentes durch Messung der Schwingungsdauer ohne und mit Auflegen von Stäben berechenbaren Trägheitsmomentes auf die schwingende Nadel,

2. Bestimmung der Torsionskraft des Aufhängefadens.

Auf diese Weise erhielt GAUSS H als absoluten Wert. — Die Winkelmessungen brachte GAUSS dadurch auf höchste Präzision, daß er für die Ablesungen Fernrohr und Skala einführte, was für die ganze physikalische Meßtechnik von größter Bedeutung geworden ist. Welche hohe Genauigkeit GAUSS bei seinen Messungen erreicht hat, zeigt ebenfalls Tabelle 30, in der die zu einer bestimmten Entfernung R gehörigen Winkel α (Gleichung 2) aufgeführt sind.

Die 3. Spalte ist unter der Annahme berechnet, daß der Exponent des COULOMBschen Gesetzes streng $= 2$ ist; die geringen Differenzen der letzten Spalte beweisen also, daß dies tatsächlich der Fall ist, was COULOMB selbst keineswegs bewiesen hatte. Die Überlegenheit von GAUSS gegen COULOMB erklärt sich, abgesehen von seiner größeren physikalischen und mathematischen Präzision, dadurch, daß GAUSS von vornherein mit dem realen magnetischen Moment arbeitet im Gegensatz zu den fiktiven Magnetpolen COULOMBs.

Die Messung der Horizontalintensität des Erdmagnetismus ist der erste Fall, in welchem eine nichtmechanische Größe in absoluten mechanischen

Einheiten gemessen worden ist. GAUSS hat damit auch die Grundlage für die absoluten Messungen der Stromstärke, des elektrischen Widerstandes und der elektromotorischen Kraft durch seinen Freund WEBER geschaffen. —

WEBER fand für die einwandfreie Messung

Tabelle 30.

R (m)	α beobachtet			α berechnet			Diff.
1,3	2°	13′	51,2″	2°	13′	50,4″	+ 0,8″
1,4	1	47	28,6	1	47	24,1	+ 4,5
1,5	1	27	19,1	1	27	28,7	— 9,6
1,6	1	12	7,6	1	12	10,9	— 3,3
1,7	1	0	9,9	1	0	14,9	— 5,0
1,8	0	50	52,5	0	50	48,3	+ 4,2
1,9	0	43	21,8	0	43	14,0	+ 7,8
2,0	0	37	16,2	0	37	5,6	+10,6
2,1	0	32	4,6	0	32	3,7	+ 0,9
2,5	0	18	51,9	0	19	2,1	—10,2
3,0	0	11	0,7	0	11	1,8	— 1,1
3,5	0	6	56,9	0	6	57,1	— 0,2
4,0	0	4	35,9	0	4	39,6	— 3,7

des elektrischen Stromes lediglich die Möglichkeit vor, die Stromeinheit elektrolytisch zu definieren, z. B. als diejenige Stromstärke, welche pro Sekunde 1 mg Wasser zersetzt, und dann die Stromstärken durch die Bestimmung der zersetzten Wassermenge in Milligramm und der gebrauchten Zeit in Sekunden zu messen. Als Meßinstrument war das Knallgas-Voltameter FARADAYs gegeben. In solchen Einheiten hatte zum Beispiel auch JOULE bei der Aufstellung seines Gesetzes das von ihm benutzte Galvanometer geeicht (S. 124).

Diese Einheit hat aber erhebliche Mängel. Das Voltameter gibt nur zeitliche Durchschnittswerte, aber keine Augenblickswerte an und hat außerdem einen so großen inneren Widerstand, daß es z. B. die Ströme großflächiger Elemente beim Schluß durch kurze dicke Verbindungsdrähte nicht zu messen gestattet, eine Frage, für welche WEBER sich damals aus technischen Gründen interessierte[1]. WEBER stellte sich daher die Aufgabe, den elektrischen Strom durch dessen *magnetische* Wirkung in einer *magnetisch* definierten Einheit zu messen.

Der diese Wirkung ausübende Stromleiter mußte hierbei nach Länge und Form so einfach definiert sein, daß seine Wirkung sich theoretisch berechnen ließ, mußte sich außerdem derart in einen Stromkreis einschalten lassen, daß die Zuleitungen zu seinen Enden keine merkliche Störung der zu messenden Wirkung hervorrufen konnten. WEBER wählte hiernach die Kreisform. Die Apparatur ist in Abb. 104 nach dem Original dargestellt. WEBER gibt selbst folgende kurze Beschreibung:

„Ich habe ein Instrument hiernach einrichten lassen, dessen Kupferring 198$^1/_2$ mm Durchmesser hatte und dessen Querschnitt 30 qmm betrug. Dieser Reif war unten aufgeschnitten, und das eine Ende mit der einen Leitungsröhre, das andere Ende mit der anderen Leitungsröhre zusammengelötet. Diese ineinander gesteckten, aber isolierten Röhren führten den Strom 100 mm abwärts zu zwei 4 mm dicken, 1 m langen Leitungsdrähten, welche dicht untereinander zu zwei Quecksilbernäpfchen gingen, die mit den beiden Platten der galvanischen Kette in Verbindung gesetzt werden

---

[1] Es handelte sich um die Magnetisierung der Lokomotivräder durch starke Ströme zur Erhöhung der Reibung.

konnten. Die Magnetnadel stand in der Mitte des Kreises auf einer an dem
Kreis befestigten Holzplatte. Der Kreis selbst stand auf einem hölzernen
mit Stellschrauben versehenen Dreifuß. Die Länge der Nadel betrug 50 mm
und bewegte sich auf einem in Grade geteilten Kreisbogen".

Bei feineren Messungen sollte die Bussole durch ein kleines Magneto-
meter mit Coconfadenaufhängung und Spiegelablesung ersetzt werden; außerdem sollte eine Dämpfung für schnellere Einstellung
sorgen.

Die Berechnung der absoluten Intensität i des Stromes ergibt

$$i = \frac{R \cdot H}{2\,\pi} \cdot \mathrm{tg}\,\varphi$$

wo R den Kreisradius, H die Horizontal-Intensität des magnetischen Erdfeldes und φ den Aus-schlag der Nadel bedeuten[1]. Die
Größe i konnte jetzt also in absolutem Maß in dem von Gauss
gewählten mm-mg-sec-System gemessen werden.

Den ersten Gebrauch von dieser absoluten Methode machte Weber
für die Messung der maximalen Ströme, welche ein großplattiges
Element, z. B. von Daniell, Grove oder Bunsen, liefern kann,
wenn es nur durch kurze starke

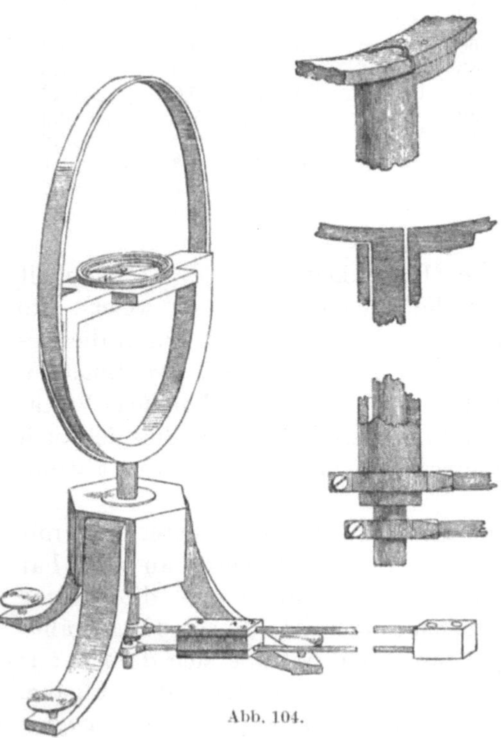

Abb. 104.

Verbindungsdrähte und den Kreis der Tangentenbussole geschlossen wird.

Nachdem Weber die Stärke eines Stromes durch seine magnetische
Wirkung absolut gemessen hatte, stellte er sich weiter die praktisch und
theoretisch gleich wichtige Aufgabe, die magnetische Stromeinheit mit der
elektrolytischen Stromeinheit und der elektrostatischen Stromeinheit zu
vergleichen. Als elektrolytische Stromeinheit wählte er diejenige Stromstärke, welche pro Sekunde 1 mg Wasser zersetzt, als elektrostatische Stromeinheit nahm er diejenige Stromstärke, bei welcher die nach dem Coulombschen Gesetze im mm-mg-sec-System definierte Einheit der Elektrizitätsmenge pro Sekunde durch den Querschnitt fließt.

Der erste Teil der Aufgabe erforderte lediglich genaue Messungen durch
Voltameter und Tangentenbussole. Die zersetzten Wassermengen wurden
aus der entwickelten Gasmenge unter Berücksichtigung der bekannten
Druck- und Temperatureinflüsse und unter Benutzung von Quecksilber

---

[1] Weber schreibt im Nenner zunächst einfach π, nach F. Kohlrausch wohl infolge eines
Überlegungsfehlers; in Poggendorffs Annalen sowie bei der Berechnung des elektro-chemischen Äquivalents setzt er $2\,\pi$ ein, wie es auch jetzt üblich ist.

statt Wasser als Absperrflüssigkeit zur Vermeidung der Gasabsorption mit größter Sorgfalt bestimmt. Die zugehörigen Elektrizitätsmengen wurden aus dem Produkt Stromstärke mal Zeit berechnet, wobei die Stromstärken, welche für die Tangentenbussole zu gering waren, mittels eines sog. Bifilargalvanometers, d. h. durch die Drehung einer bifilar aufgehängten Spule im magnetischen Erdfelde, in absolutem Maße gemessen wurden. (Jetzt würde man wohl ein genügend empfindliches Instrument mit Hilfe eines Nebenschlusses durch die Tangentenbussole geeicht haben.)

Die Ergebnisse sind in der nachstehenden Tabelle zusammengestellt:

Tabelle 31.

No.	Zeitraum der Zersetzung (sec)	Zersetztes Wasser W (mg)	$E=$ absolute Stromstärke $\cdot$ Zeit τ	Elektrochemisches Äquivalent $W:E$	Abweichungen vom Mittelwert
1	1168	14,2346	1522,44	0,009350	— 0,000026
2	1280	14,2026	1504,92	0,009437	+ 0,000061
3	1137,5	14,0872	1506,46	0,009351	— 0,000025
4	1154	14,0182	1501,43	0,009337	— 0,000039
5	1263	13,9625	1484,90	0,009403	+ 0,000027

Mittel 0,009376

Der jetzt für W/E angenommene Wert beträgt 0,00933, die Differenz gegen das WEBERsche Resultat beträgt also weniger als 0,5 %, obgleich die Meßmethoden seit WEBER erheblich verfeinert worden sind.

Der zweite Teil der Aufgabe war wesentlich schwieriger. Die beiden Elektrizitätsmengen, die elektrostatisch gemessene Menge und die magnetisch gemessene Menge, sollten so gegeneinander abgeglichen werden, daß sie an einem Galvanometer den gleichen Ausschlag hervorriefen.

Die verwandte elektrostatische Menge E, welche in der Ladung einer kleinen Leydener Flasche bestand, mußte in elektrostatischen Einheiten gemessen werden. Zu diesem Zwecke maß WEBER zunächst das Potential P der Ladung E mittels eines Sinuselektrometers, teilte dann die Ladung E zwischen der Flasche (restliche Menge E') und einer Metallkugel von 13 Zoll Durchmesser (Menge E'') und bestimmte das zu E' gehörende Potential. Daraus berechnet sich $E' = E'' \dfrac{P'}{P - P'}$. Hat man also E'' bestimmt, so folgt daraus E'. Die Ladung E'' der großen Kugel wurde dadurch ermittelt, daß man sie in Berührung mit einer kleinen Kugel von 2 Zoll Durchmesser brachte und die Ladung dieser kleinen Kugel durch ihre abstoßende Wirkung auf eine gleich große, mit ihr in Berührung gebrachte Kugel mittels eines COULOMBschen Torsionsapparates in elektrostatischen Einheiten bestimmte.

Das so gemessene E' wird dann durch ein Galvanometer hindurchgeschickt und der erhaltene Winkelausschlag registriert. Aus fünf derartigen Versuchen ergab sich die umstehende Tabelle 31 (die Bedeutung der letzten Spalte wird später besprochen).

Jetzt muß die Zeitdauer gesucht werden, innerhalb derer die magnetisch bestimmte Stromeinheit den gleichen Ausschlag (etwa $\varphi = 0,0057087$ des Versuches Nr. 1) hervorruft. Diese berechnet sich zu $\tau = \varphi \cdot A = 0,0057087 \times 0,020915 = 0,0001194$. A ist hierbei eine Funktion der Windungszahl

10*

und der Abmessungen des Galvanometers, der magnetischen Horizontal-Intensität, der Schwingungsdauer und der Dämpfung der Nadel, also lauter scharf zu bestimmender Größen, und berechnet sich zu 0,020915 für die Sekunde als Zeitmaß. Die gesuchten Werte von τ erhält man also aus der Spalte für φ durch Multiplikation mit dieser Konstanten. Diese Werte von τ sind in die letzte Spalte eingetragen. Sie haben gleichzeitig zahlenmäßig die Bedeutung der benutzten Elektrizitätsmengen, da diese gleich $\tau \times$ Mengeneinheit sein sollen. Die elektrostatisch gemessene Elektrizitätsmenge E_e des Ver-

Tabelle 32.

No.	$E \cdot 10^{-4}$	φ	$\tau = \varphi \cdot 0{,}020\,915$
1	3606	0,005 708 7	0,000 1194
2	4194	0,006 213 6	0,000 1300
3	4970	0,007 495 2	0,000 1568
4	4435	0,007 075 7	0,000 1480
5	4966	0,007 596 2	0,000 1589

suches Nr. 1, 36060000 Coulomb-Einheiten im Sinne der Seite 146, hat also z. B. beim Durchfluß durch einen Galvanometerdraht die gleiche magnetische Wirkung wie die magnetisch gemessene Elektrizitätsmenge $E_m = 0{,}000\,1194$, d. h., das elektrostatische Strommaß verhält sich zum magnetischen Strommaß[1] wie $1 : 310\,740 \cdot 10^6$, gemessen im mm-mg-sec-System.

Die so gefundene Zahl beantwortete nicht nur die ursprüngliche Fragestellung, durch welche zwei Gebiete der Physik in engen Zusammenhang gebracht werden, sondern ist von viel größerer prinzipieller Bedeutung. Sie zeigt nämlich, daß das Verhältnis der elektromagnetischen Einheit zur elektrostatischen Einheit des Stromes (rund) $= 3 \cdot 10^{10}$ cm $\cdot$ sec^{-1} ist, d. h. gleich der Geschwindigkeit des Lichtes, und gibt damit den ersten Hinweis auf den tiefen Zusammenhang zwischen Elektrizitätslehre und Optik. —

Im Anschluß an die Bestimmung der elektrischen Stromstärke aus ihrer magnetischen Wirkung wandte sich Weber zur Verwirklichung der absoluten Widerstandseinheit, die dringend notwendig geworden war. Er ging dabei aus von dem Ohmschen Gesetz $i = \dfrac{e}{w}$, durch das der Widerstand „w" *definiert* ist, gerade so wie die Masse in der Mechanik definiert ist durch die Gleichung Beschleunigung = Kraft : Masse. Der Widerstand ist also gegeben als elektromotorische Kraft : Stromstärke und kann verwirklicht werden durch die Messung zweier solcher zueinander gehörenden Größen. Die Aufgabe konzentrierte sich daher auf die absolute Messung der elektromotorischen Kraft, da der absolute Wert des Stromes ja bereits vorlag. Weber gründete ihre Definition auf das Faradaysche Induktionsgesetz; er sagt: „Unter der absoluten Maßeinheit der elektromotorischen Kraft

---

[1] Weber gibt statt $310\,740 \cdot 10^6$ die Hälfte dieser Zahl an, indem er beim Strom zwischen den Elektroden einer Voltaschen Batterie nur die Hälfte des elektrischen Ausgleichs als positiven Strom annimmt und hier in Rechnung setzt, während die andere Hälfte als negativer Strom in entgegengesetzter Richtung fließen soll. Er sagt: „Dieses Maß, welches das mechanische Maß der Stromintensität heißen soll, setzt also die Intensität desjenigen Stromes zur Einheit, welcher entsteht, wenn in der Zeiteinheit die Einheit der freien positiven Elektrizität in der einen Richtung, eine gleiche Menge negativer Elektrizität in der entgegengesetzten Richtung durch jeden Querschnitt der Kette fließt." Hierzu fügt Friedrich Kohlrausch noch folgende Anmerkung: „Allgemein wird jetzt die Hälfte der oben definierten Stromeinheit als Einheit genommen, nämlich der Strom, bei welchem die Summe beider in der Zeiteinheit durch einen Querschnitt fließenden Elektrizitätsmengen gleich Eins ist."

kann nämlich diejenige elektromotorische Kraft verstanden werden, welche die Maßeinheit des Erdmagnetismus auf einen geschlossenen Leiter ausübt, wenn derselbe so gedreht wird, daß die von seiner Projektion auf eine gegen die Richtung des Erdmagnetismus senkrechte Ebene begrenzte Fläche während des Zeitmaßes um das Flächenmaß zunimmt oder abnimmt."

WEBER erläutert dann seinen experimentellen Gedankengang an der Abb. 105. A und B sind zwei Drahtkreise, deren Ebene zunächst in der erdmagnetischen Vertikalebene liegt, während NS eine kleine Magnetnadel darstellt[1]. Wird jetzt der Kreis A um a a unter Biegung der Verbindungsdrähte geschwenkt, bis er senkrecht auf der magnetischen Nord-Süd-Richtung steht, so wird in ihm eine elektromotorische Kraft e erzeugt von der Größe

$$e = \frac{\pi r^2 \cdot H}{t},$$

wo t die Zeit bedeutet, in welcher die

Abb. 105.

Drehung stattgefunden hat. Hierdurch entsteht für den ganzen geschlossenen Leiter ein entsprechender Stromstoß.

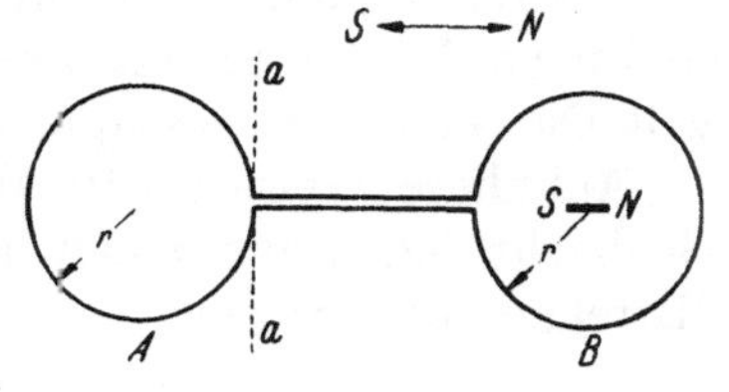

Dieser Stromstoß könnte im Prinzip durch den Kreis B als Tangentenbussole bestimmt werden, ist aber praktisch zu schwach, um einen meßbaren Ausschlag hervorzurufen. WEBER ersetzte daher die einfachen Kreise A und B durch sehr viele Windungen. Er benutzte hierbei für den ganzen geschlossenen Leiter 169 kg eines dicken Kupferdrahtes. 16 kg = 145 Windungen = 105 m² verwandte er für den Teil A, wodurch dieser zu dem bekannten Erdinduktor wurde, für welchen exakte Drehungen von 90° oder von 180° um die Vertikalachse (oder auch um die Horizontalachse) mit Hilfe von entsprechenden mechanischen Einrichtungen wie Achsen, Handkurbeln und Anschlägen festgelegt wurden. 153 kg Kupferdraht verwandte er auf den Ring B, in dessen Mitte die 6 cm lange Magnetnadel mit Spiegel an einem Coconfaden aufgehängt wurde. Dieses Strom-Meßinstrument mußte natürlich in absoluten Einheiten geeicht werden.

Hierzu konnte durch Vergleich mit einer Tangentenbussole die Stromempfindlichkeit C_s für einen Dauerstrom gemessen werden und durch Multiplikation mit dem Faktor $\frac{\pi}{\tau}$ nach bekannten Schwingungsgesetzen die hier benötigte ballistische Empfindlichkeit $C_b = \frac{\pi}{\tau} \cdot C_s$ errechnet werden (τ = Dauer einer Halbschwingung). Es mußte dann allerdings experimentell die Voraussetzung eingehalten werden, daß die Entladungszeit t klein ist gegen die Schwingungsdauer τ.

Beobachtet wurde der erste Ausschlag α für eine Drehung des Erdinduktors um 90°. Statt zur Erlangung einer großen Versuchsreihe diesen Einzelversuch öfters zu wiederholen, wozu jedesmal die Ruhelage der Nadel hätte abgewartet werden müssen, benutzte WEBER folgendes geistreiche Schema (vgl. die nachstehende Tab. 33 und die Abb. 106).

---

[1] WEBER denkt sich die Nadel zunächst außerhalb des Kreises B, um den Ausschlag der Nadel als die Wirkung eines dem stromdurchflossenen Kreise B äquivalenten Magneten darstellen zu können, verlegt die Nadel dann aber doch in die Mitte von B.

1. Drehung um — 90°, Ausschlag nach links auf der Fernrohrskala bis 467,1 Skt,

2. Rückschwingen der Nadel bis 540,7 Skt nach rechts,

3. Drehung um + 180° in dem Augenblick, in dem die Nadel auf der Rückkehr von 540,7 Skt die Nullage in Richtung von rechts nach links passieren will. Durch die Häfte dieses Impulses wird die Nadel gestoppt, durch die andere Hälfte wird sie nach rechts zurückgeworfen auf 546,7 Skt,

4. Rückschwingen der Nadel bis 461,4 Skt nach links,

5. Drehung um — 180° in dem Augenblick, wo die Nadel von ihrer Einstellung auf 461,4 Skt bei ihrem Rückwege nach rechts die Nullage passieren will. Die Nadel wird gestoppt und nach 465,8 Skt zurückgeworfen und so fort.

Auf diese Weise erhält WEBER relativ schnell eine große Anzahl von Beobachtungen, aus denen in der aus der Tabelle ersichtlichen Weise die Mittel gebildet werden.

Tabelle 33.

467,1		
540,7	543,70	
546,7		80,10
461,4	463,60	
465,8		79,75
540,6	543,35	
546,1		79,25
462,3	464,10	
465,9		79,45
541,4	543,55	
545,7		79,75
462,3	463,80	
465,3		

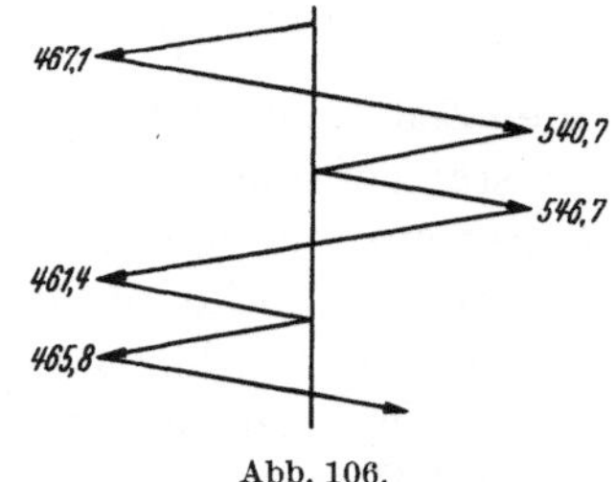

Abb. 106.

Vier solcher Reihen ergaben die Mittel 79,64; 79,79; 79,90; 79,69; mithin das Gesamtmittel 79,755 Skt = 79,4 mm; ein Wert, der noch um + 0,5 mm korrigiert werden mußte, weil die Drehung sich nicht in genügend kurzer Zeit gegenüber der Nadelschwingung ausführen ließ. Das Meßresultat ist also: $\alpha = 79,9$ mm = 79,9 : 8175 im Bogenmaß (der Nenner ist der doppelte Abstand des Spiegels von der Skala). Die einfache Schwingungsdauer betrug im Mittel aus der Beobachtung von 300 Schwingungen $\tau = 10,2818$ sec und ist wegen der Torsion des Fadens noch um 1 : 1770 zu vergrößern. Endlich wurde H sowohl an dem Orte A wie an dem Orte B besonders bestimmt, um der räumlichen Verschiedenheit des Erdmagnetismus an diesen beiden Orten Rechnung zu tragen. Tatsächlich verhielt sich H_A zu H_B wie 470 :471. (Diese lokalen Variationen von H erklären sich dadurch, daß der Laboratoriumsraum nicht eisenfrei war.)

Aus allen diesen Beobachtungen und Korrekturen ergab sich schließlich für den Widerstand des ganzen geschlossenen Leiters $w = 2166 \cdot 10^8$ mm-mg-sec-Einheiten.

WEBER hat noch eine andere höchst elegante Methode zur Bestimmung von w geschaffen, indem er lediglich die Schwingungsdämpfung der Nadel in der Mitte einer einzigen Drahtspule beobachtete, welche durch die Wirkung der induzierten Ströme auf die Nadel bedingt ist. Letztere sind gleich den durch die Nadelbewegungen induzierten elektromotorischen Kräften, dividiert durch den absoluten Widerstand. Wir gehen auf die Berechnung nicht ein, möchten aber hervorheben, daß diese zweite Methode so recht zeigt, wie souverän WEBER das ganze Gebiet beherrscht hat.

WEBER hat den für w gefundenen absoluten Wert benutzt, um die sog. JACOBISche Widerstandseinheit aus Kupferdraht in absolutes Maß umzurechnen und um die spezifischen Widerstände verschiedener Kupfersorten zu bestimmen. WEBER weist dann weiter auf die Quecksilbereinheit von SIEMENS hin, welche nach seiner Ansicht eine große praktische Überlegenheit gegenüber allen anderen Materialien besitzt. Er bezeichnet es als eine Zukunftsaufgabe von großer Bedeutung, den *absoluten* Widerstand der Siemenseinheit aufs allergenaueste festzustellen, wozu allerdings vollkommenere Laboratoriumseinrichtungen geschaffen werden müßten, als ein Universitäts-Institut sie bei seinen improvisierten Aufbauten zu bieten vermag. WEBER weist damit auf eine der wichtigsten Aufgaben hin, zu deren Lösung 26 Jahre später die Physikalisch-Technische Reichsanstalt gegründet worden ist.—

Noch ein paar Worte über die sog. „Dimension" der absoluten Einheiten: Die Bedeutung dieses Begriffes ist lange Zeit überschätzt, dann aber auch unterschätzt worden. Von GAUSS und WEBER sind die Dimensionen hauptsächlich deswegen eingeführt worden, um die zahlenmäßige Umrechnung von einer Maßeinheit in die andere zu erleichtern, falls andere Grundeinheiten verwandt werden sollten, z. B. statt der GAUSS-WEBERschen Millimeter und Milligramm die jetzt üblichen Zentimeter und Gramm. Darüber hinaus benutzt WEBER solche Betrachtungen, um z. B. die volle Unabhängigkeit der Widerstandseinheit von der Masseneinheit zu zeigen, indem die Widerstandseinheit nur von der Längeneinheit und Zeiteinheit abhängt.

GAUSS und WEBER sind durch ihre Methoden die Begründer der neueren Präzisions-Physik geworden und haben durch die Einführung des absoluten Maßsystems den Gebieten des Magnetismus und der Elektrodynamik ein festes Rückgrat gegeben. Es ist deswegen völlig unbegreiflich, daß WEBER bei der Namensgebung der elektrischen Einheiten auf dem Pariser Kongreß 1881 nicht berücksichtigt worden ist, obgleich er diese Ehrung als der eigentliche Begründer des ganzen Systems in erster Linie verdient hätte. Es war ja *sein* Maßsystem, welches vom Kongreß beraten und angenommen wurde. — Es liegt hier ähnlich wie bei der Namensgebung „*Amerika*" für die Entdeckung des COLUMBUS. Damals war es jedoch lediglich ein sprachlicher Zufall, hier ist es eine beschämende Ungerechtigkeit, beschämend für den ganzen Kongreß, der die Pflicht der historischen Gerechtigkeit gehabt hätte, beschämend besonders für den deutschen Vertreter HELMHOLTZ, der außerdem noch die Ehrenpflicht gegen seinen deutschen Kollegen zugunsten einer allzu großen Nachgiebigkeit gegenüber dem Ausland verletzt hat. Die nachträglichen Versuche, diese Ungerechtigkeit dadurch wieder gutzumachen, daß 10 Ampere als ein Weber bezeichnet werden, sind gerade so schwächlich wie die Benennung zweier Einzelgebiete Amerikas als Columbien.

Die magnetische Wirkung bewegter Ladungen (1889).

ROWLAND.

Es handelt sich hier um die Aufgabe, die magnetische Wirkung eines Konvektionsstromes experimentell nachzuweisen. Die Versuchsanordnung ist von ROWLAND mit soviel Detail an Einstelleinrichtungen, Rotationsmechanismen, Befestigungsschrauben usw. wiedergegeben, wie es nur für *den* Interesse hat, der selbst die Versuche wiederholen will. Ich habe diese Zeichnung (Abb. 107) für den Leser auf die wesentlichen Organe reduziert, ohne im einzelnen darzustellen, wie sie montiert sind und wie sie eingestellt und in Rotation versetzt werden können.

DD und D'D' sind runde Scheiben mit einem Durchmesser von 21 cm, welche durch die voneinander getrennten horizontalen Achsen A und A' in Rotation gehalten werden, um so eine elektrostatische Ladung im Kreise herumzuführen. Sie bestehen aus Hartgummi und sind auf ihren nach innen gerichteten Seiten vergoldet. Die Goldschichten der beiden Scheiben werden im gleichen Sinne aufgeladen, sind aber durch radiale Einschnitte unterteilt, so daß die Ladungen an der Rotation mit vollem Betrage teilnehmen müssen[1]. Um die Scheiben mit möglichst großer Ladung versehen zu können, sind ihnen auf ihren Innenseiten die vergoldeten Flächen zweier fest-

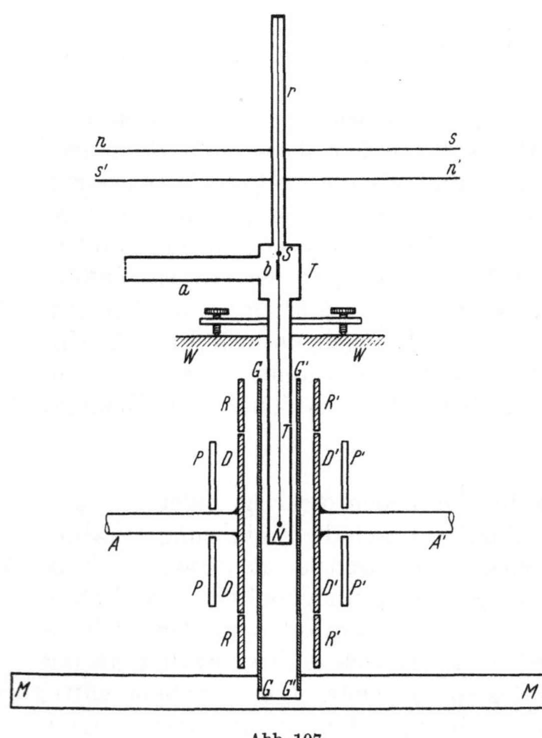

Abb. 107.

stehender, möglichst plangeschliffener Glasscheiben GG nnd G'G' von 35 cm Durchmesser in 1—2 mm Abstand gegenübergestellt, so daß DD und GG, sowie D'D' und G'G' je einen Kondensator bilden. Um das Feld dieser Kondensatoren bis zum Rande von DD und D'D' homogen zu halten, sind die rotierenden Scheiben von feststehenden Schutzringen RR und R'R' aus vergoldetem Hartgummi koaxial umgeben[2]. Die

---

[1] Dies ist, wie später gezeigt werden konnte, auch ohne Schlitze der Fall.

[2] Auch GG und G'G' sowie RR und R'R' sind radial geschlitzt, um ein etwaiges Kreisen der Ladungen auf ihnen zu verhindern.

rotierenden Scheiben stehen vertikal in der magnetischen Nord-Süd-Ebene.
Nach außen folgen auf beiden Seiten noch zwei unbewegliche Hartgummi-
platten PP und P'P', welche auf ihrer gerillten Peripherie je vier Drahtwindungen tragen, die zur Bestimmung der Nadelempfindlichkeit von
schwachen regulierbaren Strömen durchflossen werden können. Alle diese
drehbaren und feststehenden Scheiben werden von einer massiven Metall-
schiene MM so getragen, daß ihre vertikalen und zueinander parallelen
Stellungen sowie ihre gegenseitigen Abstände genau einreguliert werden
können. MM ist auf einem Tisch festgeschraubt, für dessen Erschütterungs-
freiheit mit bekannten Mitteln möglichst gesorgt ist. Der elektrische An-
triebsmotor befindet sich in 14 m Entfernung und wirkt über ein ebenfalls
auf dem Tisch befestigtes Vorgelege auf die Achsen A und A'.

In diesen Aufbau taucht von oben her das abzulenkende Magnetsystem
in einem Messingrohr T hinein. Dieser zweite Apparaturteil bildet für sich
mechanisch ein Ganzes und steht, ohne Verbindung mit dem zuerst beschriebenen Aufbau, auf einer Wandkonsole WW, auf der er durch Stellschrauben einjustiert werden kann. Das astatische Nadelpaar besteht aus
zwei durch einen leichten Aluminiumdraht miteinander verbundenen, 10 mm
langen, 1 mm breiten und 1 mm dicken Magnetnadeln aus Uhrfederstahl,
welche in dem magnetischen Meridian, aber mit entgegengesetzt gerichteten
Polen eingestellt sind, so daß die untere Nadel dem Beschauer ihren Nordpol N, die obere ihren Südpol S zukehrt. Das System hängt an dem 30 cm
langen Faden im Glasrohr r und trägt den Spiegel b, an welchem die Einstellung der Nadeln durch den Ansatz a mit Hilfe von Fernrohr und Skala
beobachtet werden kann. Das äußere Ende von a ist zur elektrostatischen
Abschirmung mit einem Drahtnetz verschlossen. ns und n's' sind zwei
lange Magnetstäbe, welche an r auf und ab geschoben und verdreht werden
können, wodurch sich die Empfindlichkeit und die Nullstellung des Nadelpaares weitgehend regulieren lassen.

Zur Durchführung einer Messung müssen jetzt folgende Daten ermittelt
werden:

1. Die Empfindlichkeit des Nadelpaares auf einen die Achse AA' um-
kreisenden Strom. — Dies geschieht, indem man durch die Windungen von
PP und P'P' einen elektrischen Strom von genau gemessener Intensität
hindurchschickt.

2. Die Ladungsdichten von DD und D'D'. — Diese folgen aus der
Messung der angewandten Potentialdifferenz und aus der Kapazität der
Kondensatoren DD — GG bzw. D'D'— G'G'.

3. Die Horizontalkomponente des Erdfeldes wird durch eine sehr große
Tangentenbussole bestimmt.

4. Das Potential der rotierenden Platte, welches von einer HOLTZschen
Elektrisiermaschine in Verbindung mit einer Batterie sehr großer Leydener
Flaschen geliefert ist, wird mit einer KIRCHHOFFschen Waage absolut ge-
messen.

Die Feldstärke am Ort der unteren Nadel ist:

$$X = 8\,\pi^2\,\frac{N\sigma}{V}\left[\frac{c^2 + 2\,x^2}{\sqrt{c^2 + x^2}} - 2\,x\right],$$

worin N die Zahl der Umdrehungen pro Sekunde, σ die Ladungsdichte auf PP und $P'P'$, c den Radius der rotierenden Scheiben, x den Abstand der Scheiben von der Nadel und V das Verhältnis zwischen den elektrostatischen und den elektrodynamischen Einheiten bedeutet. Dieser Wert muß noch durch die leicht zu berechnende Wirkung auf die obere Nadel korrigiert werden.

Demgegenüber ist die Feldstärke X' eines von dem Strom J durchflossenen Drahtkreises der Platten PP oder $P'P'$, ebenfalls am Ort der unteren Nadel,

$$X' = 2\pi J \frac{a^2}{(a^2 + b^2)^{3/2}},$$

wo a den Radius der Windungen und b den Abstand der Windungsebene von der unteren Nadel bedeutet; dieser Wert muß im Hinblick auf die vier Drahtkreise der Platten PP und $P'P'$ noch vervierfacht werden.

Die Versuche. Die qualitative Wirkung der rotierenden Ladung auf die Nadel entsprach der Erwartung, daß die Zirkulation einer elektrostatischen Ladung auf eine Magnetnadel einem positiven Kreisstrom äquivalent ist. Dagegen wichen die gemessenen Zahlenwerte von den errechneten zunächst beträchtlich ab.

Die Gründe hierfür waren nach Ansicht von ROWLAND einige sekundäre Fehlerquellen, z. B. die großen Isolationsverluste, welche überall auftraten, wo Stützen aus Glas, auch aus bestisolierenden Gläsern, verwendet

Tabelle 34.

Nr.	Rotation	x	e	N	σ	$1/\beta$	$\frac{2\Delta}{\text{mm}}$	V
1	+	2,54	1,24	122	1,16	$1,50 \cdot 10^5$	5,3	$2,42 \cdot 10^{10}$
2	+	2,57	1,24	125	1,30	3,11	9,0	3,38
3	+	2,57	1,24	129	1,23	2,15	6,94	3,00
4	—	2,57	1,24	129	1,23	2,15	5,58	3,68
5	+	2,57	1,21	127	1,21	2,25	5,6	3,74
6	—	2,57	1,21	133	1,21	2,25	5,7	3,74
7	+	2,57	1,21	130	1,47	2,25	8,4	3,10
8	—	2,57	1,21	133	1,47	2,25	7,3	3,64
9	+	2,57	1,24	121	1,32	2,22	9,4	2,26
10	—	2,57	1,24	130	1,32	2,22	7,2	3,16
11	+	2,57	1,24	125	1,26	2,17	7,6	2,70
12	—	2,57	1,24	126	1,26	2,17	5,7	3,64
13	+	2,85	1,50	125	1,19	2,23	6,5	2,82
14	—	2,85	1,50	129	1,19	2,23	5,0	3,78
15	—	2,85	1,50	125	1,11	2,19	5,85	2,82
16	+	2,85	1,43	127	1,08	2,35	7,3	2,46
17	—	2,85	1,43	128	1,08	2,35	5,4	3,32
18	—	2,85	1,43	129	1,08	2,35	5,3	3,42
19	+	3,22	1,80	123	1,13	2,44	5,1	3,30
20	—	3,22	1,80	124	1,13	2,44	4,9	3,48
								$3,19 \times 10^{10}$

worden waren. Der Ersatz des Glases durch Hartgummi beseitigte diese Fehler. — Die Schwierigkeiten, die bei der Aufladung der rotierenden Scheiben, wahrscheinlich durch die Aufladebürsten, entstanden waren, wurden dadurch beseitigt, daß die rotierenden Scheiben DD und $D'D'$

nicht mehr aufgeladen, sondern geerdet wurden, während die Ladungen auf die goldenen Oberflächenschichten der feststehenden Glasscheiben gebracht wurden. — Auf weitere Fehlerquellen, wie elektrostatische Einflüsse auf die Nadel und Luftströmungen infolge der schnellen Rotation, will ich nicht eingehen; es genügt, daß es ROWLAND als hervorragendem Experimentator gelungen ist, schließlich alle derartigen Schwierigkeiten zu überwinden und zu einwandfreien Messungen zu gelangen.

Die Meßergebnisse. Die Beobachtungen erfolgten in der Art, daß jedesmal die Differenz der Nadelausschläge bei Umkehrung des elektrostatischen Vorzeichens gemessen wurde. Dabei wurden die Versuchsbedingungen variiert, z. B. der Abstand der rotierenden Scheiben und der feststehenden Glasscheiben von der Nadel, die Höhe der Aufladungen und der Sinn der Rotation. In dieser Weise führte ROWLAND dann längere sorgfältige Meßreihen durch.

Eine Tabelle von 20 aus derartigen Meßreihen erhaltenen Mittelwerten ist nebenstehend ausführlich wiedergegeben.

Für V wird der Durchschnittswert von $V = 3,19 \cdot 10^{10}$ cm/sec erhalten, wobei die Extremwerte 2,26 und 3,78 betragen. $3,19 \cdot 10^{10}$ stimmt mit dem wahren Wert von fast genau $3,0 \cdot 10^{10}$ cm/sec so gut überein, wie dies bei der Kleinheit der Effekte nur irgend zu erwarten ist.

Es handelt sich hier um eine experimentelle Leistung hohen Ranges und um die Feststellung der prinzipiell wichtigen Tatsache, daß die Konvektion einer elektrostatischen Ladung die analoge magnetische Wirkung wie ein elektrischer „Strom" ausübt. Hiermit hat die ganze Elektrodynamik erst ihre eigentliche Grundlage erhalten. Darüber hinaus zeigt der gefundene Zahlenwert, rund $3 \cdot 10^{10}$ cm $\cdot$ sec^{-1}, für das Verhältnis zwischen den elektrostatischen und den elektrodynamischen Einheiten durch seine Identität mit der Lichtgeschwindigkeit den tiefen Zusammenhang zwischen Elektrodynamik und Optik.

Der Diamagnetismus (1845—1850).

Faraday.

Die Untersuchungen über die Drehung der Polarisationsebene im Magnetfeld nahmen, wie häufiger bei Faraday, ihren Ausgang nicht von einer Beobachtung, sondern von der Überzeugung, daß alle Naturkräfte einen gemeinsamen Ursprung haben und daß sich daher auch ein Zusammenhang zwischen optischen und magnetischen Erscheinungen *müsse* nachweisen lassen. Über 12 Jahre lang hat Faraday vergeblich nach der experimentellen Beobachtung eines solchen Effektes gesucht, bis endlich 1846 das Glück diesen gewaltigen Aufwand an Intelligenz und Fleiß belohnt hat.

Der zum Erfolg führende Ansatz war folgender (Abb. 108). Faraday erzeugte durch Spiegelung einer starken Lichtquelle L (Argandbrenner)[1] einen horizontal verlaufenden polarisierten Lichtstrahl, den er am anderen Ende durch ein Nicolsches Prisma Ni analysieren konnte. In den Gang dieses Lichtstrahls brachte er als Diamagnetikum, d. h. als einen Stoff, welcher nicht unter dem Einfluß eines Magnetfeldes magnetisch wird, ein Stück

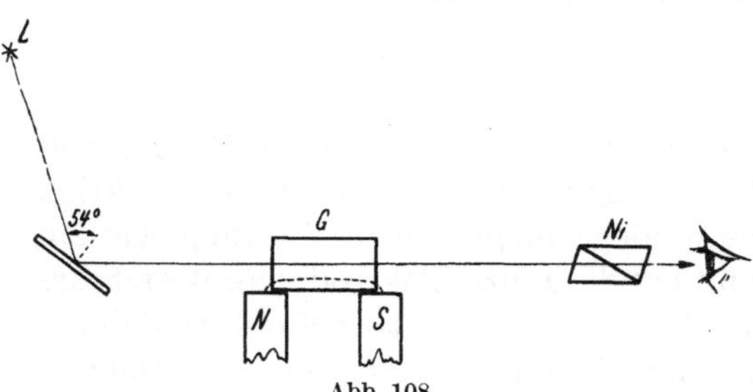

Abb. 108.

seines schon zu anderen Zwecken benutzten „schweren Glases" G (kieselborsaures Bleioxyd) in Form eines kleinen Quaders von 2 · 2 · 0,5 Zoll und stellte zunächst fest, daß der Lichtstrahl hierdurch an sich nicht verändert wurde. Wenn er jetzt aber gleichzeitig in Richtung des Lichtstrahls magnetische Kraftlinien durch das Glas laufen ließ, so erblickte er beim Visieren durch das Nicol, welches zunächst auf Dunkelheit eingestellt worden war, das Bild der Lichtquelle. Er mußte dann das Nicol wieder nachdrehen, um ein abermaliges Erlöschen des Bildes zu erreichen. Die Schwingungsebene des Lichtes war also durch das magnetische Feld *gedreht* worden. Der Drehsinn ist dabei der gleiche wie der des elektrischen Stromes, durch welchen das Magnetfeld mittels einer Spule erzeugt werden könnte.

Die Art, wie die Pole des sehr starken Elektromagneten angeordnet waren, zeigt ebenfalls die Abb. 108, die nach der Beschreibung Faradays gezeichnet ist. Die Richtung der Kraftlinien im Glas ist durch die gestrichelte Kurve angedeutet. Ein entsprechendes Bild geben die Skizzen Faradays aus

---

[1] Eine besonders stetig brennende Flamme mit röhrenförmigem Docht und innerer Luftzuführung.

seinen Tagebüchern[1] (Abb. 109a, b, c, d). a ist die Anordnung der Entdeckung, d gibt ebenfalls den Effekt, b und c sind ohne Wirkung.

Der weitere Verlauf dieser Experimental-Untersuchung ist schnell berichtet, denn ein solcher endlich gefundener Eingang in ein neues Gebiet bedeutete für FARADAY fast gleichzeitig schon die ganze weitere Erschließung, welche in diesem Falle tatsächlich noch gerade 14 Tage gedauert hat, ganz ähnlich, wie die weitere Klärung der Induktionserscheinungen, nachdem einmal der Transformator entdeckt war.

FARADAY fand, daß eine große Reihe von Stoffen (etwa 150!) die neue Erscheinung zeigen, wenn auch nicht in der Stärke des schweren Glases. Darunter waren auch Substanzen, welche an sich schon die Polarisationsebene drehen. In diesem Falle wirkt die magnetische Drehung additiv. Besonders interessierte ihn noch das Verhalten lichtdurchlässiger Goldfolie; der Versuch fiel aber negativ aus, wie es schon wegen der geringen Dicke der Folie zu erwarten war. FARADAY

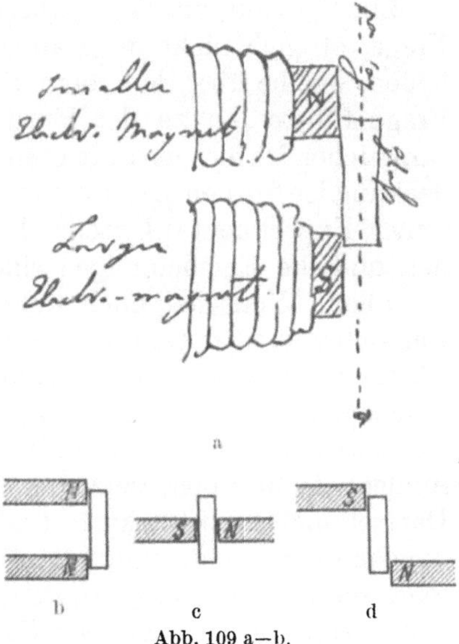

Abb. 109 a—b.

macht auch quantitative Messungen über die drehende Kraft der verschiedenen Stoffe im Magnetfeld im Vergleich mit Wasser. Die Ergebnisse sind in der folgenden Tabelle zusammengestellt. (Der Wert für Terpentinöl gilt für das Drehvermögen ohne Magnetfeld.)

Tabelle 35.

(Terpentinöl	11,8)
Schweres Glas	6,0
Flintglas	2,8
Steinsalz	2,2
Wasser	1,0
Alkohol	kleiner als Wasser
Äther	kleiner als Alkohol

Das quantitative Gesetz, welches allen diesen Wirkungen zugrunde liegt, war leicht aufzustellen; es sagt aus, daß die Drehung proportional der Länge des Lichtweges in der Substanz und proportional der Komponente

---

[1] Es dürfte von Interesse sein, aus dieser Fundgrube sachlicher Erkenntnisse auch einmal kleine menschliche Züge anzuführen. FARADAY notiert in seiner gewöhnlichen Schrift, für welche Konfiguration der Magnetpole kein Effekt beobachtet werden konnte, und schreibt dann in großen Druckbuchstaben: "— BUT, when contrary magnetic poles were on the same side, there was an effect produced on the polarized ray..." In der kurzen negativen Feststellung hat er sozusagen die negativen Resultate von 12 Jahren zusammengefaßt und in dem groß geschriebenen BUT hört man direkt sein befreites Aufatmen, *endlich* am Ziele zu sein. — Am Abend des 13. 9. 1845, des Entdeckungstages, an welchem er die neue Erscheinung in allen möglichen Konfigurationen durchgeprüft und bereits auf eine ganze Reihe flüssiger und fester Stoffe ausgedehnt hatte, schreibt er "Have got enough for to day". Die Arbeit dieses Tages ist so umfassend gewesen, daß sie sich über 39 Tagebuchnummern erstreckt!

des magnetischen Feldes in der Strahlrichtung ist. Am klarsten werden diese Beziehungen, wenn man sich statt des relativ komplizierten Kraftlinienverlaufs der Magnetpole das homogene Feld im Inneren einer längeren Spule benutzt denkt, wie sie FARADAY zum Schluß selbst gebraucht hat.—

Im Anschluß an diesen überraschenden Erfolg stellte sich FARADAY die Frage, ob sich nicht noch andere magnetische Erscheinungen nachweisen ließen, welche über den Magnetismus im engeren Sinne hinausgehen. Diese Frage führte ihn zu der Entdeckung des Diamagnetismus als einer bei zahlreichen Materialen auftretenden Eigenschaft. Die Darstellung dieser Entdeckung ist für den Leser nicht leicht. FARADAY sagt selbst in der 20. Reihe seiner Experimental-Untersuchungen hierüber: „Die ganze Materie ist so neu und die Erscheinungen sind so mannigfaltig und allgemein, daß ich, bei allem Wunsche, mich kurz zu fassen, doch vieles beschreiben muß, was sich zuletzt unter einfache Prinzipien bringen lassen wird. Beim gegenwärtigen Zustand unserer Kenntnis ist aber dies der einzige Weg, auf welchem ich diese Prinzipien und ihre Resultate klarmachen kann." Im Gegensatz zu den Veröffentlichungen, in welchen er das erst später gefundene Induktionsgesetz aus pädagogischen Gründen an die Spitze der Darstellungen gesetzt hatte (vgl. S. 135), bringt er uns hier zunächst die ungeheure Summe seiner Einzelbeobachtungen in der natürlichen Reihenfolge seiner Forschungstätigkeit. Das bedeutet eine große Ermüdung für den Leser, um so mehr, als FARADAY auch bei der Beschreibung komplizierter Versuche höchst selten eine Abbildung bringt, gewährt dem Leser aber beim tieferen Eindringen in die Originalquelle die schöne Befriedigung, einen wirklichen Blick in die Werkstatt des großen Forschers getan zu haben.

Die immer wieder benutzte Grundapparatur FARADAYs bildeten zwei sehr kräftige Elektromagnete:

1. Ein gerader Elektromagnet von 70 cm Länge und 6 cm Durchmesser mit einer Tragkraft an jedem Ende von einem bis zwei 50 Pfund-Stücken unter gelegentlicher Verwendung eines kegelförmigen Polschuhes an dem einen Ende, während sonst beide Enden flach waren,

2. ein Hufeisen-Elektromagnet von 115 cm Länge und 9 cm Durchmesser mit 15 cm Polabstand und 40 cm Wicklung auf beiden Schenkeln; die Enden waren genau geebnet, konnten aber ebenfalls mit Polschuhen versehen werden.

Diese beiden Magnete gaben die Möglichkeit, die zu prüfenden Stoffe in ein inhomogenes oder in ein homogenes Magnetfeld einzuführen. Zu diesem Zwecke wurden an dünnen Fäden leichte Körbchen aus Papier oder aus dünnem Kupferdraht in die Magnetfelder hineingehängt, in welche man die zu prüfenden beliebig geformten Substanzen einfach einlegen konnte. Die Körbchen selbst waren daraufhin geprüft worden, daß sie durch magnetische Kräfte nicht merklich beeinflußt wurden.

Zur leichteren Darstellung der folgenden Versuche wurden außerdem zwei Kunstausdrücke für das Verhalten der Probekörper im Magnetfeld eingeführt (Abb. 110):

Stellung N S = „axial", Stellung O W = „äquatorial".

Faraday wählte als erstes Versuchsmaterial das schwere Glas, an dem er die Drehung der Polarisationsebene im Magnetfeld entdeckt hatte. Er brachte ein Stäbchen dieses Glases in die Magnetfelder und fand folgendes Resultat:

Im *homogenen* Feld: Stabile äquatoriale Einstellung mit vertauschbaren Enden; Umkehrung des Magnetfeldes ohne Effekt; axiale Stellung labil.

Im *inhomogenen* Feld: Abstoßung des Schwerpunktes vom näher liegenden Pol.

Die Abstoßung ist das Primäre, da sie auch für nicht längliche Stücke eintritt; sie ist auch die Ursache der richtenden Wirkung. Noch allgemeiner

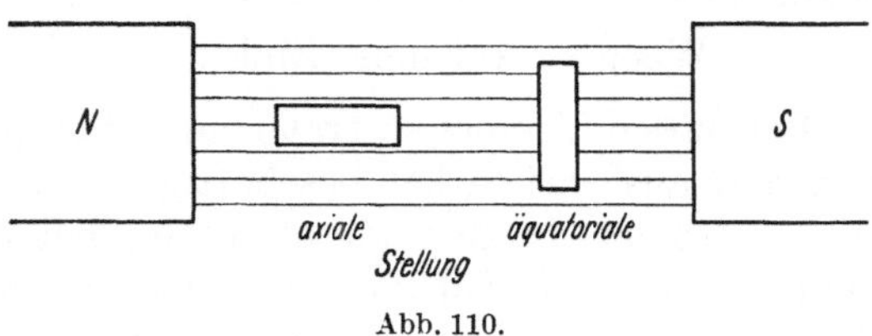

Abb. 110.

läßt sich dieser Tatbestand in der Form ausdrücken, daß die betreffenden Stoffe von den Stellen größerer Feldstärke zu denen geringerer Feldstärke hinstreben, eine Tendenz, welche auch eine andere Beobachtung, nämlich die Bewegung des Schwerpunktes aus der Symmetrieachse des nie ganz homogenen Feldes, mit umfaßt.

Alle diese Erscheinungen blieben die gleichen, wenn die Stoffproben sich innerhalb von Flüssigkeiten befanden oder durch nichtmagnetische Wände abgeschirmt wurden, und ließen sich auch in den schwächeren Feldern permanenter Magnete nachweisen. Sie bilden eine Eigenschaft des schweren Glases in einem neuen magnetischen Sinne: Das schwere Glas ist „*diamagnetisch*“.

Analoge Erscheinungen wurden gleichfalls an anderen magnetisch auf Licht wirkenden Gläsern beobachtet. Dasselbe galt aber auch von Schwefel, Phosphor und kristallisierten Körpern, wie Quarz, Kalkspat und vielen anderen. Im ganzen gibt Faraday eine Liste von über 50 Substanzen der verschiedensten Art, vom Bergkristall bis zu Fleisch, Blut und Brot; Größe oder Kleinheit, Kompaktheit oder Pulverisierung machen nichts aus. Dagegen muß sorgfältig geprüft werden, wie weit ein Körper außerdem, z. B. infolge von Eisenspuren, magnetisch ist, da die magnetischen und die diamagnetischen Eigenschaften gegeneinander wirken. Jedenfalls konnte allgemein festgestellt werden, daß auch die Körper, welche nicht magnetisch im normalen Sinne sind, doch den Wirkungen der magnetischen Kräfte unterliegen, wenn auch in einer anderen, neuen Form.

Bei den bisherigen Untersuchungen fehlte noch die besonders interessante Gruppe der Metalle. Sieht man von den spezifisch magnetischen Metallen wie Eisen, Nickel und Kobalt ab, so läßt sich bei starken Magnetfeldern auch schwächerer Magnetismus feststellen, z. B. sind Platin, Palladium, Titan deutlich magnetisch[1], während sich Wismut als der Prototyp des diamagnetischen Zustandes erweist. Wismutstücke konnten dabei unter Umständen scheinbar widersprechende Bewegungen machen, die sich aber alle leicht aufklären ließen, wenn man sie unter den Grundsatz brachte,

---

[1] Für die Stoffe wie Eisen usw. bzw. für Platin usw. sind später die Ausdrücke „ferromagnetisch“ und „paramagnetisch“ geprägt worden.

daß Wismut sich unter allen Umständen zu den Stellen geringerer Feldstärke hin bewegen muß. Grundsätzlich wichtig erscheint dabei die Beobachtung, daß zwei Wismutstücke sich im Magnetfeld nicht gegenseitig beeinflussen, z. B. sich nicht abstoßen, wie es vielleicht im Gegensatz zu den sich im Felde anziehenden Eisenstücken denkbar gewesen wäre.

Faraday erhielt schließlich eine ganze Reihe von Metallen mit abnehmender diamagnetischer Kraft:

Wismut, Antimon, Zink . . . . Silber, Kupfer.

Bei diesen Versuchen trat eine Fehlerquelle auf, mit welcher Faraday sich sehr ausführlich hat beschäftigen müssen. Das ist die Erzeugung von Wirbelströmen in den Metallproben bei Veränderung des magnetischen Feldes infolge des Ein- und Ausschaltens oder infolge von Bewegungen der Probekörper, wodurch Diamagnetismus vorgetäuscht werden kann. Die Erscheinung tritt nur in gut leitenden Metallen wie Kupfer hervor, äußert sich außerdem aber noch darin, daß die betreffenden Körper sich ganz anders beim An- und Abstieg des Magnetfeldes verhalten, indem sie sich im ersteren Falle wie in einem zähen Brei befinden, im letzteren Falle in dem fast verschwundenen Magnetfeld frei bewegen können. Auch treten typische Rückstoßerscheinungen auf. Bei weniger gut leitenden Metallen machten diese Induktionswirkungen wesentlich weniger aus, immerhin mußten sie beachtet werden. Typisch für diese Vorgänge war das Verhalten einer kleinen Spule aus Kupferdraht. Die Wirkung war groß, wenn die Spule geschlossen war, und unmerklich klein, wenn sie geöffnet wurde. Im übrigen zeigten alle Metalle diesen Effekt.

Außer diesen Induktionserscheinungen, welche, nicht richtig erkannt, als Fehlerquelle hätten wirken können, war noch besonders auf Spuren von Eisen zu achten.

Eine neue Frage, nämlich der Einfluß des umgebenden Mediums, wurde durch die von Faraday gefundene Beeinflussung eines mit Eisensalzlösung gefüllten Röhrchens durch eine stärkere oder schwächere umgebende Eisensalzlösung aufgeworfen und gelöst. Es zeigte sich, daß es immer auf die Differenz der magnetischen Eigenschaften eines Körpers mit seiner Umgebung ankommt. Ist die Lösung magnetisch schwächer als die Umgebung, so stellt sie sich äquatorial, ist sie stärker, so stellt sie sich axial ein.

Weitere Versuche führten wieder zu einer magnetischen und einer diamagnetischen Tabelle der untersuchten Stoffe, wobei die Salze eines Metalls sich nicht einheitlich verhielten.

In diesem Stadium der Versuche empfand es Faraday, dem offenbar auch die übergroße Anzahl der Einzelbeobachtungen über den Kopf zu wachsen begann, als unmöglich, ohne eine theoretische Vorstellung weiterzuarbeiten. Hierbei interessierte ihn vor allem die Frage, ob es eine ganz neutrale Substanz zwischen den beiden Reihen gibt, z. B. die Luft oder das Vakuum. Bei der Elektrizität ist die Bestimmung des Nullwertes unmittelbar gegeben, nämlich als der Zustand des Inneren eines Faradaykäfigs. Künstlich lassen sich solche Stoffe jedenfalls zusammensetzen, z. B. als eine bestimmte Menge magnetischen Salzes im diamagnetischen Wasser.

Faraday gelangte in diesem Zusammenhange zu großartigen kosmischen Fragen: Wie verhalten sich die ausgedehnten magnetischen und diamagnetischen Stoffe eines Planeten in seinem Magnetfeld? Ist vielleicht die Sonnenstrahlung in ihrer periodischen Einwirkung auf die diamagnetische Lufthülle die Ursache des Erdmagnetismus? Ist vielleicht der Saturnring (!) eine diamagnetische Erscheinung?

Nach den Metallen untersuchte Faraday die Eigenschaften der Flammen gegenüber einem Magnetfeld, über deren magnetische Beeinflußbarkeit schon eine Entdeckung von P. Bancalari vorlag. Die Flamme drängte sich in eigentümlicher Form in die äquatoriale Lage unter Spaltung in Zipfel, wobei es sich offenbar um eine sehr empfindliche Prüfung auf Diamagnetismus handelte, da ja Gase schon von sehr kleinen Kräften beeinflußt werden. Eine überraschende Erscheinung, daß nämlich die Flamme sich in Bohrungen der Polschuhe hineindrängte, konnte Faraday leicht durch das allgemeine Streben diamagnetischer Körper nach den Stellen geringer magnetischer Feldstärken erklären. Auch elektrisch erhitzte Gase reagierten ähnlich wie die Flamme. Erhitzung schien wie eine Verdünnung, d. h. wie eine Annäherung an das neutrale Vakuum zu wirken. Sichtbar gemacht wurden dabei die Strömungen durch kleine Beimengungen von Chlor und Ammoniak. Als Resultat erhielt Faraday: Stickstoff ist diamagnetisch, Wasserstoff ebenfalls, jedoch in noch stärkerem Maße, Sauerstoff dagegen stark magnetisch gegenüber der umgebenden Luft, wodurch vielleicht — nach Faraday — technisch eine Entmischung der Luft möglich werden könnte. Bei allgemeinen Versuchen erwiesen sich die Gase in der Hauptsache als diamagnetisch. Außerdem wies Faraday nach, daß heißer Sauerstoff diamagnetisch ist gegenüber kaltem. Über die Wirkung der Temperaturerhöhung auf Wasserstoff konnte wegen seiner zu großen Wärmeleitfähigkeit nichts Eindeutiges festgestellt werden.

Nach dieser gedrängten Übersicht der Faradayschen Einzelversuche sollen noch einmal die charakteristischen Eigenschaften des Magnetismus und des Diamagnetismus, wie sie sich aus den Faradayschen Versuchen ergeben, zusammengefaßt werden, was der Leser in der Originalquelle leider vermissen muß. Die landläufige äußere Unterscheidung lautet: Längliche magnetische Körper stellen sich axial ein, d. h. in die Richtung der Kraftlinien, längliche diamagnetische Körper stellen sich äquatorial ein, d. h. quer zur Richtung der Kraftlinien. Diese Definitionen versagen nicht nur bei Körpern gedrungener Gestalt, sondern manchmal auch dann, wenn die Magnetfelder von kompliziertem Aufbau sind, und werden besser durch die Definition ersetzt, daß magnetische Körper von beiden Polen angezogen, diamagnetische Körper von beiden Polen abgestoßen werden; oder noch allgemeiner, daß magnetische Körper zu Stellen größerer Feldstärke, diamagnetische Körper zu Stellen geringerer Feldstärke hinstreben. Alle diese Erscheinungen sind aber nur relativ zum umgebenden Medium zu verstehen, d. h., es kommt nicht auf den absoluten Magnetismus oder Diamagnetismus des betreffenden Körpers an, sondern auf die Differenz gegenüber dem umgebenden Medium. Als theoretisch wichtig ergibt sich dabei die obige Frage, ob es einen Stoff gibt, welcher als ein Nullniveau die große

Reihe der Stoffe zwischen Eisen und Wismut in eine positive und eine negative Gruppe scheiden könnte. Ein solcher Stoff kann jedenfalls künstlich durch Mischung hergestellt werden, ist außerdem vielleicht im Vakuum schon gegeben. Damit würden die Begriffe Magnetismus und Diamagnetismus eine absolute Bedeutung bekommen.

Die Entdeckung der Zusammenhänge zwischen Optik und Magnetismus gehört zu den Glanzleistungen Faradays. Er sagt selbst: „. . . . daß die Allkraft, welche sich in verschiedenen besonderen Formen durch besondere Erscheinungen offenbart, hier durch die unmittelbare Beziehung ihrer als Licht auftretenden Formen zu ihren als Elektrizität und Magnetismus sich manifestierenden Formen von neuem identifiziert und wiedererkannt wird". Die Entdeckung des Diamagnetismus hat ein ganzes Gebiet der Physik neu erschlossen, das auch theoretisch von größter Bedeutung geworden ist.

Die elektrischen Schwingungen (1857—1866).

FEDDERSEN.

RIESS hatte als erster den Mechanismus des elektrischen Funkens näher untersucht und die Möglichkeit aufeinander folgender Partialentladungen angenommen; HELMHOLTZ hatte zuerst auf die oszillierende Entladung der Leydener Flasche hingedeutet. Die Frage ist dann später zum Gegenstand mathematischer Berechnungen durch W. THOMSON und KIRCHHOFF gemacht worden, ohne daß die Ergebnisse ganz überzeugten, da sie eine leitende Verbindung von bestimmtem Widerstand voraussetzten, während das Charakteristische der Funkenentladung gerade die zeitliche Veränderlichkeit der Funkenstrecke ist.

FEDDERSEN stellte sich daher — schon bei seiner Dissertation von 1857 — die Aufgabe, diese Frage experimentell zu bearbeiten, und hat ihr eine 10jährige zähe Arbeit gewidmet, indem er das Problem auf breitester Grundlage als eine Physik des Funkens überhaupt anfaßte.

Die Hauptschwierigkeit liegt in der zeitlichen Kürze des Phänomens. FEDDERSEN wählte im Anschluß an WHEATSTONE die Methode des rotierenden Spiegels, anfangs mit subjektiver Beobachtung mittels Planspiegeln,

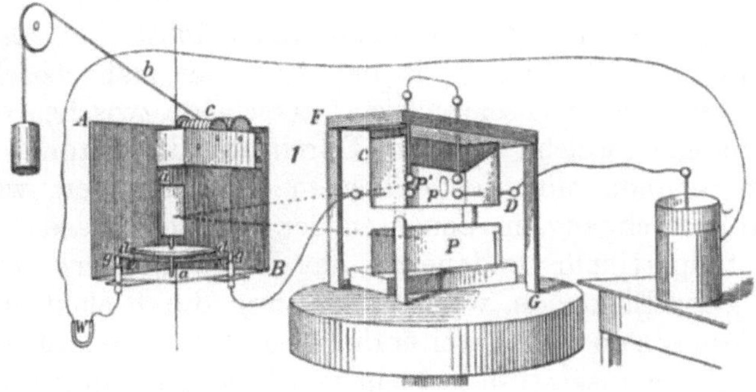

Abb. 111.

bei den entscheidenden Versuchen aber in objektiver Form, indem er mit Hilfe rotierender Hohlspiegel reelle Bilder des Funkens herstellte und auf eine photographische Platte fallen ließ.

Die Versuchsanordnung ist nach dem Original (Abb. 111) in ihrem optischen Teil in Abb. 112a, in ihrem elektrischen Teil in Abb. 112b dargestellt. Ein Hohlspiegel S ist an einer Achse a befestigt[1] und wird durch ein von einem Zentnergewicht angetriebenes Uhrwerk in schnelle Umdrehungen versetzt; P ist eine Mattscheibe oder photographische Platte und

---

[1] In Wirklichkeit handelt es sich um zwei Spiegel, die Rücken an Rücken um a rotieren. Der Übersichtlichkeit wegen ist hier nur einer gezeichnet.

11*

F der Funke, dessen Bild im ersten Moment seiner Entladung im Punkt 1 erscheint, dann aber durch die Rotation der Spiegel bis zum Punkt 2 räumlich auseinandergezogen wird, sei es, daß er als kontinuierliche Entladung allmählich abklingt, sei es, daß er sich bei oszillatorischer Entladung in einzelne Funkenbilder auflöst.

Der Entladungsweg der Leydener Flasche wird an den Schneiden gg dadurch überbrückt, daß die mit der Achse a verbundenen Metallarme ee in größter Nähe an gg vorbeistreichen. Damit ist der Weg für die Entladung soweit geschlossen, daß jetzt zwei Funken in p und p′ gleichzeitig überspringen. *Zwei* Funken sind deswegen gewählt, weil so leichter die

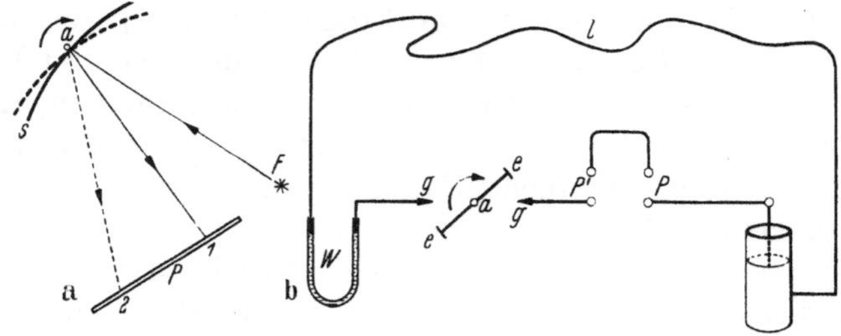

Abb. 112.

typischen Erscheinungen von den zufälligen getrennt werden können, welch letztere bei einem so launenhaften Gebilde wie dem elektrischen Funken eine große Rolle spielen. Bei jeder halben Umdrehung entstehen also automatisch zwei auseinandergezogene Funkenbilder.

Mit dieser Apparatur hat FEDDERSEN dann zunächst alle äußeren Eigenschaften des Funkens festgestellt, in der Art einer mehr beschreibenden Naturwissenschaft. Genannt seien: Die Unterschiede zwischen den elektrischen Erscheinungen, welche auf dem Durchgang des Stromes durch die Funkenstrecke beruhen, und den optischen Erscheinungen, welche noch nach dem Stromdurchgang im Leuchten der erhitzten Gase und der losgerissenen Metallpartikeln andauern; das Wegschleudern von Metallpartikeln aus jeder Elektrode, welche nach ihrer durch elektrische Kräfte bewirkten Loslösung selbständig weiter fliegen und sich allmählich abkühlen, so daß das von ihnen ausgestrahlte Licht von Weiß zu Dunkelrot übergeht; die Narben an der Oberfläche der Elektroden, wobei zu unterscheiden ist, ob die Elektroden eine freiliegende Oberfläche haben oder ob sie bis auf ein kleines Loch mit einer isolierenden Schellackschicht bedeckt sind; die akustischen Unterschiede zwischen einer knallenden und zischenden Entladung sowie anderes mehr.

Dabei ist das Verhalten des einzelnen Funkens äußerst launenhaft, so daß allgemeine Folgerungen erst bei längerer Beobachtungszeit gezogen werden können. FEDDERSEN sagt in einem Fall z. B. selbst: ,,Ich habe wenigstens bei Anwendung von Kugeln aus Kupfer eine Anzahl von Bildern erhalten, wo der negative Pol stets die größte Intensität zeigte, eine andere (geringere) Anzahl, wo der positive Pol der zumeist leuchtende zu sein schien, außerdem freilich auch noch eine nicht unbedeutende Anzahl, wo

ein regelmäßiges Alternieren nicht deutlich hervortrat". Es ist bewundernswert, wie FEDDERSEN in diese große Arzahl von Einzeltatsachen dadurch
eine gewisse Übersicht hineinbringt, daß er sie immer wieder auf ihr physikalisches Wesen zurückzuführen versucht, wobei seine Erklärungen zwar
nicht immer überzeugend, aber doch immer plausibel wirken und zumindest
dem Leser helfen, nicht in der großen Zahl der Beobachtungsergebnisse zu
ertrinken.

FEDDERSEN variiert die Versuchsbedingungen in reichem Maße. So
wird die Länge des Stromweges vergrößert, indem bis zu 1300 m Kupferdraht in einem großen Bodenraum ausgespannt und in den Entladungsweg
zwischengeschaltet werden. Die Länge wirkt hierbei weniger als Widerstand
denn als Selbstinduktion. Der Widerstand als solcher, d. h. ohne wesentliche Veränderung der Weglänge, wird dadurch variiert, daß Glaskapillaren
mit einer Füllung von stark verdünnter Schwefelsäure in den Stromweg
eingeschaltet werden. Im ganzen verfügt FEDDERSEN über folgende Parameter: Die Weglänge, den Wegwiderstand, die Funkenlänge, die Elektroden-
eigenschaften, die Entladungskapazität.

Durch Variation dieser Parameter kann FEDDERSEN die verschiedenen
Entladungsformen hervorrufen: Die kontinuierliche Entladung, bei welcher
der Ausgleichsstrom nur in einer Richtung bis zum Erlöschen fließt; die
intermittierende Entladung, bei welcher ein gleichgerichteter Strom sich
in einzelne Stufen auflöst; endlich die oszillierende Entladung, bei welcher
sich die Stromrichtungen alternierend umkehren. Alle Entladungsformen
haben die allmähliche Abnahme der Amplitude gemeinsam, welche in erster
Linie durch den gesamten Widerstand des Stromweges als dem energie-
verzehrenden Parameter hervorgerufen wird.

Besondere Aufmerksamkeit hat FEDDERSEN hierbei den Bedingungen
gewidmet, durch welche die oszillierende Entladung und die kontinuierliche
Entladung ineinander übergeführt werden. Die Schwingungsdauer τ wächst
mit der Länge des Verbindungsdrahtes, so daß die Entladung schon mit
einer Umdrehungszahl von 20—30/sec beobachtet werden kann. Erhöht
man dann den Widerstand durch die Einschaltung der oben erwähnten
Kapillaren, so sinkt die Zahl der Schwingungen mehr und mehr, bis nur noch
eine halbe Schwingung übrig bleibt, d. h., bis sich die oszillierende Entladung in die kontinuierliche verwandelt hat.

Der Grenzwiderstand W_g für den Übergang der beiden Entladungsformen folgt aus der Gleichung

$$W_g = a \cdot \frac{1}{\sqrt{s}},$$

wo s die belegte Fläche der benutzten Leydener Flaschen, d. h. die Kapazität
bedeutet, während a eine Konstante ist, welche mit der Länge des Verbindungsdrahtes abnimmt.

Das alles waren die notwendigen Vorarbeiten, um zunächst einmal den
Entladungsvorgang beherrschen zu können. FEDDERSEN wendet jetzt sein
Hauptinteresse der oszillatorischen Entladungsform zu. Der Verlauf einer
solchen Schwingungsreihe ist von FEDDERSEN in Abb. 113 schematisch wiedergegeben, durch welche der gleichbleibende Abstand und die Abnahme der

Amplitude gut gekennzeichnet werden. Der Anfang jeder Entladung ist
durch einen Partialfunken bezeichnet, einen feinen „Funkenstrich", der
oft zu lichtschwach für die Photographie, aber doch stets vorhanden ist,

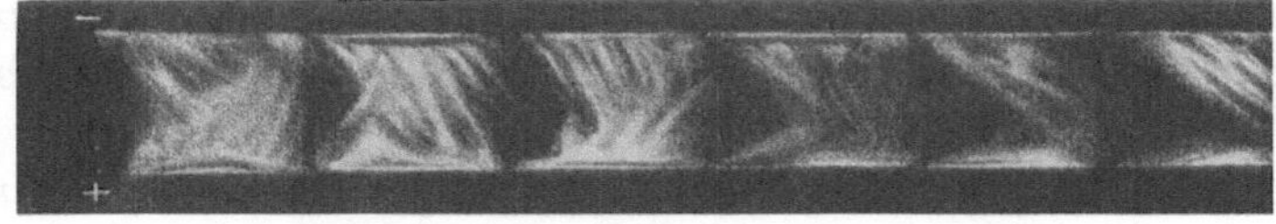

Abb. 113.

wie die Beobachtung mit dem Auge zeigt. Von diesem Funkenstrich aus
nimmt die Elektrizitätsbewegung ihren regelmäßigen oszillatorischen Verlauf. Das wirkliche Bild kann dabei sehr verschieden sein: Die einzelnen

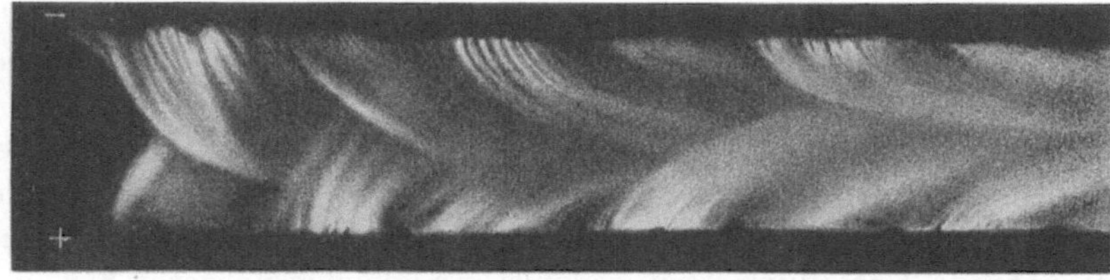

Abb. 114.

Oszillationen können entweder in einen bzw. in mehreren feinen Ent-
ladungsfäden bestehen, welche von Elektrode zu Elektrode gehen, oder in
Entladungen, welche sich von beiden Elektroden her entgegenkommen
(Abb. 114), oder endlich in Oszil-
lationen, welche sich innerhalb der
Funkenstrecke sehr wenig voneinander unterscheiden und welche
sich nur durch die leuchtenden
Ansätze an den Elektroden mar-
kieren (Abb. 115).

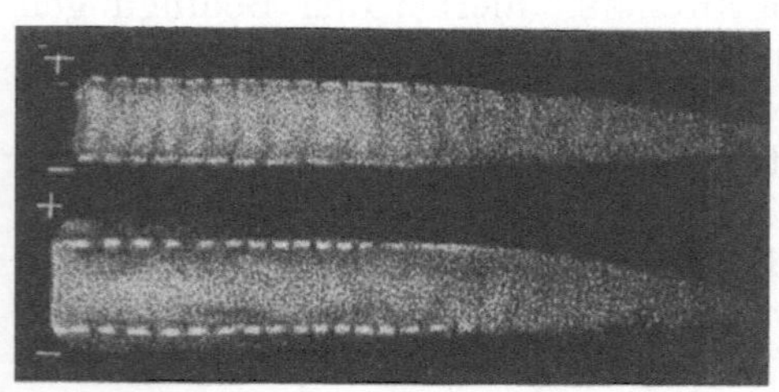

Abb. 115.

Nach diesen notwendigen Vorarbeiten konzentriert sich das
Interesse FEDDERSENs ganz auf
eine Frage: Wie groß ist die Schwingungsdauer τ und von welchen Para-
metern hängt sie ab? Die Messung von τ erfolgt aus einer möglichst großen
Anzahl der jeder Einzelschwingung entsprechenden photographischen
Streifen und kann bei einer großen Anzahl von Einzelschwingungen einer
Entladung an mehreren Gruppen vorgenommen werden, was die Genauigkeit entsprechend erhöht. Die Anzahl wächst mit der Flaschenzahl und
erreicht bei der größten benutzten Flaschenzahl von 16 ihren höchsten
Wert, so daß FEDDERSEN die hierbei gewonnenen Ergebnisse immer
als Ausgangspunkt für seine berechneten Werte benutzt. Die größte
Fehlerquelle ist dabei die Inkonstanz der Umdrehungszahl, die FEDDERSEN
auf 2 % schätzt.

Wir wollen jetzt die Parameter durchgehen, von denen τ abhängt oder doch abhängen könnte:

1. τ ist von der Schlagweite unabhängig, wie die kleine Tabelle 36 für einen Versuch mit 16 Flaschen zeigt.

Tabelle 36.

Schlagweite in mm	τ in 10^{-6} sec
1,5	51,1
9	51,4

2. τ ist der Wurzel aus der Flaschenzahl z proportional:

$$\tau \sim \sqrt{z}$$

Meßbeispiel:

Tabelle 37.

z	τ in 10^{-6} sec		Schließungs-
	beobachtet	berechnet	draht
16	44,6	(44,6)	
8	31,4	31,5	161,3 m
4	22,4	22,3	(teilweise in
2	15,6	15,8	Rollenform)
16	2,22	(2,22)	
8	1,96	1,92	7 m
4	1,58	1,57	
2	1,10	1,11	

3. τ ist der Wurzel aus der Kapazität C proportional:

$$\tau \sim \sqrt{C}$$

Bei den einfachen Versuchen der vorstehenden Tabelle sind Flaschenzahl und Kapazität einander unmittelbar proportional. Daß aber die Kapazität an sich das tatsächlich Maßgebende ist, ergibt sich nach einer eigentümlichen Schlußweise von FEDDERSEN daraus, daß die Entladung der Flaschen auf die inneren Belegungen einer zweiten Batterie von Flaschen mit geerdeten Außenbelegungen (statt unmittelbar zur Erde) so wirkt, als ob die Kapazität auf die Hälfte gesunken wäre, da bis zur Erzielung des Potentialgleichgewichts jetzt nur die halbe Elektrizitätsmenge überzugehen braucht. τ müßte also bei dieser Art der Entladung durch $\sqrt{2}$ dividiert werden. FEDDERSEN mißt hier die Kapazität durch die Elektrizitätsmengen, die bei gleicher Potentialdifferenz, nämlich gleicher Funkenlänge, übergehen.

Versuch: Eine Batterie von 8 Flaschen entlädt sich auf die inneren Belegungen einer zweiten Batterie von 8 Flaschen. Die Schwingungsdauer τ, welche in der letzten Tabelle $31,4 \cdot 10^{-6}$ sec betragen hatte, muß jetzt sinken auf $31,4 : \sqrt{2} = 22,2 \cdot 10^{-6}$ sec, was dem Versuchsresultat $22,2 \times 10^{-6}$ sec genau entspricht. Ebenso ergibt die Entladung einer Batterie von 4 Flaschen auf die inneren Belegungen einer Batterie von 8 Flaschen, d. h. für ein Sinken der „Kapazität" auf $^2/_3$, ein Sinken von $\tau = 22,4$ sec auf $22,4 \cdot \sqrt{\dfrac{2}{3}} = 18,3 \cdot 10^{-6}$ sec in genügender Übereinstimmung mit der Beobachtung von $17,8 \cdot 10^{-6}$ sec.

Um noch weiter zu zeigen, daß die Kapazität die für die Schwingungsdauer bei der oszillatorischen Entladung maßgebliche Größe ist, ersetzte

FEDDERSEN die Leydener Flaschen durch FRANKLINSsche Tafeln[1], deren Kapazität er mit derjenigen der Leydener Flaschen mittels Entladung über ein Galvanometer verglichen hatte. Er fand, daß die Schwingungsdauer wieder von der Wurzel aus der Kapazität abhängig war (τ beobachtet: 16,4 $\times 10^{-6}$ sec; τ berechnet: $16{,}9 \cdot 10^{-6}$ sec). Die kleinen Abweichungen erklärt FEDDERSEN durch die Kapazität des Schließungsdrahtes.

4. τ ist von der Selbstinduktion L in der Art abhängig, wie die Formeln von W. THOMSON und KIRCHHOFF dies verlangen, wonach $\tau = 2\,\pi\,\sqrt{C \cdot L}$ ist.

Diese Gleichung wird von FEDDERSEN nicht quantitativ verifiziert, weil er seine Selbstinduktionen nicht berechnen kann, da diese in komplizierter Form von der Länge und von der geometrischen Anordnung des Schließungsdrahtes abhängen. FEDDERSEN spannte bis 1343 m lange Drähte in dem ihm zur Verfügung stehenden Bodenraum so aus, daß die Drahtwege sich nirgends auf mehr als 1 m näherten, und glaubte, daß er dann die gegenseitigen Einflüsse vernachlässigen könne, sah sich aber hierin getäuscht. Immerhin fand er, daß τ mit der Länge des Schließungsdrahtes zunimmt und zwar langsamer als einfach proportional l, aber schneller als proportional $\sqrt{l}$, wie es sein muß, wenn $\tau \sim \sqrt{L}$ ist, L aber nicht nur wegen der Verlängerung von l, sondern auch wegen der gegenseitigen Beeinflussung der einzelnen Strecken wächst.

Auch die bloße Veränderung der Drahtführung ohne Änderung der Drahtlänge wirkte in dem erwarteten Sinne: Führt man einen Teil der Drahtlänge so, daß zwei Strecken in geringem Abstand parallel nebeneinander liegen, so verringert sich τ, wenn diese Strecken im entgegengesetzten Sinne durchlaufen werden, und vergrößert sich, wenn sie im gleichen Sinne durchlaufen werden. Auch die Anordnung in Rollen hatte eine entsprechende Vergrößerung von τ zur Folge.

FEDDERSEN findet zwar keine Bestätigung der theoretischen Formel, aber auch nirgends einen Widerspruch mit der Theorie. Nach seiner zusammenfassenden Ansicht „steht nichts der Annahme im Wege, daß ein einfaches Gesetz in vorstehenden Beobachtungen nur durch die unvermeidliche Mangelhaftigkeit des Experimentierens verdeckt wurde“. Im ganzen hat man jedoch den Eindruck, daß ein theoretisch stärkerer Forscher wie etwa KIRCHHOFF verhältnismäßig leicht zu einer quantitativen Prüfung hätte kommen können.

FEDDERSEN hat mit einfachen Mitteln auf einem experimentell noch unerschlossenen Gebiet einen Erfolg von hoher Bedeutung für die Weiterentwicklung der Physik erreicht und kann als Vorläufer von HEINRICH HERTZ bezeichnet werden.

---

[1] Spiegelglasplatten mit beiderseitigen Stanniolbelegungen.

Die elektrischen Wellen (1888).

HERTZ.

Die Entdeckung der HERTZschen Wellen beruht nicht auf ein oder zwei Grundversuchen, sondern auf einer sehr langen Reihe von Einzelexperimenten. Diese bilden jedoch in ihrer Art eine deutliche Einheit, nämlich eine Kette experimenteller Gedanken, bei welcher jedes Glied eng mit dem vorhergehenden und dem nachfolgenden verbunden ist. Es wäre sehr reizvoll, diese Zusammenhänge von Versuch zu Versuch bis zum großen Endergebnis zu verfolgen, würde aber über den Rahmen dieses Buches hinausgehen. Wir wollen uns daher mit der Darstellung derjenigen Versuche begnügen, welche im Verlauf dieser Reihe als die entscheidenden anzusehen sind.

1879 hatte HERTZ — auf Anregung von HELMHOLTZ — sich bereits für eine Preisaufgabe der Berliner Akademie interessiert, durch welche „irgendeine Beziehung zwischen den elektrodynamischen Kräften und der dielektrischen Polarisation der Isolatoren experimentell nachzuweisen" war, hatte die Bearbeitung aber wieder aufgegeben, da der Effekt nach einer vorläufigen Berechnung auch bei Anwendung der damals bekannten schnellsten Schwingungen an der Grenze des Beobachtbaren gelegen hätte. Seine Aufmerksamkeit blieb aber „geschärft für alles, was mit elektrischen Schwingungen zusammenhing".

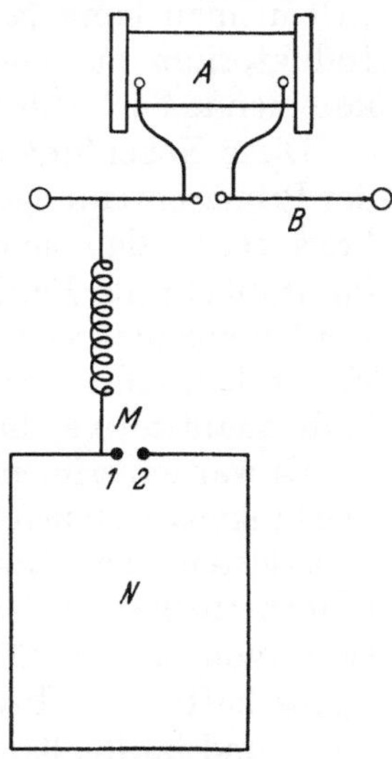

Abb. 116.

1886 war ihm dann bei der Verwendung eines Paares sog. RIESSscher Spiralen für Vorlesungszwecke aufgefallen, daß schon sehr schwache Entladungen in der einen Spirale genügten, um in der anderen Funken zu erzeugen, sobald nur die Entladung eine Funkenstrecke überspringen mußte. Bei Abänderung der Versuchsbedingungen fielen ihm die Erscheinungen der Nebenfunken auf, von welchen die folgende Untersuchung ausgeht.

Die erste Versuchsanordnung ist in Abb. 116 nach dem Original wiedergegeben. A ist ein großes Induktorium mit Quecksilberunterbrecher, B die zugehörige Funkenstrecke. N ist ein „Nebenkreis" aus Kupferdraht von insgesamt 50 cm Umfang. M ist ein Funkenmikrometer, dessen Elektroden durch eine Mikrometerschraube auf Abstände von wenigen hundertstel Millimetern bis auf etwa 5 mm eingestellt werden können. Der Nebenkreis ist mit der Hauptfunkenstrecke durch eine einfache Leitung verbunden.

Zu dieser Anordnung ist HERTZ durch die bekannte Erfahrung gekommen, daß die Nebenschaltung einer metallischen Verbindung zu einer kurzen Funkenstrecke die Funken nicht zum Erlöschen bringt. Für diesen Vorgang interessierte er sich offenbar wegen der außerordentlich kurzen Zeit, die zwischen der Aufladung der beiden Elektroden verläuft, da ja, wie oben erwähnt, seine Aufmerksamkeit für jede Andeutung allerschnellster Schwingungen und damit für alles extrem Kurzzeitige überhaupt geschärft blieb. HERTZ führte diese Erscheinung auf die Selbstinduktion des Nebenschlusses zurück, wollte aber auch die Vermutung nicht ganz von der Hand weisen, daß der elektrische Widerstand des Nebenschlusses bei großer Stromstärke die Potentialdifferenz der Elektroden bedingen könnte. Die Anordnung der Abb. 116 sollte ihm die Möglichkeit geben, die Wirkung der Selbstinduktion auf die Zeitdifferenz in der Aufladung der Kugeln 1 und 2 völlig frei von etwaigen Widerstandseinflüssen zu untersuchen.

Setzte HERTZ jetzt das Induktorium in Betrieb, so beobachtete er in M einen kräftigen Funkenstrom, welcher unter Umständen eine Länge von einigen Millimetern erreichte. Diese Beobachtung zeigt erstens, daß nicht nur im eigentlichen Schließungskreis, sondern auch in allen mit ihm verbundenen Leitern heftige Bewegungen der Elektrizität stattfinden. Zweitens ergibt sich, daß diese Bewegungen so schnell vor sich gehen, daß schon die Zeit, in welcher die elektrischen Wellen den kurzen Leiter durchlaufen, für die Aufladung der zweiten Elektrode merklich in Betracht kommt. „Denn man kann ja den Versuch nur in der Weise deuten, daß die vom Induktorium ausgehende Änderung des Potentials um eine in Betracht kommende Zeit früher zu der Kugel 1 als zu der Kugel 2 gelangt."

Diese Nebenfunken sind von nun an *das* Reagens für alle Einwirkungen der Primärentladungen auf den Nebenkreis und für alle Vorgänge im Nebenkreis, sei es, daß sie eben noch mit ausgeruhtem Auge und mit einer Lupe im Dunkeln als Funken von wenigen hundertstel Millimetern beobachtet werden können, sei es, daß sie eine Länge von 2—3 mm und mehr erreichen. Es ist bewundernswert, mit welcher Virtuosität HERTZ dieses primitive, halb quantitative, halb qualitative Beobachtungsmittel gehandhabt hat.

Es war experimentell von großer Wichtigkeit, die Bedingungen des Primärfunkens festzustellen, welche für die Erzeugung der Nebenfunken am günstigsten sind. Danach sind ein kräftiges Induktorium mit einer Kugelfunkenstrecke von 3 cm Kugeldurchmesser und einer optimalen Funkenlänge von etwa 0,75 cm nötig, sowie andere etwas launenhafte Optimaleigenschaften des Primärfunkens, welche sich im scharf glänzenden Aussehen und im knallartigen Ton manifestieren. Sonstige Entladungen, z. B. durch eine GEISSLERsche Röhre, sind unwirksam, ebenso alle bloßen Aufladungen der Elektroden ohne Funkenüberschlag.

Die Brauchbarkeit dieser ersten Versuchsanordnung für weitere Ziele hing nun ganz davon ab, ob es sich bei der Erzeugung dieser Nebenfunken um eine *regelrechte Schwingung* im Nebenkreis handelt oder um einen unregelmäßigen Vorgang, wie er etwa dem akustischen Verhalten eines mit einem Hammer angeschlagenen Holzbrettes entspricht. Die charakteristischen Kennzeichen jeder Schwingung sind die Resonanz und das etwaige Auftreten von Schwingungsknoten. Damit war das Ziel der nächsten Untersuchung gegeben.

Andeutungen dieser beiden Kennzeichen erkannte HERTZ schon bei der
Anordnung der Abb. 117, welche in sich verständlich sein dürfte. Liegt die
Verbindungsstelle symmetrisch und treten infolgedessen keine Nebenfunken
auf, so braucht man nur die eine Hälfte des Nebenkreises etwas zu ändern,
z. B. durch Hinzufügung einer kleinen Zusatzkapazität bei 1 in Form eines
Drahtstückes. Dann erscheinen die Nebenfunken wieder, können aber von
neuem zum Verschwinden gebracht werden, wenn die Verbindungsstelle *e*
entsprechend verschoben wird.

Jetzt schien es zweckmäßig, die Anordnung so weiter zu entwickeln,
daß sie die *unmittelbare* Durchführung von Resonanzversuchen ermöglicht
(vgl. Abb. 118). Die Primärfunkenstrecke B ist an
ihren 3 m voneinander entfernten Enden mit den
Kapazitäten $C\,C'$ verbunden, was sich bei Zwischen-

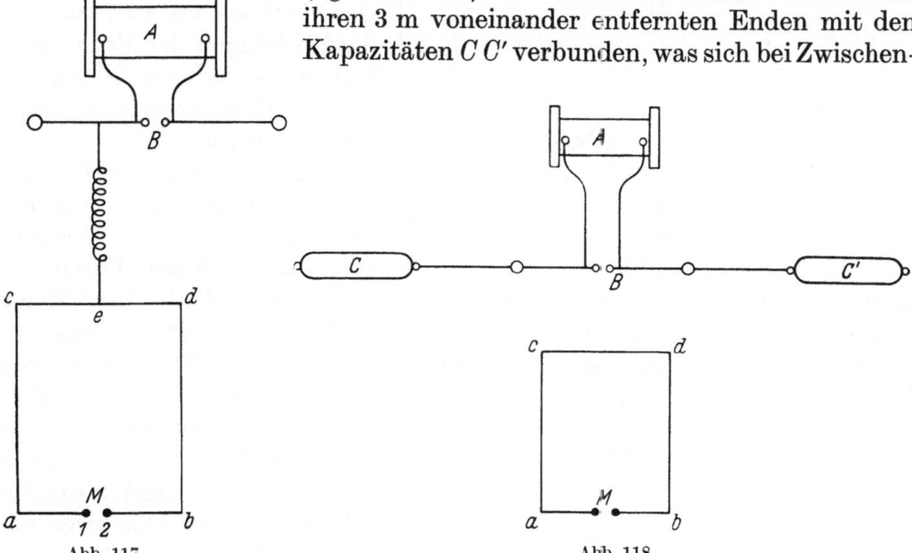

Abb. 117.   Abb. 118.

versuchen als eine Verstärkung der Wirkung erwiesen hatte. Die „Schwingungsdauer" des Nebenkreises wird dadurch geändert, daß man, unter Beibehaltung der Längen $c\,d$ und $a\,b = 80$ cm, die Längen $a\,c$ und $b\,d$ von
10 cm bis 250 cm variiert. Die Ergebnisse sind in der Kurve Abb. 119 eingetragen: Abszisse ist der gesamte Umfang des Rechtecks, Ordinate die maxi-
male Funkenlänge. Die Kurve beweist eindeutig die Resonanzfähigkeit
des Nebenkreises, also das Bestehen einer regulären Schwingung.

Knotenpunkte der Schwingung, streng genommen einer stehenden
Welle, kann man dadurch nachweisen, daß die Berührung eines solchen
Punktes mit einer kleinen Kapazität die Resonanz nicht ändert. Ein solcher
Knotenpunkt liegt z. B. bei Abb. 118 in der Mitte zwischen *c* und *d*. Auch
Schwingungen mit 2 Knotenpunkten lassen sich erzeugen: In der Abb. 120
findet sich je ein Knotenpunkt mitten zwischen *c* und *d* sowie zwischen *g*
und *h*. Auch *ein* Knotenpunkt für die *Grund*schwingung läßt sich zwischen
1 und 2 feststellen, wenn man die Verbindung zwischen 2 und 4 aufhebt
und gleichzeitig die Dauer der Primärschwingung durch Vergrößerung der
Kapazitäten erhöht.

Damit ist das Ziel der ersten Hertzschen Experimental-Untersuchung erreicht: Der Schwingungscharakter der Elektrizitätsbewegung im Nebenkreis ist durch die Resonanz und durch die Knotenbildung bewiesen. Außerdem hatte Hertz gelernt, den ganzen Schwingungsvorgang bis zu einem gewissen Grade zu beherrschen. Nachdem die Empfindlichkeit des Nebenkreises gegenüber der Primärschwingung durch die Einstellung auf Resonanz wesentlich gesteigert worden war, konnten die Wirkungen der Primärfunkenstrecke auf den Nebenkreis bis auf 12 m Entfernung ausgedehnt werden.

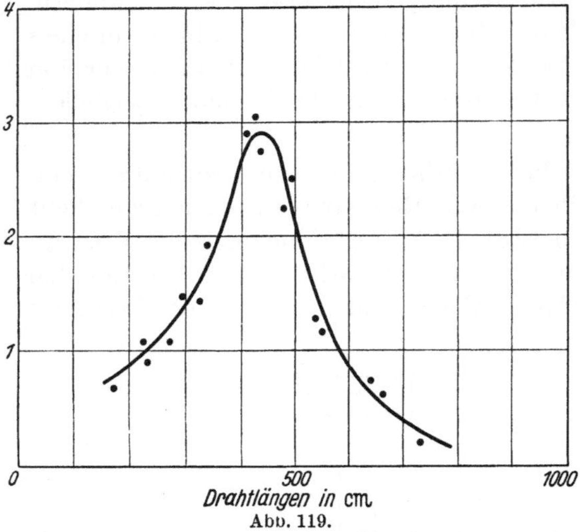

Abb. 119.

Hertz wandte sich nunmehr der Frage zu, ob sich die elektrodynamischen Wirkungen mit *endlicher* Fortpflanzungsgeschwindigkeit in den Raum hinein ausbreiten. Falls diese Frage zu bejahen ist, müssen die von einer elektrischen Schwingung ausgehenden periodischen Induktionsimpulse den Charakter einer fortschreitenden *Welle* haben. Hertz stellte sich die Aufgabe, die Existenz derartiger Wellen im Luftraum experimentell nachzuweisen. Als bequemste Nachweismethode bot sich ihm die Beobachtung *stehender* Wellen an, wie sie durch die Interferenz einer ankommenden mit einer reflektierten Welle erzeugt werden.

Durch mehrere zufällige Beobachtungen war Hertz zu der Folgerung gekommen, daß die Induktionswirkungen von leitenden Flächen reflektiert werden. Unter der Voraussetzung, daß die Annahme einer wellenförmigen Ausbreitung richtig ist, muß sich daher vor einer solchen reflektierenden Wand eine stehende Welle ausbilden, deren Knoten und Bäuche in geeigneter Weise aufgesucht werden können.

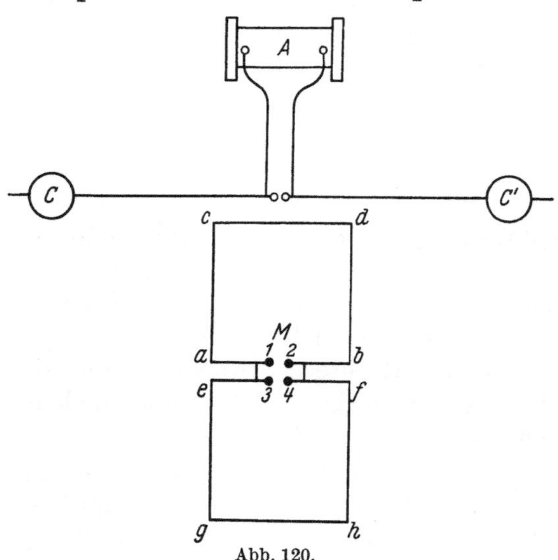

Abb. 120.

Hertz führte den entscheidenden Versuch im physikalischen Hörsaal der Technischen Hochschule Karlsruhe aus. Der Raum war 15 m lang; die eine Stirnwand, an welcher die Reflexion der Wellen erfolgen sollte, enthielt ein Netz von Gasleitungen und wurde durch ein großes Zinkblech und verbindende Drähte soweit vervollständigt, daß sie längeren Wellen gegenüber als Spiegel wirken mußte. In 13 m Abstand vor der Mitte dieser Wand wurde der „primäre Leiter" aufgestellt, der die Wellen aussenden sollte (Abb. 121). Dieser bestand aus einem vertikalen geraden Draht von 60 cm Länge, der in der Mitte von einer Funkenstrecke unterbrochen war und an dessen beiden äuße-ren Enden zwei quadratische Messingplatten (40 × 40 cm) angebracht waren. Die Funkenstrecke war an ein Induktorium angeschlossen.

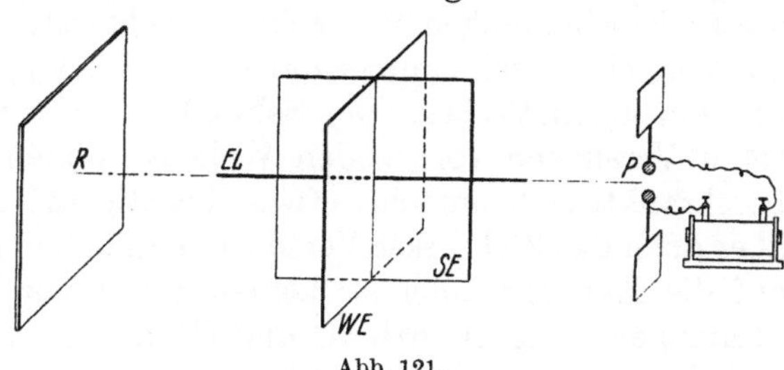

Abb. 121.

Der zur Untersuchung der Wellen dienende „sekundäre Leiter" hatte die Gestalt eines Kreises von 35 cm Radius und enthielt ein Funkenmikrometer. Er war auf Resonanz mit der Schwingung des primären Leiters abgestimmt.

Zwecks bequemer Beschreibung seiner Beobachtungen führte HERTZ folgende besondere Bezeichnungen ein (Abb. 121):

1. Einfallslot EL: die vom Mittelpunkt des primären Leiters P auf die reflektierende Wand R gefällte Senkrechte;

2. Schwingungsebene SE: die das Einfallslot enthaltende Vertikalebene;

3. Wellenebene WE: eine zum Einfallslot senkrechte Ebene.

Der erste Schritt in der Versuchsreihe, die HERTZ nunmehr begann, sollte den „alternierenden Charakter der Zustände des Raumes" vor der spiegelnden Fläche aufzeigen. Der Sekundärkreis wurde in die Schwingungsebene gelegt, so daß sein Mittelpunkt längs des Einfallslotes verschoben werden konnte; seine Funkenstrecke war entweder der Reflexionswand zugekehrt oder von ihr abgewendet (Abb. 122 a u. b).

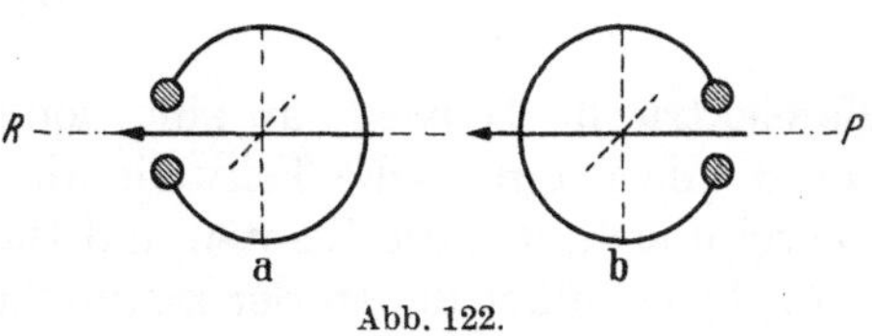

Abb. 122.

Im allgemeinen zeigten sich nun an einer beliebigen Stelle des Einfallslotes verschieden starke Funken im Sekundärkreis, wenn dieser um 180° aus der Lage a in die Lage b in

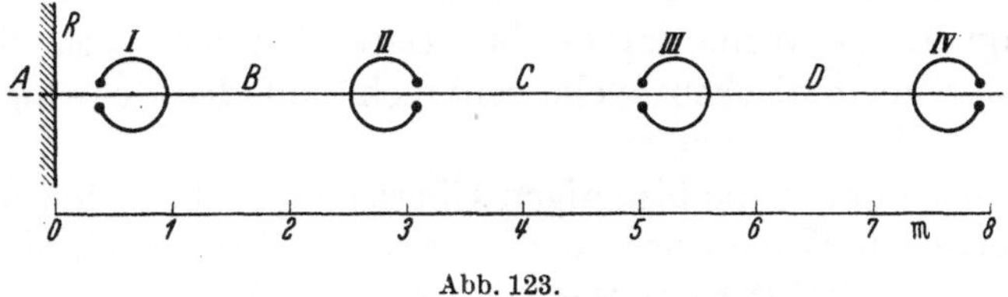

Abb. 123.

sich selbst gedreht wurde. Insbesondere fand HERTZ mehrere Stellen, wo bei der einen Orientierung starke Funken, bei der anderen aber gar keine oder nur sehr schwache Funken zu beobachten waren. In der Abb. 123 ist der Sekundärkreis an diesen charakteristischen Stellen I, II, III und IV mit derjenigen Orientierung seiner Funkenstrecke eingezeichnet, bei der die stärkeren Funken auftraten. Zwischen diesen Lagen gab es Punkte B, C und D, in denen die zwei Funken für beide Orientierungen gleich groß waren; auch in unmittelbarer Nachbarschaft der Wand nahm der Unterschied der Funken ab, so daß dicht hinter der Wand noch ein weiterer derartiger Punkt A angenommen werden konnte. — Eine vollständige Deutung dieser Erscheinungen ist recht kompliziert, da es sich bei einer elektromagnetischen Welle immer um zwei Wellensysteme handelt, ein elektrisches und ein magnetisches. Der Sekundärkreis wird nun bei den eben betrachteten Versuchen von beiden Wellensystemen zugleich beeinflußt. HERTZ beschränkte sich zunächst etwas einseitig auf die elektrische Welle, erreichte aber doch das Ziel dieser Versuche, nämlich einen ersten deutlichen Hinweis auf die Existenz einer stehenden Welle vor dem Reflektor. Da sich die Stellungen I und III bzw. II und IV des Sekundärkreises völlig entsprachen und da entsprechende Punkte bei einer stehenden Welle eine Entfernung von einer halben Wellenlänge haben, so konnte darüber hinaus auch schon $\lambda/2$ zu 4,7 m bis 5 m bestimmt werden.

Mit Hilfe der so gewonnenen Anhaltspunkte und in Verbindung mit theoretischen Überlegungen führte HERTZ im zweiten Schritt eine geometrische Konstruktion der stehenden elektromagnetischen Welle aus. Da

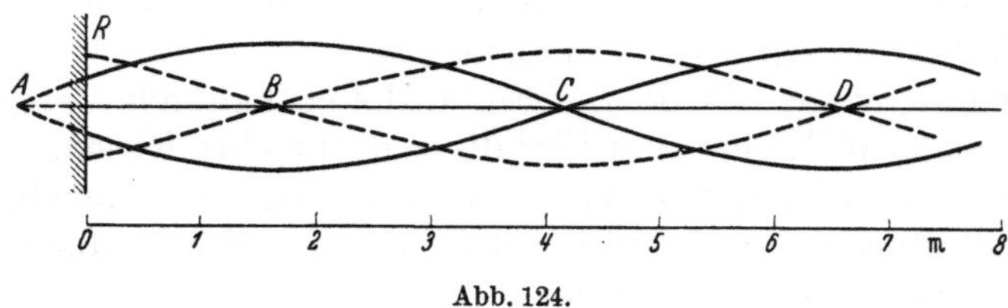

Abb. 124.

die elektrische Teilwelle an einer leitenden Wand mit einem Phasensprung von π, die magnetische Teilwelle aber ohne Phasensprung reflektiert wird, so ergibt sich, daß die Knoten und Bäuche der stehenden elektrischen Welle um $\lambda/4$ gegenüber denen der magnetischen Welle versetzt sind. Den ersten Knoten der elektrischen Welle nahm HERTZ nicht direkt an der Oberfläche der Wand an, sondern ein Stück hinter ihr, was besser mit den Beobachtungen übereinstimmte und theoretisch dadurch bedingt erschien, daß die Wand kein vollkommener Leiter war. In der Abb. 124 wird durch die ausgezogenen Linien die stehende elektrische Welle, durch die gestrichelten Linien die stehende magnetische Welle dargestellt. Dabei hat man sich die Schwingungsebene der magnetischen Welle senkrecht auf der Schwingungsebene der elektrischen Welle zu denken.

HERTZ prüfte dann seine bisherigen Überlegungen über den Aufbau der elektromagnetischen Welle durch einen dritten Schritt noch einmal nach, indem er den Sekundärkreis der Wellenebene WE (Abb. 121) parallel stellte und so jede Mitwirkung der magnetischen Welle zur Funkenbildung ausschaltete. Dadurch erreichte er es, daß er die *elektrische* Teilwelle für sich allein untersuchen konnte. Die Funkenstrecke des Sekundärkreises befand sich dabei wieder in der Mitte zwischen dem höchsten und dem tiefsten Punkt des Kreises (Abb. 125). Die Funken erscheinen deswegen, weil die

Tendenz der elektrischen Erregung sich besser in der Hälfte des Kreises ausbilden kann, welche der Funkenstrecke gegenüberliegt. Unmittelbar an der Wand und im Punkte C ergaben sich keine oder minimale Funken, in den Punkten B und D war die Funkenbildung maximal. A und C waren somit als Knoten, B und D als Bäuche der elektrischen Teilwelle nachgewiesen.

Schließlich führte HERTZ in einem vierten Schritt den entsprechenden Nachweis für die Knoten und Bäuche der *magnetischen* Teilwelle. Der Sekundärkreis wurde wieder — wie zuerst — in die Schwingungsebene gebracht; im Gegensatz zu den ersten Versuchen zeigte jetzt aber die Funkenstrecke nach oben oder unten (Abb. 126). Die elektrischen Erregungen in den beiden Kreishälften hoben sich nahezu auf, da die Feldstärken in der elektrischen Welle in einem Abstande von 70 cm voneinander (Durchmesser des Sekundärkreises) noch nicht wesentlich voneinander verschieden sind

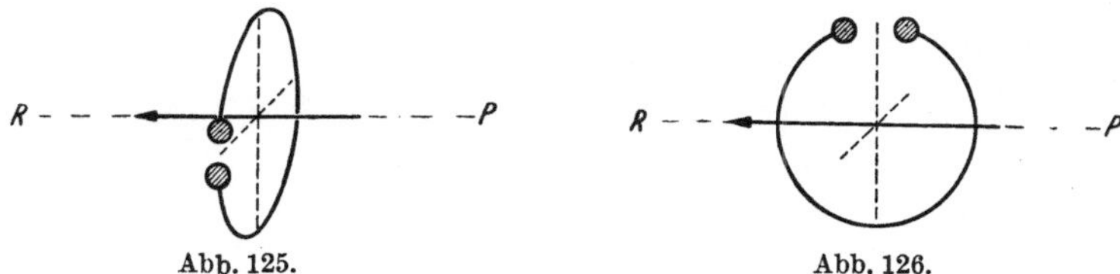

Abb. 125.   Abb. 126.

und um die Punkte B und D herum sogar völlig gleiche Größe haben. Es bleiben also nur die magnetischen Erregungen wirksam. Auf diese Weise konnte durch Beobachtung der Funkengröße festgestellt werden, daß tatsächlich in den Punkten B und D Knoten, in den Punkten A und C Bäuche der magnetischen Teilwelle vorhanden waren (für A durch Extrapolation).

Nunmehr war kein Zweifel mehr an der Richtigkeit der aus den anfänglichen Beobachtungen gezogenen Schlüsse möglich. HERTZ konnte mit Recht und mit Stolz feststellen, daß die von ihm mitgeteilten Erscheinungen „die wellenförmige Ausbreitung der Induktion durch den Luftraum fast greifbar vor die Augen führen".

Damit hatte HERTZ die elektromagnetische Welle entdeckt und auch bereits eine halbe Wellenlänge gemessen. Um die Analogie mit der Lichtwelle vollständig zu machen, blieb jetzt nur noch die Aufgabe, „*Strahlen der elektrischen Kraft*" zu erzeugen und mit ihnen alle Erscheinungen der Optik — die Reflexion, die Brechung, die Polarisation — zu verwirklichen. Dazu war es notwendig, die elektromagnetischen Wellen zu einem parallelen Bündel zusammenzufassen. HERTZ versuchte dieses mittels eines parabolischen Hohlspiegels, hatte aber zunächst keinen Erfolg, da er die Wellenlänge zu groß gegenüber den Dimensionen des Hohlspiegels gewählt hatte. Erst als er diesen Fehler erkannt und die Wellenlänge auf 30 cm verkleinert hatte, gelang der Versuch. HERTZ mußte zu diesem Zweck eine ganz neue Apparatur und eine ganz neue Methodik schaffen. Dies gelang ihm erstaunlich schnell, da er inzwischen gelernt hatte, das ganze Gebiet, in dem er sich anfangs nur mühsam Schritt für Schritt hatte bewegen können, experimentell und theoretisch souverän zu beherrschen.

Zur Konzentration der Wellen zu einem parallelen Strahl dienten zwei parabolische Hohlspiegel von 12,5 cm Brennweite, aus 2 m · 2 m Zinkblech, welches über ein entsprechend geformtes Holzgestell gebogen war (Abb. 127). Die Querschnitte der beiden Spiegel sind in Abb. 128 einander gegenübergestellt. Die Primärfunkenstrecke liegt in der Brennlinie a, die Sekundärfunkenstrecke in der Brennlinie b senkrecht zur Zeichenebene. Die Primärfunkenstrecke hatte eine Gesamtlänge von 25 cm; sie bestand aus zwei in Kugeln endenden Messingzylindern, welche innerhalb des Spiegels isoliert montiert waren (Abb. 129a). Diese erhalten ihre Spannungen von einem *kleinen* Induktorium mittels zweier Zuleitungen, welche die Spiegelwand SS durchsetzen (vgl. auch Abb. 127). Das bläuliche Licht,

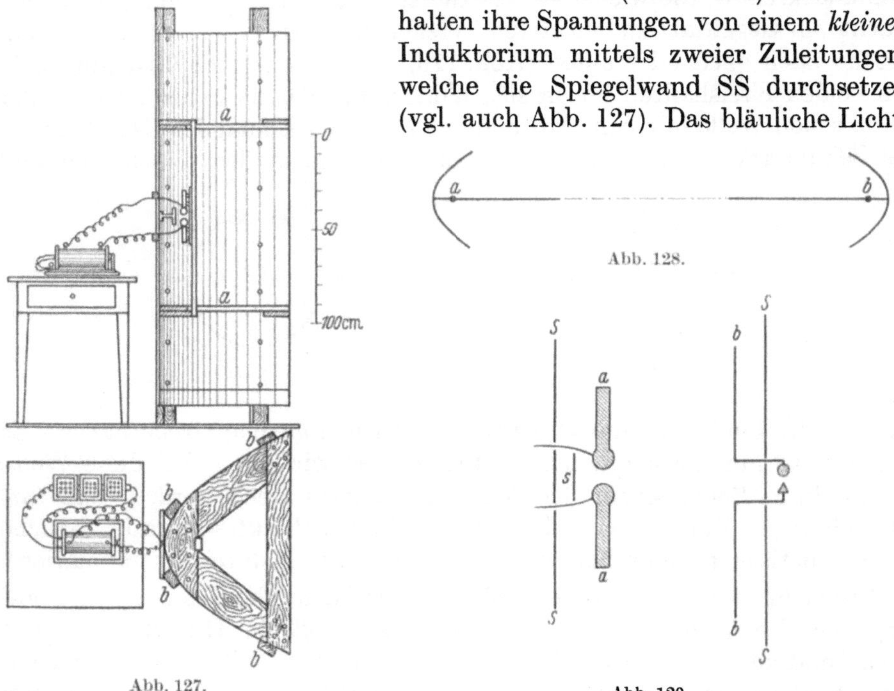

welches sich an den Durchführungsstellen bildete, mußte mittels eines kleinen Holzschirmes s von der Funkenstrecke ferngehalten werden, da die Funken sonst ihre optimalen Eigenschaften verlieren[1].

Die Sekundärfunkenstrecke (Abb. 129b) bestand aus zwei je 50 cm langen Drähten. Die Funkenstrecke ist nicht direkt zwischen die beiden Drähte gelegt, sondern befindet sich an der anderen Seite der Spiegelwand S S, um von hinten beobachtet werden zu können. Sie bestand aus einer kleinen Kugel und einer gegenüberstehenden Spitze, welche sich aufs feinste gegeneinander verschieben ließen. Auf die Resonanz mit der Primärfunkenstrecke ist verzichtet, statt dessen sind die Drähte, welche die Welle empfangen sollen, relativ lang gehalten. Stellt man die beiden Parabolspiegel einander gegenüber, so werden noch bis auf 20 m Entfernung deutliche Funken in der Sekundärstrecke erzeugt. Benutzt werden aber normalerweise nur 6 bis

---

[1] Es handelt sich hier um die von Hertz entdeckte photoelektrische Wirkung des primären Funkenlichtes.

10 m als Entfernung, da dies für die meisten Versuche genügte und besser beobachtbare Sekundärfunken ergab.

Mit dieser Anordnung wurden die folgenden Versuche durchgeführt:

Bestimmung der Wellenlänge. Der Primärspiegel wird senkrecht gegen eine reflektierende Wand gerichtet, so daß sich stehende Wellen bilden; die Abstände der Knoten werden mit der bloßen Sekundärfunkenstrecke (ohne Hohlspiegel) ähnlich wie oben aufgesucht und ergeben eine halbe Wellenlänge von 33 cm.

Die gradlinige Ausbreitung. Die beiden Hohlspiegel werden einander gegenübergestellt. Der Strahl kann durch einen Schirm aus Zinkblech, wie durch ein schattengebendes Objekt der Optik, abgeblendet werden. Die Sekundärfunken erlöschen ferner, wenn man den Strahl von beiden Seiten auf 0,5 m Breite einengt, oder wenn der Primärspiegel bis zu 15° aus der richtigen Einstellung verdreht wird.

Die Polarisation. Dreht man den ganzen Sekundärspiegel, bis seine Brennlinie sich senkrecht mit der Primär-Brennlinie kreuzt, so erlöschen die Funken. — Ein Gitter von parallelen Kupferdrähten in je 3 cm Abstand voneinander läßt den Strahl durch, wenn es mit seinen Drähten senkrecht zu den untereinander parallelen Brennlinien steht, und fängt ihn in paralleler Lage zu den Brennlinien vollständig ab. Kreuzt man die beiden Brennlinien, so daß die Sekundärfunken erlöschen, so treten sie wieder auf, wenn das Drahtgitter unter 45° gegen die Brennlinien zwischengeschoben wird, ganz analog der Aufhellung zweier gekreuzter Nikols bei Einschiebung einer entsprechend orientierten Turmalinplatte. Alles dies bezieht sich nur auf die Schwingungsebene der elektrischen Kraft. Eine zweite Schwingungsebene ist die der magnetischen Kraft, welche auf ersterer senkrecht steht, bei dieser Form der Sekundärfunkenstrecke aber nur geringe Wirkung hat.

Reflexion. Reflexionserscheinungen lagen schon der Konstruktion der Parabolspiegel und der Erzeugung der stehenden Wellen zugrunde. Eine unmittelbare Beobachtung der Reflexion erhielt HERTZ auf folgende Weise. Die beiden Hohlspiegel werden so aufgestellt, daß ihre Achsen sich in etwa 3 m Entfernung schneiden. Stellt man hier eine reflektierende Wand senkrecht zur Mittellinie der Achsen auf, so erhält man durch Reflexion kräftige Sekundärfunken. Auf diese Weise kann man die Entfernung der Achsenschnittpunkte bis auf 10 m, den Gesamtweg der Wellen also bis auf 20 m steigern. Eine kleine Verdrehung der Reflexionswand in der Größenordnung von 10° bringt die Funken zum Erlöschen, die Reflexion ist also eine regelmäßige. Ähnlich lassen sich auch Reflexionen unter 45° nachweisen, wenn man die Achsen der beiden Spiegel in solche Lage bringt, daß sie sich senkrecht schneiden und wenn man am Schnittpunkt eine reflektierende Metallfläche unter 45° zu den Achsen aufstellt. Auch ein Drahtgitter wirkt als Spiegel, wenn seine Drähte den Brennlinien der Hohlspiegel parallel sind.

Die Brechung. Zur Untersuchung der Brechung ließ HERTZ ein großes Prisma aus einer asphaltartigen Masse herstellen. Die Grundfläche des Prismas war ein gleichschenkliges Dreieck von 1,2 m Schenkellänge. Der brechende Winkel betrug 30° und die Höhe, d. h. die Länge der brechenden Kante, 1,5 m. Der Versuch wurde in einer den optischen Versuchen analogen Form durchgeführt. Als Ablenkungswinkel wurden 22° und als Brechungsindex die Zahl 1,69 gefunden. —

Durch alle diese Versuche ist eine so enge Analogie zwischen elektromagnetischen und optischen Wellen bewiesen, daß wir die elektromagnetischen Wellen als optische Wellen mit stark vergrößerter Wellenlänge bezeichnen können. HERTZ selbst schließt diese Untersuchungen mit den schlichten Worten: „Mir wenigstens erscheinen die beschriebenen Versuche in hohem Grade geeignet, Zweifel an der Identität von Licht, strahlender Wärme und elektrodynamischer Wellenbewegung zu beseitigen."

Seit FARADAYs Entdeckung des Induktionsgesetzes gibt es keine Experimental-Untersuchung von solcher Genialität wie die Entdeckung der elektrischen Wellen durch HERTZ. Diese Entdeckung, welche Optik und Elektrizität auf den gleichen Ursprung zurückführt, bildet außerdem die Krönung und den Abschluß für die erste Phase der Geschichte der Elektrizitätslehre. Welch außerordentlich hohes Niveau diese HERTZschen Arbeiten haben, erkennt man außerdem daran, daß eine so wichtige Grunderscheinung wie die Photoelektrizität als Nebenergebnis abgefallen ist.

Quellennachweise zu den einzelnen Artikeln.

Die Fallgesetze.

Galileo Galilei 1564—1642.

a) Discorsi e dimostrazioni matematiche intorno a due nuove scienze attenenti alla mecanica ed ai movimenti locali, Leida (Leyden) 1638.

b) Le opere die Galileo Galilei. Edizione nazionale sotto gli auspich di sua maestà il re d'Italia Tom. I—XX, Firenze 1890—1909.

c) Ostwalds Klassiker, Bände 11, 24 und 25, Übersetzung nach der Bologna-Ausgabe, übereinstimmend mit der Mailänder Ausgabe von 1811.

Das Gravitationsgesetz.

Tycho de Brahe 1546—1601.

a) Opera omnia tomus I—XV, edidit I. L. E. Dreyer (Hauniae 1913—1929).

b) Dreyer, I. L. E.: Tycho Brahe, ein Bild wissenschaftlichen Lebens und Arbeitens im 16. Jahrhundert. Deutsch von M. Bruhns. Karlsruhe 1894.

Johannes Kepler 1571—1630.

a) Gesammelte Werke, herausgegeben von Max Caspar, Bände I—XV, München 1938 bis 1951. Band III: Astronomia nova 1609, Band VI: Harmonices mundi 1619.

b) Caspar, Max: Johannes Kepler. Stuttgart 1950.

Isaak Newton 1642—1727.

a) Philosophiae naturalis principia mathematica. Amsterdam 1723, Cambridge 1686, London 1713 u. 1725.

b) Sir Isaak Newtons mathematische Prinzipien der Naturlehre, herausgegeben von J. Ph. Wolfers. Berlin 1872.

Druck und Gewicht der Luft.

Evangelista Torricelli 1608—1647.

Esperienza dell'argento vivo 1644: G. Hellmann, Neudrucke von Schriften und Karten über Meteorologie und Erdmagnetismus Nr. 7. Berlin: A. Asher & Co 1897.

Otto von Guericke 1602—1686.

a) Schott, Caspar (Jesuit): Mechanica-hydraulico-pneumatica 1658 (= Beschreibung von Guerickes Experimenten und Luftpumpen).

b) Experimenta nova (ut vacantur) Magdeburgica de vacuo spatio, Amsterdam 1672, herausgegeben von Caspar Schott.

c) Ostwalds Klassiker Nr. 59: Neue Magdeburgische Versuche über den leeren Raum.

Mittlere Erddichte (Gravitationskonstante).

Henry Cavendish 1731—1810.

Experiments to determine the density of the earth in: Philosophic. Trans. Roy. Soc. Lond. 1798, p. 469—526.

Der Foucaultsche Pendelversuch.

Léon Foucault 1819—1868.

a) Démonstrations physiques du mouvement de rotation de la terre au moyen du pendule in: Comptes rendus Acad. Sci. (Paris) 32, 135—138 (1851).

b) Physikalischer Beweis von der Achsendrehung der Erde mittels des Pendels: Ann. Physik 82, 458—462 (1851).

12*

Die Gasgesetze.

Robert Boyle 1627—1691.

a) Nova experimenta physico-mechanica de vi aeris elastica p. 94—113. Rotterdam 1669.

b) New experiments physico-mechanical. Oxford 1662.

c) Opera varia, Bd. I: De vi aeris elastica. Genf 1680.

d) Gerland, E.: Die Entdeckung der Gasgesetze und des absoluten Nullpunktes der Temperatur durch Boyle (nicht Townley) und Amontons: Beiträge aus der Geschichte der Chemie, herausgegeben von Paul Diergart, S. 350—360. Leipzig und Wien 1909.

Edme Mariotte 1620—1684.

Discours de la nature de l'air in: Oeuvres de M. Mariotte, Tom. I, p. 149—182. La Haye 1740.

Joseph Gay-Lussac 1778—1850.

a) Recherches sur la dilatation des gaz et des vapeurs: Ann. de Chim. **43**, 137—175 (1802).

b) Ostwalds Klassiker, Band 44: Abhandlungen über das Ausdehnungsgesetz der Gase.

Henri Victor Regnault 1810—1878.

Siehe Gay-Lussac b).

Wärme und Arbeit.

Benjamin Thompson, Graf von Rumford 1753—1814.

An inquiry concerning the source of the heat which is exited by friction: The complete works of Count Rumford, published by the American Academy of arts and sciences, Vol. I, p. 471—493. Boston 1870.

Julius Robert Mayer 1814—1878.

a) Bemerkungen über die Kräfte der unbelebten Natur: Liebigs Ann. **42**, 233—240 (1842).

b) Ostwalds Klassiker, Bd. 180: Mechanik der Wärme.

c) Robert Mayer und das Energieprinzip 1842—1942; Gedenkschrift zur 100. Wiederkehr der Entdeckung des Energieprinzips, Schriftwaltung E. Pietsch und H. Schimank. Berlin: VDI-Verlag GmbH. 1942.

James Prescott Joule: 1818—1889.

a) On the mechanical aequivalent of heat: Philosophic. Mag. **31**, 173 (1847).

b) Über das mechanische Wärmeäquivalent: Ann. Physik **73**, 479—484 (1848); E IV, 601 bis 630 (1854).

c) Das mechanische Wärmeäquivalent, übersetzt von J. W. Spengel. Braunschweig: Vieweg 1872.

Die kritische Temperatur.

Thomas Andrews 1813—1885.

a) On the continuity of the gaseous and liquid states of matter: Philosophic. Trans. Roy. Soc. Lond. **1869**, pt. II, 575—589.

b) Über die Continuität der gasigen und flüssigen Zustände der Materie: Ann. Physik E V, 64—87 (1871).

c) Ostwalds Klassiker Nr. 132: siehe b).

Die experimentellen Beweise der kinetischen Gastheorie.

Robert Brown 1773—1858.

a) A brief account of microscopical observations made in the months of June, July and August 1827, on the particels contained in the pollen of the plants; and on the general existence of active molecules in organic and inorganic bodies: Philosophic. Mag. **4**, 161 (1828); **6**, 161 (1829); **8**, 41 (1830).

b) (Übersetzung von a). Mikroskopische Beobachtungen über die im Pollen der Pflanzen enthaltenen Partikeln und über das allgemeine Vorkommen aktiver Moleküle in organischen und unorganischen Körpern: Ann. Physik **14**, 294—313 (1828).

Oskar Emil Meyer 1834—1909.

a) Die kinetische Theorie der Gase; Breslau 1877.

b) Über die innere Reibung von Gasen: Ann. Physik **125**, 177—209 (1865); **148**, 1—44, 203—236, 526—555 (1873).

James Clark Maxwell 1831—1879.

On the viscosity or internal friction of air and other gases: Philosophic. Trans. Roy. Soc. Lond. **156**, 249—268 (1866).

Otto Stern geb. 1888.

Geschwindigkeitsmessung von Molekularstrahlen, in: Z. Physik **2**, 49 (1920); **3**, 417 (1920).

Die Lichtgeschwindigkeit.

Olaf Roemer 1644—1710.

a) Adversaria (Tagebuch), herausgegeben von Thyra Eibe und Kirstine Meyer, Kopenhagen 1910.

b) Démonstration touchant le mouvement de la lumière: J. des Sçavans 4, part II, 267—270 (1676).

c) Cohen, J. B. (Cambridge, Mass.): Roemer and the first determination of the velocity of light (1676): Isis **31**, 2, Nr. 84, 327—379 (1940).

d) Meisen, V.: Prominent Danish Scientists.

Armand Hippolyte Fizeau 1819—1896.

a) Sur une expérience relative à la vitesse de propagation de la lumière: C. r. Acad. Sci. (Paris) **29**, 90—92 (1849).

b) Sur l'expérience relative à la vitesse comparative de la lumière dans l'air et dans l'eau: C. r. Acad. Sci. (Paris) **30**, 771—774 (1850).

c) Sur les hypothèses relatives à l'éther lumineux, et sur une expérience qui paraît démontrer que le mouvement des corps change la vitesse avec laquelle la lumière se propage dans leur intérieur: C. r. Acad. Sci. (Paris) **33**, 349—355 (1853).

d) (Übersetzung von a). Versuch die Fortpflanzungsgeschwindigkeit des Lichtes zu bestimmen: Ann. Physik **79**, 167—169 (1850).

e) (Übersetzung von b). Über den Versuch in betreff der vergleichenden Geschwindigkeit des Lichtes in Luft und Wasser: Ann. Physik **82**, 124—127 (1851); vgl. auch **81**, 442—444 (1850).

f) (Übersetzung von c). Über die Hypothese vom Lichtäther und über einen Versuch, welcher zu beweisen scheint, daß die Geschwindigkeit, mit welcher sich das Licht im Innern der Körper fortpflanzt, durch deren Bewegung geändert wird: Ann. Physik E III, 457 bis 465 (1853).

g) Buchwald, E.: 100 Jahre Fizeauscher Mitführungsversuch: Naturwiss. **1951**, 519—524.

Léon Foucault 1819—1868.

a) Méthode générale pour mesurer la vitesse de la lumière dans l'air et les milieux transparents. Vitesses relatives de la lumière dans l'air et dans l'eau. Projet d'expérience sur la vitesse de propagation du calorique rayonnant: C. r. Acad. Sci. (Paris) **30**, 551—560 (1850).

b) Détermination expérimentale de la vitesse de la lumière; parallaxe du soleil: C. r. Acad. Sci. (Paris) **55**, 501—503 (1862).

c) Détermination expérimentale de la vitesse de la lumière; description des appareils: C. r. Acad. Sci. (Paris) **55**, 792—796 (1862).

d) (Übersetzung von a). Allgemeine Methode zur Messung der Geschwindigkeit des Lichtes in Luft und durchsichtigen Mitteln; relative Geschwindigkeit des Lichtes in Luft und Wasser; Projekt eines Versuches über die Fortpflanzungsgeschwindigkeit der strahlenden Wärme: Ann. Physik **81**, 434—442 (1850).

e) (Übersetzung von b) u. c). Experimentelle Bestimmung der Geschwindigkeit des Lichtes; Parallaxe der Sonne; Beschreibung des Apparates: Ann. Physik **118**, 485—487 u. 588—593 (1863).

Die Zerlegung des weißen Lichtes.

Isaak Newton 1642—1727.

a) Optices libri tres 1773 (Padua).

b) A letter of Mr. Isaak Newton containing his new theory about light and colours, Cambridge 6. 2. 1672 in Philosophic. Trans. Roy. Soc. London 7 (1672).

c) Ostwalds Klassiker Nr. 96 und 97.

Die Interferenz des Lichtes.

Jean Augustin Fresnel 1788—1827.

a) Oeuvres complètes Bd. I u. II (einzelne Hinweise vgl. Winkelmann, Handbuch der Physik, Bd. 6, 1906).

b) Ann. de Chim. **17**, 180 (1822).

c) Über das Licht: Ann. Physik **3**, 89—128 u. 223—256 (1825).

d) Mémoire sur la diffraction de la lumière: Mémoires de l'académie royale des sciences de l'institut de France, Jahrg. 1821/22, Tome 5 (erschienen 1826), p. 339—475 (vgl. Winkelmann s. oben).

Die Polarisation des Lichtes.

Louis Etienne Malus 1775—1812.

a) „Bericht über eine Abhandlung des Herrn Malus über einige Erscheinungen der doppelten Strahlenbrechung" von Laplace: Ann. Physik **31**, 274—285 (1809).

b) „Über eine Eigentümlichkeit des von durchsichtigen Körpern zurückgeworfenen Lichtes" vom 12. 12. 1808, übersetzt von Erman aus dem Nouv. Bull. Sci. Soc. philomat., Tom. I, Nr. 16, Jan. 1809; dortiger Titel: „Sur une propriété de la lumière réfléchie par les corps diaphanes": Ann. Physik **31**, 286—296 (1809).

c) Mémoires sur de nouveaux phènomènes d'optique: Mémoires de la classe des sciences mathématiques et physiques de l'institut Impérial de France, 1810, p. 105—111; 112—120; 142—148.

d) Mémoire sur les phénomènes qui accompagnent la réflexion et la réfraction de la lumière: siehe c).

e) Mémoire sur l'axe de réfraction des cristaux et des substances organisées: siehe c).

f) Arago, F.: „Malus" (Biographie), am 8. 1. 1855 in der Sitzung der Akademie der Wissenschaften zu Paris gelesen: Franz Aragos sämtliche Werke, deutsche Originalausgabe von W. G. Hankel, 3. Bd. Leipzig: Wiegand Verlag 1855.

Das Kirchhoffsche Strahlungsgesetz; die Spektralanalyse.

Joseph v. Fraunhofer 1787—1826.

a) Gesammelte Schriften; im Auftrage der math.-phys. Klasse der Kgl. Bayerischen Akademie der Wissenschaften, herausgegeben von E. Lommel. München 1888.

b) von Rohr, Moritz: Joseph Fraunhofers Leben, Leistungen und Wirksamkeit. Leipzig 1929.

Gustav Robert Kirchhoff 1824—1887.

a) Chemische Analyse durch Spektralbeobachtungen: Ann. Physik **110**, 161—189 (1860); **113**, 337—381 (1861).

b) Ostwalds Klassiker, Band 72: siehe a).

c) Zur Geschichte der Spektralanalyse und der Analyse der Sonnenatmosphäre: Ann. Physik **118**, 94—111 (1863).

d) Über die Fraunhoferschen Linien: Ann. Physik **109**, 148—150 (1860).

Robert Wilhelm Bunsen 1811—1899.

Siehe Kirchhoff a) und b).

Der Lichtdruck.

Peter Lebedew 1866—1912.

a) Die Druckkräfte des Lichtes: Ann. Physik **6**, 433 (1901); **32**, 411 (1910).

b) Ostwalds Klassiker, Band 188, siehe a).

Das Coulombsche Gesetz.

Charles Augustin de Coulomb 1736—1806.

a) Sur l'électricité et le magnétisme: Histoire et mémoires de l'académie royale des sciences 1785, p. 569—577, 578—611, 612—638; 1786, p. 67—77.

b) Ostwalds Klassiker, Band 13: Vier Abhandlungen über die Elektrizität und den Magnetismus.

Die Voltasche Säule.

Aloisio Luigi Galvani 1737—1798.

a) De viribus electricitatis in moto musculari commentarius Bologna (?) 1791.

b) Opere edite et inedete del professore Luigi Galvani raccolte e publicate per cura dell' Academia delle science dell' Istituto di Bologna. Bologna 1841.

c) Faksimiledruck von a): Ed. W. Junk Nr. 24, 1925.

d) Ostwalds Klassiker, Band 52: Abhandlungen über die Kräfte der Elektrizität bei der Muskelbewegung (1791).

e) Caspar, Max: Memorie ed esperimenti inedite di Luigi Galvani. Bologna 1937.

Alessandro Volta 1745—1827.

a) Collezione dell' Opere del Cavaliere Conte Alessandro Volta, patrizio Comasco Firenze 1816, herausgegeben von V. Antinori.

b) Drei Briefe an Gren, abgedruckt in: Brugnatellis Ann. chim. **13**, 226 (1796); **14**, 3 u. 40 (1797).

c) Übersetzung von b) in: J. W. Ritter, Beiträge zur näheren Kenntnis des Galvanismus, Jena 1800.

d) Brief an Sir Joseph Banks, abgedruckt in: Philosophic. Trans. Roy. Soc. Lond. **1800**, „On the electricity excited by the mere contact of conducting substances of different kinds" (Text ist französisch).

e) Ostwalds Klassiker, Band 114: Briefe über tierische Elektrizität (1792). (Übersetzung von a).

f) Ostwalds Klassiker, Band 118: Untersuchungen über den Galvanismus (1796—1800) = Übersetzung von b) und d).

Die magnetische Wirkung des elektrischen Stromes.

Hans Christian Oersted 1777—1851.

a) Experimenta circa effectum conflictus electrici in acum magneticum. Kopenhagen 1920.

b) Versuche über die Wirkung des elektrischen Konflikts auf die Magnetnadel: Ann. Physik **66**, 295—304 (1820).

c) Ostwalds Klassiker, Band 63: Zur Entdeckung des Elektromagnetismus (siehe a) und b).

d) Meyer, Kirstine: Scientific Life and Works of H. C. Oersted. Kopenhagen 1920.

André Marie Ampère 1775—1836.

a) Mémoire sur la théorie mathématique des phénomènes électrodynamiques uniquement déduite de l'expérience. 1. Auflage 1826, 2. Auflage 1883, Paris (enthält Memoiren, bekanntgegeben der „Académie Royale des Sciences" am 4. und 26. 12. 1820; 10. 6. 1822; 22. 12. 1823; 12. 9. u. 21. 11. 1825.

b) Récueil d'observations électrodynamiques contenant divers mémoires, notices, extraits de lettres ou d'ouvrages périodiques sur les sciences. Paris 1322.

c) Über die gegenseitigen Wirkungen, welche aufeinander ausüben zwei elektrische Ströme, ein elektrischer Strom und ein Magnet oder die Erdkugel und zwei Magnete: Ann. Physik **67**, 113—163 u. 225—258 (1821).

d) Einerleiheit der Elektrizität und des Magnetismus und neuere elektromagnetische Versuche, in: Ann. Physik **69**, 65—80 (1821).

Das Ohmsche Gesetz.

Georg Simon Ohm 1789—1854.

a) Vorläufige Anzeige des Gesetzes, nach welchem Metalle die Kontakt-Elektrizität leiten: Schweiggers J. **44**, 110—118 (1825).

b) Bestimmung des Gesetzes, nach welchem die Metalle die Kontakt-Elektrizität leiten, nebst einem Entwurfe zu einer Theorie des Voltaschen Apparates und des Schweiggerschen Multiplikators: Schweiggers J. **46**, 137—166 (1826).

c) Ostwalds Klassiker, Band 244: Das Grundgesetz des elektrischen Stromes (Abdruck von a) und b).

Das Joulesche Gesetz.

James Prescott Joule 1818—1889.

On the production of heat by voltaic electricity: Philosophic. Mag. Ser. III, **19**, 260—277 (1841).

Die Gesetze der Elektrolyse.

Michael Faraday 1791—1876.

a) Faradays Diary, Vol. 1—7 u. Index 1820—1862. London: G. Bell & Sons 1932—1936.

b) Experimental researches in electricity. London 1839—1855.

c) Experimental researches in chemistry and physics. London 1859.

d) „Experimental-Untersuchungen über Elektrizität", 3 Bände, deutsche Übersetzung von S. Kalischer. Berlin: Julius Springer 1891.

e) Ostwalds Klassiker, Bände Nr. 81, 86, 87, 126, 128, 131, 134, 136, 140.

f) Tyndall, John: Faraday as a discoverer; deutsch von H. Helmholtz, Braunschweig 1870.

g) Jones, Bence: The life and letters of Faraday; 2 Bände, London 1870.

h) Richeson, A. W.: On Faradays terminology in electrolysis: Isis **36**, Pt. 3/4, 160 bis 162 (1946).

Wilhelm Hittorf 1824—1914.

a) Über die Wanderungen der Ionen während der Elektrolyse: Ann. Physik **89**, 177 bis 211 (1853); **98**, 1—33 (1856); **103**, 1—56 (1858); **106**, 337—411 u. 513—586 (1859).

b) Ostwalds Klassiker, Bände 21 und 23: = Abdrucke von a).

Friedrich Kohlrausch 1840—1910.

Über das elektro-chemische Äquivalent des Silbers: Ann. Physik **149**, 170—186 (1873).

Induktion und Selbstinduktion.

Michael Faraday (s. oben).

Das absolute Maßsystem.

Carl Friedrich Gauss 1777—1855.

a) Die Intensität der erdmagnetischen Kraft auf absolutes Maß zurückgeführt (in der Sitzung der Kgl. Gesellschaft d. Wiss. zu Göttingen am 15. 12. 1832 vorgelesen): Ann. Physik **1833**, 241—273 u. 591—615.

b) Ostwalds Klassiker, Band 53, Titel siehe unter a).

Wilhelm Eduard Weber 1804—1891.

a) Messung starker galvanischer Ströme nach absolutem Maß: Ann. Physik **55**, 27—32 (1842).

b) Elektrodynamische Maßbestimmungen: Ann. Physik **73**, 193—240 (1848).

c) Messungen galvanischer Leitungswiderstände nach einem absoluten Maß: Ann. Physik **82**, 337—369 (1851).

d) Ostwalds Klassiker, Band 142: Fünf Abhandlungen über absolute elektrische Strom- und Widerstandsmessungen (mit Fr. Kohlrausch).

Die magnetische Wirkung bewegter Ladungen.

HENRY AUGUSTUS ROWLAND 1848—1901.

On the electromagnetic effect of convection currents (gemeinsam mit C. T. HUTCHINSON), in: Philosophic. Mag. 1889, 445—460.

Der Diamagnetismus.

MICHAEL FARADAY (s. oben).

Die elektrischen Schwingungen.

BEREND WILHELM FEDDERSEN 1832—1918.

a) Beiträge zur Kenntnis des elektrischen Funkens: Ann. Physik **103**, 70 (1858).

b) Vgl. auch: Ber. Kgl. Sächs. Ges. Wiss. **11**, 171 (1859); **13**, 13 (1861); **18**, 231 (1866); sowie: Ann. Physik **113**, 437 (1862); **116**, 132 (1862); **130**, 439 (1867).

c) OSTWALDS Klassiker, Band **166**: Entladung der Leidener Flasche, intermittierende, kontinuierliche, oszillatorische Entladung (1857—1866).

Die elektrischen Wellen.

HEINRICH HERTZ 1857—1894.

a) Über Strahlen elektrischer Kraft (verfaßt in Karlsruhe 13. 12. 1888): Sonderabdruck aus den Sitzungsberichten der Kgl. preuß. Akad. d. Wissenschaften zu Berlin 1888.

b) Untersuchungen über die Ausbreitung der elektrischen Kraft. Leipzig: Joh. Ambr. Barth 1892. (= Band II der Gesammelten Werke, Leipzig 1894).

c) Vgl. auch: Ann. Physik **31**, 421—448 (1887); **34**, 155—170, 551—569, 609—623 (1888).

Literatur zur Geschichte der Physik.

a) Allgemeines.

AUERBACH, F.: Entwicklungsgeschichte der modernen Physik. Berlin: Julius Springer 1923.

DAMPIER, SIR W. C.: Geschichte der Naturwissenschaft. Wien-Stuttgart: Humboldt-Verlag 1952.

DANNEMANN, F.: Die Naturwissenschaften in ihrer Entwicklung und in ihrem Zusammenhang, 2 Bände, 2. Auflage. Leipzig: Engelmann-Verlag 1920/21.

DARMSTAEDTER, L.: Handbuch zur Geschichte der Naturwissenschaften und der Technik 2. Auflage. Berlin: Julius Springer 1908.

FRASER, CH. G.: Half hours with great scientists (The story of physics). New York: Reinhold Publishing Corporation 1948.

GERLAND, E.: Geschichte der Physik. München u. Berlin: R. Oldenbourg 1913.

HELLER, A.: Geschichte der Physik, 2 Bände. Stuttgart: F. Enke 1882/84.

HOPPE, E.: Geschichte der Physik. Braunschweig: Vieweg 1926.

JEANS, SIR J.: Der Werdegang der exakten Wissenschaft. Bern: Francke 1948.

KISTNER, A.: Geschichte der Physik, 2 Bände. Leipzig: Göschen-Verlag 1906.

LACOUR, P., u. J. APPEL: Die Physik auf Grund ihrer geschichtlichen Entwicklung, 2 Bände. Braunschweig: Vieweg 1905.

v. LAUE, M.: Geschichte der Physik. Bonn: Universitäts-Verlag, 2. Auflage 1947.

POGGENDORFF, J. C.: Geschichte der Physik. Leipzig: Joh. Ambr. Barth 1879.

ROSENBERGER, F.: Geschichte der Physik, 3 Teile. Braunschweig: Vieweg 1882/90.

WARBURG, E. (Redakteur): Physik (in der Reihe der „Kultur der Gegenwart"). Leipzig u. Berlin: B. G. Teubner 1915.

b) Biographisches.

ARAGO, F.: Sämtliche Werke, herausgegeben von W. G. HANKEL. Leipzig: Wiegand-Verlag 1854. (Bände I—III enthalten Biographien bekannter Physiker.)

FALKENHAGEN, H.: Die Naturwissenschaft in Lebensbildern großer Forscher. Stuttgart: S. Hirzel 1948.

LENARD, P.: Große Naturfoscher, 2. Auflage. München: Lehmann-Verlag 1930.

OSTWALD, W.: Große Männer. Leipzig: Akad. Verlagsges. 1910.

REGER, K.: Meister der Physik. Stuttgart: Hohenstaufen-Verlag 1944.

c) Spezielles.

DÜHRING, E.: Kritische Geschichte der allgemeinen Prinzipien der Mechanik. Berlin: Grieben-Verlag 1877.

GERLAND, E., u. F. TRAUMÜLLER: Geschichte der physikalischen Experimentierkunst. Leipzig: Engelmann-Verlag 1899.

HOPPE, E.: Geschichte der Optik. Leipzig: Weber-Verlag 1927.

—— Geschichte der Elektrizität. 1884.

KLEMM, F.: Geschichte der Emissionstheorie des Lichtes. Weimar: Borkmann Verlag 1932.

MACH, E.: Die Prinzipien der Mechanik. 1908.

—— Die Prinzipien der Wärmelehre. 1896.

—— Die Prinzipien der physikalischen Optik (1921). Leipzig: Joh. Ambr. Barth.

OSTWALD, W.: Elektrochemie, ihre Geschichte und Lehre. Leipzig: Veit & Co. 1896.

SCHIMANK, H.: Epochen der Naturforschung. Berlin: Wegweiser-Verlag 1930.

ZINNER, E.: Die Geschichte der Sternkunde. Berlin: Julius Springer 1931.

Zeitliche Übersicht
der Entdecker und Entdeckungen.

Die Striche bedeuten Anfang und Ende der in diesem Buch behandelten Forschungsarbeiten; über die Genauigkeit gilt das bereits in der Einführung Gesagte. Bei mehreren Arbeiten (z. B. FARADAY) vergleiche man die betr. Artikel.

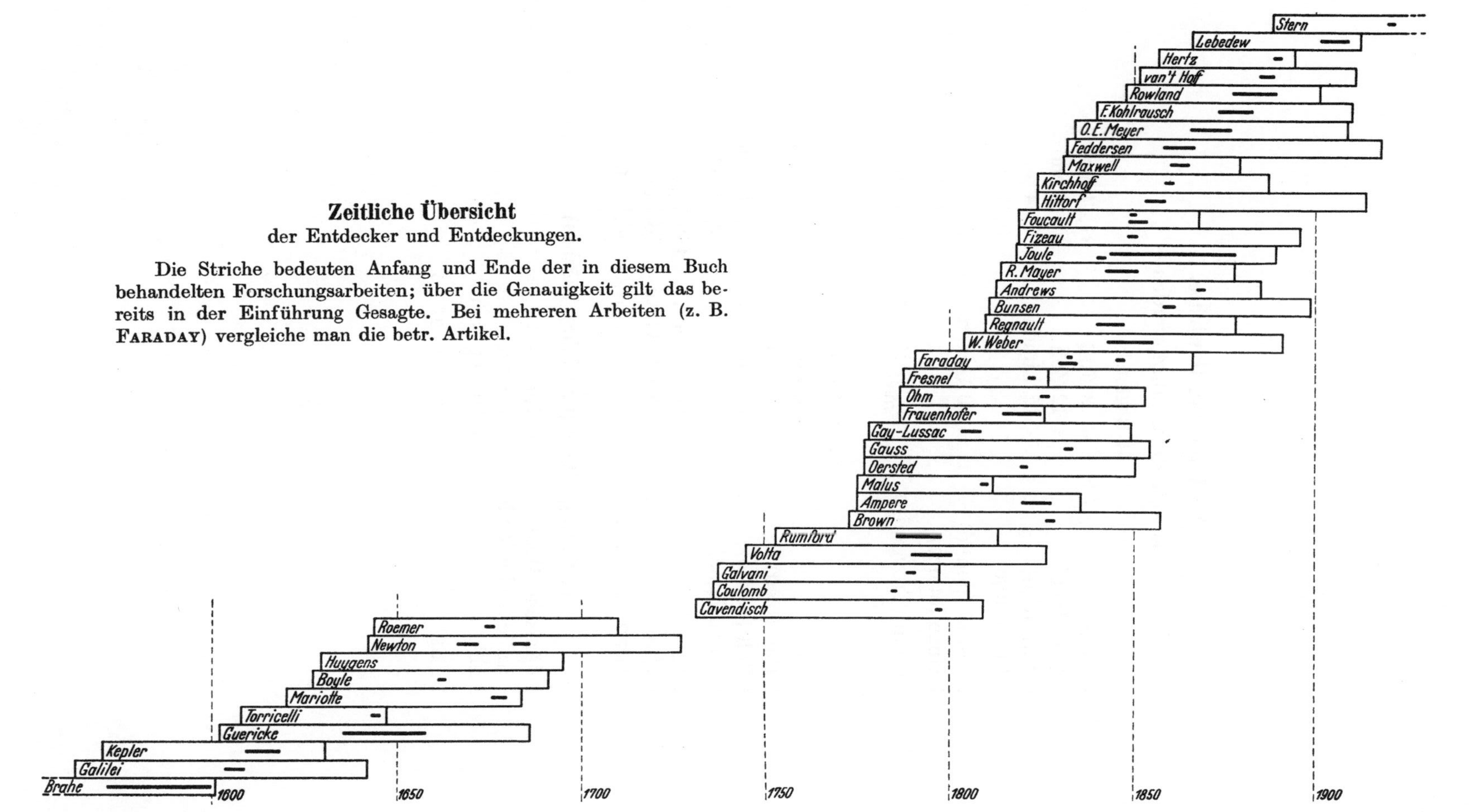

Alte Maße und Gewichte.

(soweit sie erwähnt werden)

a) England

1 Yard	= 3 Fuß . .	= 91,44 cm
1 Fuß (foot)	= 12 Zoll . .	= 30,48 cm
1 Zoll (inch)	= 12 Linien .	= 2,54 cm
1 Linie (line)		= 0,21 cm
1 Pfund (pound) . .	= 16 Unzen .	= 453,6 gr
1 Unze (ounce)		= 28,35 gr
1 grain (Troygrain) .	= $\frac{1}{7000}$ Pfund	= 64,8 mgr

b) Frankreich

1 Toise	= 6 Fuß . .	= 195 cm
1 Fuß (pied)	= 12 Zoll . .	= 32,5 cm
1 Zoll (pouce)	= 12 Linien .	= 2,71 cm
1 Linie (ligne)		= 0,225 cm
1 Pfund	= 16 Unzen .	= 489,5 gr
1 Unze	= 24 · 24 Gran	= 30,1 gr
1 Gran		= 53,1 mgr

c) Sonstige Maße (ungefähre Angaben)

1 dänische Meile . .	= 7,5 km
1 italienische Meile .	= 1,8 km
1 Elle	= 50—60 cm
1 Lot	= etwa 16 gr

Namenverzeichnis.

Chronologische Übersichtstabellen zur Geschichte der Chemie von den ältesten Zeiten bis zur Gegenwart. Von Dr. phil., Dr. chem., Dr. Ing. e. h., Dr. med. h. c., Dr. sc. h. c., Dr. rer. nat. h. c. **Paul Walden.** emer. o. Universitätsprofessor. XI, 118 Seiten. 1952. DM 12.60

Paul Ehrlich. Von **Martha Marquardt**, London. Mit einer Einleitung von Sir *Henry H. Dale*, O.M., G.B.E., M.D., F.R.S. Mit einem Porträt, einem Faksimile und 53 Abbildungen. XXII, 229 Seiten. 1951. Bibliophiler Pappband DM 15.—

Schriften der Universität Heidelberg.

3. Heft: Aus der Arbeit der Universität 1946/47. Herausgegeben von Professor D. **Hans Frhr. von Campenhausen,** Heidelberg, Rektor der Universität 1946/47. Mit 63 Textabbildungen. III, 212 Seiten. 1948. DM 7.50

I. Jahresfeier: Rechenschaftsbericht des Prorektors Professor *K. H. Bauer* über das abgelaufene Amtsjahr. — Augustin und der Fall von Rom. Festvortrag und Immatrikulationsansprache des Rektors *D. H. Frhr. von Campenhausen.* — II. Professorenvorträge: Von den römischen Juristen. Von *W. Kunkel.* — Die Messung erdgeschichtlicher Zeiten. Von *L. Rüger.* — Meisterwerke der ägyptischen Kunst. Von *H. Ranke.* Die Bedeutung des Sauerstoffs für das Leben. Von *H. Strughold.* — Vom Flug der Tiere und vom Menschenflug der Zukunft. Von *E. von Holst.* — Der erste christliche Historiker. Von *M. Dibelius.* — Die amerikanischen Hochschulen. Von Lt. Col. *Irvin.* — Humanismus — Heute? Von *O. Regenbogen.* — Über Bereitschaft zum Krebs. Von *H. v. Meyenburg.* — Über die völkerrechtliche und staatsrechtliche Lage Deutschlands. Von *K. Geiler.* Rechtsschutz durch Verwaltungsgerichte. Von *W. Jellinek.* — Vom Wesen und vom heutigen Stand der nationalökonomischen Theorie. Von *E. Preiser.*

4. Heft: Aus Leben und Forschung der Universität 1947/48. Herausgegeben von Professor Dr. **Wolfgang Kunkel,** Heidelberg, Rektor der Universität 1947/48. Mit 43 Textabbildungen. III, 224 Seiten. 1950. DM 9.60

I. Festreden zum 80. Geburtstag Alfred Webers: Festrede. Von *E. Preiser.* — Festrede. Von *O. Regenbogen.* — Entgegnung. Von *A. Weber.* — II. Professorenvorträge: Das Szepter der Universität Heidelberg. (Christus und die Fakultäten.) Von *E. Schlink.* — Von der Sichtbarkeit der Kirche. Von *P. Brunner.* — Die deutsche Bewegung 1848 und ihre Beziehung zu Heidelberg. Von *W. Mittermaier.* — Grundfragen der Nürnberger Prozesse. Von *E. Wahl.* — Das Stadtbild von Florenz. Von *W. Paatz.* — Kunstwerk und Gesellschaft. Von *Hermann M. Flasdieck.* — Goethes Bild des Dichters. Von *P. Böckmann.* — Ortsnamen als Geschichtsquelle. Von *H. Krahe.* — 50 Jahre Königstuhl-Sternwarte. Von *A. Kopff.* — Die wechselseitigen Beziehungen zwischen krankem Zahn und krankem Organismus. Von *R. Ritter.* — Die Bedeutung der statistischen Theorie in der modernen exakten Naturwissenschaft. Von *K. Schäfer.* — Die Erscheinungsformen der chemischen Bindung. Von *M. Goehring.*